"十三五" 江苏省高等学校重点教材（编号：2016 – 2 – 024）

高等职业教育系列教材

嵌入式 Linux 开发实践教程

主　　编　平震宇

副主编　张　燕　匡　亮

参　　编　王　辉　顾晓燕　臧武军　季云峰
　　　　　沈　伟　许常青　高　云

机械工业出版社

本书从实用的角度出发，介绍了嵌入式 Linux 中最常用的内容。这些内容大部分是 Linux 开发过程中不同方面的工程师都需要掌握的知识。按照知识结构可以分为以下几个方面：嵌入式 Linux 的开发简介（第 1 章）；Linux 操作系统（第 2 章）；开发环境与编程基础（第 3～6 章）；Linux 系统结构（第 7～9 章）；Linux GUI 应用开发（第 10 章）。

本书可作为高职院校计算机应用类专业、自动化类和电子信息类专业的教学用书，也适用于嵌入式 Linux 工程师增强能力、快速开发 Linux 系统的指导书。

本书配有授课电子课件，需要的教师可登录 www.cmpedu.com 免费注册，审核通过后下载，或联系编辑索取（微信：15910938545，电话：010 - 88379739）。

图书在版编目（CIP）数据

嵌入式 Linux 开发实践教程/平震宇主编 . —北京：机械工业出版社，2017.1（2021.3 重印）

高等职业教育系列教材

ISBN 978-7-111-57129-2

Ⅰ. ①嵌… Ⅱ. ①平… Ⅲ. ①Linux 操作系统 - 程序设计 - 高等职业教育 - 教材 Ⅳ. ①TP316.85

中国版本图书馆 CIP 数据核字（2017）第 141271 号

机械工业出版社（北京市百万庄大街 22 号 邮政编码 100037）
策划编辑：郝建伟 张 帆 责任编辑：郝建伟
责任校对：张艳霞 责任印制：常天培
北京富资园科技发展有限公司印刷

2021 年 3 月第 1 版 · 第 4 次印刷
184mm × 260mm · 19.25 印张 · 465 千字
6801 - 7800 册
标准书号：ISBN 978-7-111-57129-2
定价：49.90 元

电话服务　　　　　　　　　　网络服务
客服电话：010 - 88361066　　机 工 官 网：www.cmpbook.com
　　　　　010 - 88379833　　机 工 官 博：weibo.com/cmp1952
　　　　　010 - 68326294　　金 书 网：www.golden - book.com
封底无防伪标均为盗版　　机工教育服务网：www.cmpedu.com

前　言

目前的 IT 技术领域有很多热点，如移动开发、云计算、大数据和嵌入式 Linux。IT 技术领域及工业控制领域的工程师都需要了解一些嵌入式 Linux 的知识。

本书根据编者团队多年研究学习嵌入式产品及设计的实践经验，按照案例式教学的写作模式，以嵌入式系统开发为实例，全面剖析，系统地讲解嵌入式 Linux 开发的基本知识。

本书共分为 10 章，主要内容包括：嵌入式系统开发概述、Linux 使用基础、嵌入式开发常用的开发工具、嵌入式 Linux C 语言开发、嵌入式开发常用服务配置、构建嵌入式 Linux 开发环境、Bootloader 移植、内核移植、文件系统以及嵌入式应用开发与移植。在本书的编写过程中，精心挑选了各个项目和任务，力争做到既有针对性，又能够让读者通过完成相应的任务很快掌握对应知识。

本教材的特色主要可以归结为以下几点

1. 线上线下互动，新旧媒体融合。

本书通过在线开放课程的建设推动配套数字资源的建设，包括相关课程标准、教学视频、电子教案、多媒体课件、试题库、项目案例库、常见问题及解答等在内的丰富教学资源，同时提供与企业共同开发的大量真实案例和培训资源包。读者通过观看每个知识点对应的教学视频，能对知识有更形象、更深入的理解。

2. 图文结合、便于阅读

全书配有大量插图与实例代码，在介绍设备原理、系统架构、数据流、软件配置、实验操作等内容时，插图与实例代码的作用是显而易见的，这会有助于读者对相关内容的理解。

3. 真实项目、任务驱动、教学做合一

以企业真实项目为导向，对嵌入式 Linux 的开发岗位技术人员所需的职业能力进行分解，覆盖了使用嵌入式 Linux 技术进行软件开发、测试和应用维护等几个重要的工作过程。使读者在完成企业真实项目的过程中锻炼并提高了自己的动手能力、实践能力，以达到最佳的学习效果。

4. 紧密联系开发板

本书采用了嵌入式 Linux 学习中最主流的 2440 开发板，并提供基于 QEMU 的 Mini2440 虚拟开发平台，使学生得到更多的实操训练机会，而且提高了硬件设备使用的安全性。学生可以先利用仿真软件在虚拟平台上练习熟悉操作，然后在真实的硬件设备上进行操作。

本书可作为高职院校计算机应用类专业、自动化类和电子信息类专业的教学用书，也适用于嵌入式 Linux 的工程师增强能力、快速开发 Linux 系统的指导书。

由于时间有限，书中难免有疏漏之处，敬请广大读者批评指正。

编　者

目　　录

X

第1章 认识嵌入式系统开发

学习目标:

- 了解嵌入式系统概念
- 了解嵌入式系统构成与特点
- 了解嵌入式微处理器
- 了解嵌入式操作系统
- 了解嵌入式系统设计过程
- 嵌入式系统设计学习线路

1.1 认识嵌入式系统

嵌入式系统(Embedded System)与人们的日常生活紧密相关,例如智能手机、有线电视机顶盒等,都属于嵌入式系统。与计算机相比,嵌入式系统的形式变化多样、体积小,可以灵活地适应各种场合的需求。可以将嵌入式系统理解为一种为特定设备服务的、软硬件可裁剪的计算机系统。

1.1.1 什么是嵌入式系统

嵌入式系统是指用于执行独立功能的专用计算机系统,包括微处理器、定时器、微控制器、存储器和传感器等一系列芯片与器件,并与嵌入在存储器中的操作系统及应用软件,共同实现诸如实时控制、监视、管理、移动计算和数据处理等各种自动化处理任务。

下面是嵌入式系统的几种比较流行的定义。

- 嵌入式系统是一种完全嵌入受控器件内部,为特定应用而设计的专用计算机系统。
- 按照英国电器工程师协会的定义、嵌入式系统是控制、监视或辅助设备、机器或用于工厂运作的设备。与个人计算机这样的通用计算机系统不同,嵌入式系统通常执行的是带有特定要求的预先定义的任务。
- 电气工程师协会(IEEE)对嵌入式系统的是,用来控制、监视或辅助设备、机器或工厂运行的装置。"嵌入式"一词表明嵌入式系统是以上大规模系统中不可或缺的一部分。
- 国内普遍认同的嵌入式系统定义为,"以应用为中心,以计算机技术为基础,软硬件可裁剪,适应应用系统对功能、可靠性、成本、体积和功耗等严格要求的专用计算机系统"。

嵌入式系统作为装置或设备的一部分,通常是一个控制程序存储在 ROM 中的嵌入式微处理器控制板。所有带有数字接口的设备,如手表、录像机和汽车等,都使用嵌入式系统,有些嵌入式系统还包含操作系统,但大多数嵌入式系统都是由单个程序来实现整个控制逻辑。目前嵌入式系统已经渗透到人们生活的每个角落,如工业控制、服务行业、消费电子和教育等。正是由于嵌入式系统的应用范围如此之大,使得"嵌入式系统"的概念更加难以定义。举个简单的例子来说：一个数码相机是否可以称为嵌入式系统呢？答案是肯定的，它本质上就是一个复杂的嵌入式系统，工业控制也是嵌入式系统技术的一个典型应用领域。然而对两者进行比较，也许会发现二者几乎完全不同，但其中都嵌入有微处理器，由此看来，所有的嵌入式系统还是具有一些共同的特性。

嵌入式系统是面向产品、面向用户、面向应用的。它必须结合实际的应用场合才能有其优势，是一个技术密集、集成度高、需要不断创新的集成系统。嵌入式系统结合了计算机技术、半导体技术、微电子技术，以及各个行业的具体专业应用知识。

嵌入式系统必须根据应用场合对软硬件进行必要的裁剪来实现需要的功能。对于不同的应用场合，系统的硬件和软件需求一般不同。设计开发需要的软硬件，去除不需要的资源也是使系统满足功能、可靠性、体积、成本所要求的。嵌入式系统具有非常广阔的应用前景，其应用领域包括以下几方面。

（1）手机领域

以手机为代表的移动设备是近年来发展最为迅猛的嵌入式应用。一方面手机得到了大规模普及，另一方面手机的功能得到了飞速发展。手机的应用愈加丰富，除了最基本的通话功能外，包括数码相机、游戏机、导航等功能，已经成为一个功能强大、集通话、短信、网络接入、影视娱乐为一体的综合性个人手持终端设备。

（2）消费类电子产品

消费类电子产品主要包括便携音频视频播放器、数码相机、掌上游戏机等，销量以每年10%左右的速度增长。目前消费类电子产品已形成一定的规模，并且已经相对成熟。对于消费类电子产品，真正体现嵌入式特点的是在系统设计上经常要考虑性价比的折衷，如何设计出让消费者觉得划算的产品是很重要的。

（3）家庭智能管理系统

水、电、煤气表的远程自动抄表，安全防火和防盗系统中嵌有的专用控制芯片将代替传统的人工检查，并实现更高、更准确和更安全的性能。

（4）汽车电子领域

随着汽车产业的飞速发展，汽车电子近年来也有了较快的发展。在车辆导航、流量控制、信息监测与汽车服务方面，嵌入式系统技术已经获得了广泛的应用，内嵌 GPS 模块、GSM 模块的移动定位终端已经在各种运输行业成功使用。汽车电子领域的另外一个发展趋势是与汽车本身机械结合，从而可以实现故障诊断定位等功能。

（5）工业控制

嵌入式在工业控制领域应用在工业过程控制、数控机床、电力系统、电网安全、电网设备监测、石油化工系统等方面。

（6）军工航天

军工和航天领域是不为大众所知的领域，在这个领域里面，无论是硬件还是操作系统、编译器，通常并不是市场上可以见到的通用设备，它们大多数都是专用的。但是许多最先进的技术、最前沿的成果，往往都会用在这个领域。

（7）机器人

嵌入式芯片的发展将使机器人在微型化、智能化方面的优势更加明显，同时会大幅度降低机器人的价格，使其在工业领域和服务领域获得更广泛的应用。

1.1.2 嵌入式系统的构成与特点

嵌入式系统与传统的计算机一样，是一种由硬件和软件组成的计算机系统。硬件包括嵌入式微控制器和微处理器，以及一些外围元器件和外部设备。软件包括嵌入式操作系统和应用软件。

嵌入式系统种类繁多，许多芯片厂商和软件厂商加入其中，导致有多种硬件和软件，甚至解决方案。不同的嵌入式系统的软、硬件是很难兼容的，软件必须修改而硬件必须重新设计才能使用。虽然软、硬件种类繁多，但是不同的嵌入式系统还是有很多相同之处。图1-1所示是一个典型的嵌入式系统组成示意图。

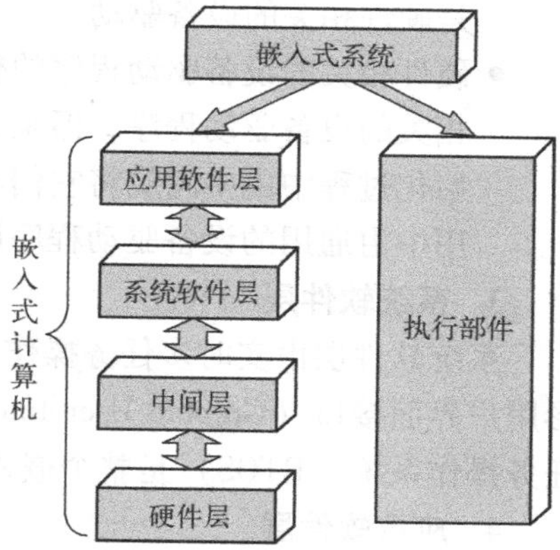

嵌入式系统一般由嵌入式计算机和执行部件两部分组成。其中嵌入式计算机是整个嵌入式系统的核心，主要包括硬件层、中间层、系统软件层和应用软件层；执行部件则接收嵌入式计算机系统发出的控制指令，执行规定的操作，也称为被控对象。

图1-1 嵌入式系统组成

1. 硬件层

硬件层主要包含嵌入式系统中必要的硬件设备，如嵌入式微处理器、存储器（SDRAM、ROM等）和设备IO接口等。嵌入式微处理器是嵌入式系统硬件层的核心，主要负责对信息的运算处理，相当于通用计算机中的中央处理器。存储器则用来存储数据和代码。

嵌入式系统的存储器一般包括Cache、主存储器（主存）和辅助存储器，存储器结构如图1-2所示。

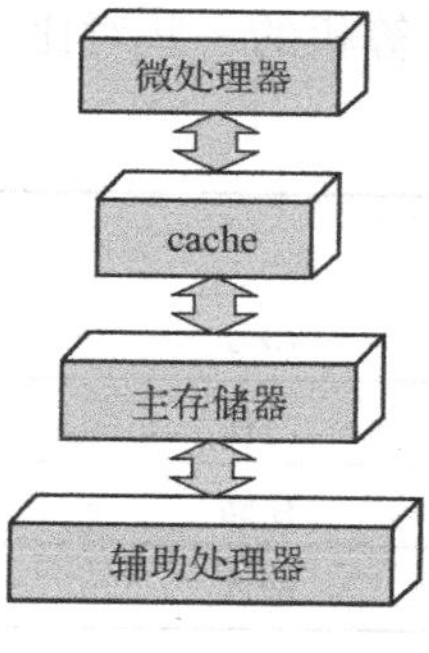

（1）Cache

Cache是一种容量小、速度快的存储器阵列，它位于主存和微处理器内核之间，存放的是最近一段时间微处理器使用最多的程序代码和数据。在需要进行数据读取操作时，微处理器尽可能地从Cache中读取数据，而不是从主存中读取，这样就大大改善了系统的性能，提高了微处理器和主存之间的数据传输速率。

图1-2 嵌入式系统存储器结构

（2）主存

主存是嵌入式微处理器能直接访问的寄存器，用来存放系统和用户的程序及数据。它可以位于微处理器的内部或外部，其容量为256 KB～1 GB，根据具体的应用而定。一般片内存储器容量小，速度快，片外存储器容量大。常用作主存的存储器有：ROM类，包括NOR Flash、EPROM和PROM等；RAM类，包括SRAM、DRAM和SDRAM等。

（3）辅助存储器

辅助存储器用来存放大数据量的程序代码或信息，它的容量大，但读取速度与主存相比慢很多，用来长期保存用户的信息。如硬盘、NAND Flash、CF卡、MMC和SD卡等。

2. 中间层

中间层是硬件层与系统软件层之间的部分，有时也称为硬件抽象层（Hardware Abstract Layer，HAL）或者板级支持包（Board Support Package，BSP）。对于上层的软件（如操作系统），中间层提供了操作和控制硬件的方法和规则。而对于底层的硬件，中间层主要负责相关硬件设备的驱动等。中间层将系统上层软件与底层硬件分离开来，使系统的底层驱动程序与硬件无关，上层软件开发人员无须关心底层硬件的具体情况，根据中间层提供的接口即可进行开发。

中间层主要包含以下操作：底层硬件初始化、硬件设备配置及相关的设备驱动。

- 底层硬件初始化操作按照自底而上、从硬件到软件的次序分为三个环节，依次是片级初始化、板级初始化和系统级初始化。
- 硬件设备配置对相关系统的硬件参数进行合理的控制以达到正常工作。另一个主要功能是硬件相关的设备驱动。
- 硬件相关的设备驱动程序的初始化通常是一个从高到低的过程。尽管中间层中包含硬件相关的设备驱动程序，但是这些设备驱动程序通常不直接由中间层使用，而是在系统初始化过程中由中间层将它们与操作系统中通用的设备驱动程序关联起来，并在随后的应用中由通用的设备驱动程序调用，实现对硬件设备的操作。

3. 系统软件层

系统软件层由实时多任务操作系统（Real–time Operation System，RTOS）、文件系统、图形用户界面接口（Graphic User Interface，GUI）、网络系统及通用组件模块组成。其中实时多任务操作系统（RTOS）是整个嵌入式系统开发的软件基础和平台。

4. 应用软件层

应用软件层则是开发设计人员在系统软件层的基础之上，根据需要实现的功能，结合系统的硬件环境所开发的软件。它是嵌入式系统开发过程中最重要的环节之一。

嵌入式系统首先是一个计算机系统，是具有特定功能的计算机系统。以下是嵌入式系统与通用计算机的一些对比。硬件对比如表1–1所示。软件对比如表1–2所示。

表1–1　嵌入式系统与通用计算机硬件对比

	嵌入式系统	通用计算机
CPU	ARM、MIPS、PowerPC 等	Pentium 等
内存	SDRAM	SDRAM、DDR 等
存储	Flash	硬盘
输入	按键、触摸屏	鼠标、键盘
输出设备	LED、LCD 等	显示器
音频	音频芯片	声卡
接口	相关接口芯片	主板集成

表1–2　嵌入式系统与通用计算机软件对比

	嵌入式系统	通用计算机
引导	BootLoader	BIOS
操作系统	经过移植的 Windows CE、Linux 等	通用的 Windows、Linux 等
驱动	移植开发	操作系统或厂家提供
协议栈	移植	OS 或第三方提供
开发环境	交叉开发	本机开发
仿真	需要	不需要

嵌入式系统的组成和功能决定了嵌入式系统下列几个方面的特点。

- 人机交互界面：嵌入式系统和通用计算机之间的最大差别就在于人机交互界面。嵌入式系统可能根本就不存在键盘、显示器等设备。它所完成的事情也可能只是监视网络情况或者传感器的变化情况，并按照事先规定好的过程及时完成相应的处理任务。
- 功能有限：嵌入式系统的功能在设计时已经定制好，在开发完成投入使用之后就不再变化。系统将反复执行这些预订好的任务，而不像通用计算机那样随时可以运行新任务。当然，使用嵌入式操作系统的嵌入式系统可以添加新的任务，删除旧的任务。但这样的变化对嵌入式系统而言是关键性变化，有可能会对整个系统的行为产生影响。
- 时间和空间的关键性和稳定性：嵌入式系统可能要求实时响应，具有严格的时序性，嵌入式系统的空间一般都有限，这对程序设计的要求就更高。
- 高可靠的稳定性：嵌入式系统的工作环境可能非常恶劣，如高温、高压、低温和潮湿等。这就要求在设计时考虑目标系统的工作环境，合理选择硬件和保护措施。软件稳定也是一个重要特征。软件系统需要经过无数次反复测试，达到预先规定的要求后才能真正投入使用。

1.2 认识嵌入式微处理器

嵌入式系统的核心模块就是各种类型的嵌入式微处理器。目前几乎每个半导体制造商都生产嵌入式微处理器，越来越多的公司拥有自己的处理器设计部门。嵌入式微处理器的体系结构经历了从 CISC 到 RISC 和 Compact RISC 的转变，位数由 8 位、16 位、32 位到 64 位，寻址空间一般为 64 KB ～ 16 MB，处理器速度为 0.1 MIPS ～ 2000 MIPS，常用的封装为 8 ～ 144 个引脚。

嵌入式微处理器可以分为嵌入式微控制器（Embedded Microcontroller Unit，EMCU）、嵌入式微处理器（Embedded Microprocessor Unit，EMPU）、嵌入式数字信号处理器（Embedded Digital Signal Processor，EDSP）和嵌入式片上系统（Embedded System on Chip，ESOC）四类。

1. 嵌入式微控制器（EMCU）

嵌入式微控制器又称单片机，也就是在一块芯片中集成了整个计算机系统。嵌入式微控制器一般以某种微处理器内核为核心，芯片内部集成 ROM/EPROM、EEPROM、Flash、RAM、总线、总线逻辑、定时/计数器、WatchDog、I/O 口、脉宽调制输出、A/D 和 D/A 等各种必要功能和外设。微控制器由于比微处理器体积小，功耗和成本低，可靠性高，因而是目前嵌入式工业的主流。比较具有代表性的通用系列有 8051、P51XA、MCS - 251、MCS - 96/196/296、MC68HC05/11/12/16 和 C166/167 等。

2. 嵌入式微处理器（EMPU）

嵌入式微处理器是由通用计算机中的 CPU 演变而来的。它的特征是具有 32 位以上的处理器，具有较高的性能，当然其价格也较高。在实际嵌入式应用中，只保留和应用紧密相关的功能硬件，去除其他冗余功能部分，这样就以最低的功耗和资源实现嵌入式应用的特殊要求。和工业控制计算机相比，嵌入式微处理器具有体积小、重量轻、成本低、可靠性高的优点。

3. 嵌入式数字信号处理器（EDSP）

数字信号处理器对系统结构和指令进行了特殊设计，使其适合于执行 DSP 算法，编译效率较高，指令执行速度也快。DSP 应用正从在通用单片机中以普通指令实现 DSP 功能，发展到采用嵌入式数字信号处理器。嵌入式数字信号处理器的长处在于能够进行向量运算、指针线性寻址等运算量较大的数据处理。比较有代表性的产品是 Motorola 的 DSP56000 系列、Texas Instruments 的 TMS320 系列，以及 Philips 公司基于可重置嵌入式 DSP 结构制造的低成本、低功耗的 REAL DSP 处理器。

4. 嵌入式片上系统（SoC）

嵌入式片上系统追求产品系统最大包容的集成器件。SoC 最大的特点是成功实现了软硬件无缝结合，直接在处理器片内嵌入操作系统的代码模块在一个硅片上实现一个更为复杂的系统。SoC 可以分为通用和专用两类。通用系列包括 Infineon（Siemens）的 TriCore、Motorola 的 M–Core、某些 ARM 系列器件等。而专用的 SoC 专用于某个或者某类系统中，不为一般用户所知。比如 Philips 的 Smart XA，它将 XA 单片机内核和支持超过 2048 位复杂 RSA 算法的 CCU 单元制作在一块硅片上，形成一个可以加载 Java 或 C 语言的专用片上系统。

1.2.1 嵌入式微处理器

嵌入式微处理器与通用 CPU 最大的不同在于嵌入式微处理器大多工作在为特定用户群专门设计的系统中，它将通用 CPU 中许多由板卡完成的任务集成在芯片内部，从而有利于嵌入式系统在设计时趋于小型化，同时还具有很高的效率和可靠性。

嵌入式微处理器的体系结构可以采用冯·诺依曼体系或哈佛体系结构，指令系统可以选用精简指令系统（Reduced Instruction Set Computer，RISC）和复杂指令系统（Complex Instruction Set Computer，CISC）。嵌入式微处理器有多种体系，即使在同一体系中也可能具有不同的时钟频率和数据总线宽度或集成了不同的外设和接口。据不完全统计，嵌入式微处理器已经超过 1000 多种，体系结构有 30 多个系列，嵌入式微处理器目前主要有 ARM、MIPS、PowerPC 和 68K 等。

1. ARM

ARM（Advanced RISC Machines）公司是全球领先的 16/32 位精简指令集计算机（RISC）微处理器知识产权设计供应商。ARM 公司通过转让高性能、低成本、低功耗的 RISC 微处理器、外围和系统芯片设计技术给合作伙伴，使他们能用这些技术来生产各具特色的芯片。ARM 已成为移动通信、手持设备和多媒体数字设备嵌入式解决方案的 RISC 标准。

ARM 微处理器目前包括下面几个系列：ARM7 系列、ARM9 系列、ARM9E 系列、ARM10E 系列、SecurCore 系列、Intel 的 Xscale 系列，以及 Intel 的 StrongARM 系列。其中，ARM7、ARM9、ARM9E 和 ARM10E 为 4 个通用处理器系列，每个系列提供一套相对独特的性能来满足不同应用领域的需求。其他厂商基于 ARM 体系结构生产的微处理器，除了具有 ARM 体系结构的共同特点以外，每个系列的 ARM 微处理器都有各自的特点和应用领域。

2. MIPS

MIPS（Microprocessor without Interlocked Pipeline Stages）是一种处理器内核标准，MIPS 架构于 20 世纪 80 年代早期在斯坦福大学诞生，是基于简洁的加载/存储 RISC（精简指令集计算）技术的架构。

自 1985 年第一块 MIPS 处理器（R2000）问世以来，MIPS 架构始终在发展。指令集架构（Instruction Set Architecture，ISA）在经过几次修订后得到扩展，其性能也得到相应提高。目前版本包括 32 位和 64 位的 MIPS32 和 MIPS64 架构。除了基于 MIPS32 开发一系列 32 位处理器内核之外，MIPS 还对 MIPS32 和 MIPS64 架构进行授权。这些架构的授权用户包括 Broadcom、

Cavium Networks、LSI Logic、NetLogic Microsystems、Renesas Electronics、Sony、Toshiba、中科院计算所和北京君正等，这些基于 MIPS 的产品合计年出货量超过 6 亿件。

3. PowerPC

PowerPC 是一种 RISC 架构的 CPU，其基本的设计源自 IBM 的 POWER（Performance Optimized With Enhanced RISC 的缩写）架构。PowerPC 处理器有非常强的嵌入式表现，因为它具有优异的性能、较低的能量损耗，以及较低的散热量。除了像串行和以太网控制器那样的集成 I/O，该嵌入式微处理器与台式机 CPU 存在非常显著的区别。PowerPC 架构的特点是可伸缩性强，方便灵活。PowerPC 处理器品种很多，既有通用的处理器，又有嵌入式控制器和内核，应用范围从高端的工作站、服务器到桌面计算机系统，从消费类电子产品到大型通信设备等各个方面，非常广泛。

Motorola 的基于 PowerPC 体系结构的嵌入式微处理器芯片有 MPC505、821、850、860、8240、8245、8260 和 8560 等近几十种产品，其中 MPC860 是 Power QUICC 系列的典型产品，MPC8260 是 Power QUICC II 系列的典型产品，MPC8560 是 Power QUICC III 系列的典型产品。

4. 68K

68K 是美国摩托罗拉（Motorola）公司出品的 68000 处理器的俗称，也是一种处理器架构。68K 是出现得比较早的一款嵌入式微处理器，采用 CISC（复杂指令集计算机）结构，与现在的 PC 指令集保持了二进制兼容。

1979 年，美国摩托罗拉公司（现为 Freescale 半导体）推出一款型号为 MC68000 的 16 位通用微处理器，用于最早的 Apple Macintosh 计算机，以及 Apple LaserWriter II SC 和 Hewlett - Packard 公司的 LaserJet 打印机。此外，SEGA MD 游戏机、SNK NEO·GEO 游戏机和 CAPCOM CPS - 1/CPS - 2 等大型游戏机平台也采用 MC68000 作为中央处理器。标准 MC68000 具有 32 位内部寄存器，但只能在 16 位数据总线上传送数据。处理器能访问 16 兆内存，是 IBM PC 中 Intel 8088 的 16 倍。直至今日，68K 仍是许多工业控制和嵌入式系统的首选处理器工作平台。目前，68K 系列最新的后续产品有飞思卡尔 Freescale 半导体的 Coldfire 和 Dragonball 系列。

1.2.2 ARM 微处理器

1991 年，ARM 公司成立于英国剑桥，主要出售芯片设计技术的授权。ARM 微处理器有着多达十几种的内核结构，芯片生产厂家也有 70 多家，并且由于 ARM 公司的 chipless 生产模式，获得授权的芯片生产厂家将来会越来越多。ARM 自己不制造芯片，只将芯片的设计方案授权给其他公司，由它们来生产。ARM 将其技术授权给世界上许多著名的半导体、软件和 OEM 厂商，每个厂商得到的都是一套独一无二的 ARM 相关技术及服务。

目前采用 ARM 技术知识产权的微处理器，即通常所说的 ARM 微处理器，已遍及工业控制、消费类电子产品、通信系统、网络系统和无线系统等各类产品市场，基于 ARM 技术的微处理器应用约占据了 32 位 RISC 微处理器 75% 以上的市场份额，ARM 技术正在逐步渗入到人们生活的各个方面。ARM 提供高性能、廉价、耗能低的 RISC 处理器以及相关软件和技术，技术具有性能高、成本低和能耗省的特点，适用于多个领域，如嵌入控制、消费/教育类多媒体、DSP 和移动式应用等。下面来简单了解各种处理器的特点及应用领域。

1. ARM9 微处理器系列

ARM9 处理器系列为微控制器、DSP 和 Java 应用提供单处理器解决方案，从而减小芯片面积、降低复杂性和功耗，并加快产品上市速度。

ARM9 系列微处理器包括 ARM920T、ARM922T 和 ARM940T 三种类型，以适用于不同的应用场合。

ARM9 被广泛应用于智能手机、PDA、机顶盒、PMP、电子玩具、数码相机、数码摄像机等产品解决方案，可为要求苛刻、对成本敏感的嵌入式应用提供可靠的高性能和灵活性。丰富的 DSP 扩展使 SoC 设计不再需要单独的 DSP。

2. ARM9E 微处理器系列

ARM9E 系列微处理器为可综合处理器，使用单一的处理器内核提供了微控制器、DSP、Java 应用系统的解决方案，极大地减少了芯片的面积和系统的复杂程度。ARM9E 系列微处理器提供了增强的 DSP 处理能力，很适合于那些需要同时使用 DSP 和微控制器的应用场合。

ARM9 系列微处理器主要应用于下一代无线设备、数字消费品、成像设备、工业控制、存储设备和网络设备等领域。

ARM9E 系列微处理器包含 ARM926EJ – S、ARM946E – S 和 ARM966E – S 三种类型，以适用于不同的应用场合。

3. ARM10E 微处理器系列

ARM10E 系列微处理器具有高性能、低功耗的特点，由于采用了新的体系结构，与同等的 ARM9 器件相比较，在同样的时钟频率下，性能提高了近 50%，同时，ARM10E 系列微处理器采用了两种先进的节能方式，使其功耗极低。

ARM10E 系列微处理器主要应用于下一代无线设备、数字消费品、成像设备、工业控制、通信和信息系统等领域。

ARM10E 系列微处理器包含 ARM1020E、ARM1022E 和 ARM1026EJ – S 三种类型，以适用于不同的应用场合。

4. SecurCore 微处理器系列

SecurCore 系列微处理器专为安全需要而设计，提供了完善的 32 位 RISC 技术的安全解决方案，因此，SecurCore 系列微处理器除了具有 ARM 体系结构的低功耗、高性能的特点外，还具有其独特的优势，即提供了对安全解决方案的支持。

SecurCore 系列微处理器主要应用于一些对安全性要求较高的应用产品及应用系统，如电子商务、电子政务、电子银行业务、网络和认证系统等领域。

SecurCore 系列微处理器包含 SecurCore SC100、SecurCore SC110、SecurCore SC200 和 Se-curCore SC210 四种类型，以适用于不同的应用场合。

5. StrongARM 微处理器系列

Intel StrongARM SA – 1100 处理器是采用 ARM 体系结构高度集成的 32 位 RISC 微处理器。它融合了 Intel 公司的设计和处理技术以及 ARM 体系结构的电源效率，在软件上兼容 ARMv4 体系结构、同时采用具有 Intel 技术优点的体系结构。

Intel StrongARM 处理器是便携式通信产品和消费类电子产品的理想选择，已成功应用于多家公司的掌上电脑系列产品。

6. Xscale 处理器

Intel 在 2002 年 2 月份正式推出基于 StrongARM 的下一代架构——Xscale。Xscale 处理器是基于 ARMv5TE 体系结构的解决方案，是一款全性能、高性价比、低功耗的处理器。它支持 16 位的 Thumb 指令和 DSP 指令集，已使用在数字移动电话、个人数字助理和网络产品等场合。

Intel 已推出 PXA25x、PXA26x 和 PXA27x 三代 Xscale 架构的嵌入式微处理器。

1.3 认识嵌入式操作系统

早期嵌入式系统只为实现某些特定功能，使用一个简单的循环控制对外界的控制请求进行处理。当系统越来越复杂并且利用的范围越来越广泛时，缺少操作系统就成为其最大的一个缺点，因为每添加一项新功能都可能需要从头开始设计，否则只能增加开发成本和系统复杂度。这很自然地会让人联想到应该为嵌入式系统开发一个嵌入式操作系统。

有不少嵌入式系统的控制程序是逐步发展起来的，每一步的改动都比较小。这种在原有系统上打补丁的代价，要小于改用操作系统所需付出的代价，从而使工程人员很难下决心换用嵌入式操作系统。虽然控制程序在开发成本、可靠性等方面都有缺点，但它最大的好处之一就是没有那些商业化嵌入式操作系统中许多用不着的功能。虽然上述因素导致许多嵌入式系统仍然沿用控制程序，但控制程序近来在某些应用领域表现得越来越力不从心，需要嵌入式操作系统予以取代。例如高性能的手持设备、移动设备和复杂的工业控制装置，如果继续采用自己的控制程序，就意味着需要用户自己来实现一个专用操作系统。

随着嵌入式系统的功能越来越复杂，硬件所提供的条件越来越好，选择嵌入式操作系统也就势在必行。应用开发者的精力通常都集中在自己的应用领域，而没有时间和精力去全面掌握操作系统，嵌入式系统的最大特点就是个性突出，每个具体的嵌入式系统都会有自己独特的地方，当其有某种特殊需要时，如果操作系统能给予支持，则往往会有事半功倍的效果。

将嵌入式操作系统引入到嵌入式系统中，能够对嵌入式系统的开发产生极大的推动作用。在没有操作系统的嵌入式系统中，每当要进行进一步的开发和功能的扩展时，都会带来巨大的劳动力的无谓消耗。而嵌入式操作系统则可以通过提供给用户的各种 API，来对嵌入式系统进行有效的管理。

从 20 世纪 80 年代开始，出现了各种各样的商业用嵌入式操作系统。这些操作系统大部分都是为专有系统开发的，从而形成了目前多种形式的商用嵌入式操作系统百家争鸣的局面。目前在嵌入式领域广泛使用的操作系统有嵌入式实时操作系统 μC/OS – Ⅱ、嵌入式 Linux、Windows Embedded 和 VxWorks 等，以及应用在智能手机和平板电脑中的 Android、iOS 等。

1.3.1 Linux

随着 Linux 的迅速发展，嵌入式 Linux 现在已经有许多版本，包括强实时的嵌入式 Linux（如新墨西哥工学院的 RT – Linux、堪萨斯大学的 KURT – Linux 等）和一般的嵌入式 Linux 版本（如 μCLinux、PocketLinux 等）。嵌入式 Linux 的主要版本如下。

1. RT – Linux

RT – Linux 是由美国墨西哥理工学院开发的嵌入式 Linux 操作系统。到目前为止，RT – Linux 已经成功地应用于航天飞机的空间数据采集、科学仪器测控和电影特技图像处理等广泛领域。RT – Linux 开发者并没有针对实时操作系统的特性而重写 Linux 的内核，因为这样做的工作量非常大，而且要保证兼容性也非常困难。为此，RT – Linux 提出了精巧的内核，并把标准的 Linux 核心作为实时核心的一个进程，同用户的实时进程一起调度。这样对 Linux 内核的改动非常小，并且充分利用了 Linux 下现有的丰富的软件资源。

2. μCLinux

μCLinux 是 Lineo 公司的主打产品，同时也是开放源代码的嵌入式 Linux 的典范之作。

μCLinux 主要是针对目标处理器没有存储管理单元 MMU（Memory Management Unit）的嵌入式系统而设计的。它已经被成功地移植到了很多平台上。由于没有 MMU，其多任务的实现需要一定的技巧。μCLinux 是一种优秀的嵌入式 Linux 版本，是 micro - Conrol - Linux 的缩写。它秉承了标准 Linux 的优良特性，经过各方面的小型化改造，形成了一个高度优化的、代码紧凑的嵌入式 Linux。虽然它的体积很小，却仍然保留了 Linux 的大多数的优点：稳定、良好的移植性、优秀的网络功能、对各种文件系统完备的支持和丰富的 API。它专为嵌入式系统做了许多小型化的工作，目前已支持多款 CPU。其编译后目标文件可控制在几百 KB 数量级。

3. Embedix

Embedix 是由嵌入式 Linux 行业主要厂商之一 Luneo 推出的，是根据嵌入式应用系统的特点重新设计的 Linux 发行版本。Embedix 提供了超过 25 种的 Linux 系统服务，包括 Web 服务器等。系统需要最小 8 MB 内存、3 MB ROM 或快速闪存。Embedix 基于 Linux 2.2 内核，并已经成功地移植到了 Intel x86 和 PowerPC 处理器系列上。像其他的 Linux 版本一样，Embedix 可以免费获得。Luneo 还发布了另一个重要的软件产品，它可以让在 Windows CE 上运行的程序能够在 Embedix 上运行。Luneo 还计划推出 Embedix 的开发调试工具包、基于图形界面的浏览器等。可以说，Embedix 是一种完整的嵌入式 Linux 解决方案。

1.3.2 VxWorks

VxWorks 是美国风河公司（Wind River System，即 WRS 公司）推出的一个实时操作系统。WRS 公司组建于 1981 年，是一个专门从事实时操作系统开发与生产的软件公司，该公司在实时操作系统领域被世界公认为最具领先的公司。

1984 年，WRS 公司推出了它的第一个版本 VxWorks 1.0.1，在 1997 年推出了 VxWorks 5.3.1。VxWorks 是一个运行在目标机上的高性能、可裁剪的嵌入式实时操作系统，以其良好的可靠性和卓越的实时性被广泛地应用在通信、军事、航空和航天等高精尖技术及实时性要求极高的领域中，如卫星通信、军事演习、弹道制导和飞机导航等。在美国的 F - 16、FA - 18 战斗机、B - 2 隐形轰炸机和爱国者导弹上，甚至连 1997 年 4 月在火星表面登陆的火星探测器上也使用到了 VxWorks。

VxWorks 的开放式结构和对工业标准的支持使开发者只需做很少的工作，即可设计出有效的适合不同用户要求的实时操作系统。

1. 高性能实时微内核

VxWorks 的微内核 Wind 是一个具有较高性能的、标准的嵌入式实时操作系统内核。它支持抢占式的基于优先级的任务调度，支持任务间同步和通信，还支持中断处理、看门狗（WatchDog）定时器和内存管理。其任务切换时间短、中断延迟小、网络流量大的特点，使得 VxWorks 的性能得到很大提高，与其他嵌入式系统相比具有很大优势。

2. POSIX 兼容

POSIX（the Portable Operating System Interface）是工作在 ISO/IEEE 标准下的一系列有关操作系统的软件标准。制定这个标准的目的就是为了在源代码层次上支持应用程序的可移植性。这个标准产生了一系列适用于实时操作系统服务的标准集合 1003.1b（过去是 1003.4）。

3. 自由配置能力

VxWorks 提供良好的可配置能力，可配置的组件超过 80 个，用户可以根据自己系统的功能需求，通过交叉开发环境方便地进行配置。

4. 友好的开发调试环境

VxWorks 提供的开发调试环境便于进行操作和配置，开发系统 Tornado 更是受到了广大嵌入式系统开发人员的欢迎。

5. 广泛的运行环境支持

VxWorks 支持多种 CPU，如 x86、i960、Sun SPARC、Motorola MC68000、MIPS RX000、PowerPC、StrongARM 和 XScale 等。大多数的 VxWorks API 是专用的。VxWorks 提供的板级支持包（Board Support Package，BSP）支持多种硬件板，包括硬件初始化、中断设置、定时器和内存映射等例程。

1.3.3 Windows Embedded

Windows Embedded 是一种嵌入式操作系统，可以以组件化形式提供 Windows 操作系统功能。Windows Embedded 与 Windows 一样基于二进制，包含 10000 多个独立功能组件，因此开发人员在自定义设备映像中管理或降低内存占用量时可以选择并获得最佳功能。Windows Embedded 基于 Win32 编程模型，由于采用常见的开发工具，如 Visual Studio . NET，使用商品化 PC 硬件，与桌面应用程序无缝集成，因此可以缩短上市时间。使用 Windows Embedded 构建操作系统的常见设备类别包括零售销售点终端、客户机和高级机顶盒。

Windows Embedded Compact（即 Windows CE）是微软公司嵌入式、移动计算平台的基础，它是一个开放的、可升级的 32 位嵌入式操作系统，是基于掌上型计算机类的电子设备操作系统。（在 2008 年 4 月 15 日举行的嵌入式系统大会上，微软宣布将 Windows CE 更名为 Windows Embedded Compact，与 Windows Embedded Enterprise、Windows Embedded Standard 和 Windows Embedded POSReady 组成 Windows Embedded 系列产品）。它是精简的 Windows 95，图形用户界面相当出色。

1.3.4 μC/OS – Ⅱ

μC/OS 是 MicroController Operating System 的缩写，它是源代码公开的实时嵌入式操作系统，μC/OS – Ⅱ 的主要特点如下。

- 公开源代码，系统透明，很容易就能把操作系统移植到不同的硬件平台上。
- 可移植性强。μC/OS – Ⅱ 绝大部分源代码是用 ANSI C 写的，可移植性较强。而与微处理器硬件相关的那部分是用汇编语言写的，已经压缩到最低限度，使 μC/OS – Ⅱ 便于移植到其他微处理器上。
- 可固化。μC/OS – Ⅱ 是为嵌入式应用而设计的，这就意味着，只要开发者有固化（ROMable）手段（C 编译、链接、下载和固化），μC/OS – Ⅱ 即可嵌入到开发者的产品中成为产品的一部分。
- 可裁剪。通过条件编译可以只使用 μC/OS – Ⅱ 中应用程序需要的那些系统服务程序，以减少产品中的 μC/OS – Ⅱ 所需的存储器空间（RAM 和 ROM）。
- 占先式。μC/OS – Ⅱ 完全是占先式（Preemptive）的实时内核，这意味着 μC/OS – Ⅱ 总是运行就绪条件下优先级最高的任务。大多数商业内核也是占先式的，μC/OS – Ⅱ 在性能上和它们类似。

- 实时多任务。μC/OS－Ⅱ不支持时间片轮转调度法（Round－robin Scheduling）。该调度法适用于调度优先级平等的任务。
- 可确定性。全部 μC/OS－Ⅱ的函数调用与服务的执行时间具有可确定性。

由于 μC/OS－Ⅱ仅是一个实时内核，这就意味着它不像其他实时操作系统那样，它提供给用户的只是一些 API 函数接口，有很多工作往往需要用户自己去完成。把 μC/OS－Ⅱ移植到目标硬件平台上也只是系统设计工作的开始，后面还需要针对实际的应用需求对 μC/OS－Ⅱ进行功能扩展，包括底层的硬件驱动、文件系统和用户图形接口（GUI）等，从而建立一个实用的 RTOS。

1.4 嵌入式系统设计流程

1.4.1 嵌入式系统开发

嵌入式系统发展到今天，对应于各种微处理器的硬件平台一般都是通用的、固定的、成熟的，这就大大减少了由硬件系统引入错误的机会。此外，由于嵌入式操作系统屏蔽了底层硬件的复杂性，使得开发者通过操作系统提供的 API 函数就可以完成大部分工作，因此大大简化了开发过程，提高了系统的稳定性。嵌入式系统的开发者现在已经从反复进行硬件平台设计的过程中解脱出来，从而可以将主要精力放在满足特定的需求上。嵌入式系统开发流程如图 1-3 所示。

1. 常用开发工具

目前嵌入式系统的开发所使用的开发工具有以下几种。

（1）GNU Tools

Linux 环境下流行的开发工具是 GNU Tools，利用 GNU Tools 完全可以控制编译行为，在嵌入式 Linux 环境中同样具有广泛的应用。现在不少商业软件都把 GNU Tools 作为 IDE 的一个组成部分。GNU Tools 是免费、使用广泛、技术支持好的开发套件。为了更有效地开发嵌入式系统，至少需要了解和掌握下列一些工具。

- 代码编辑工具：vi/vim。
- 编译开发工具：GCC。
- 调试工具：即能够对执行程序进行源代码或汇编级调试的软件 GDB。
- 软件工程工具：用于协助多人开发或大型软件项目管理的软件 make。
- 版本管理工具：CVS 和 SVN。
- 文本差异处理工具：diff、patch 等。
- 二进制工具：即能够对二进制文件进行处理的软件工具 binutils，它是一组二进制工具程序集，包括 addr2line、ar、as、ld、nm、objcopy、objdump、ranlib、size、strings 和 strip 等，是辅助 GCC 的主要软件。

（2）Qt

Qt 是一个跨平台的 C＋＋应用程序开发框架，有时又称为 C＋＋部件工具箱。Qt 用在 KDE 桌面环境、Opera、OPIE、VoxOx、Google Earth、Skype 和 VirtualBox 的开发中。它是诺基亚（Nokia）的 Qt Development Frameworks 部门的产品。KDevelop 是一个用 Qt 开发的 IDE，其支持的语言主要是 C＋＋（含 C）。

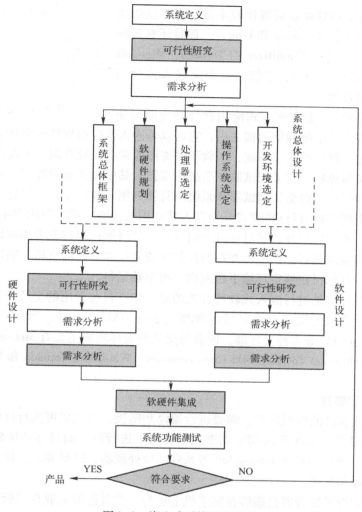

图 1-3 嵌入式系统开发流程

（3）Eclipse

近年来，Eclipse 发展极为迅速，它不仅是一个以 Java 为主的开发平台，作为各种插件的载体，Eclipse 提供了完整的 GUI 接口，用户完全可以借助于 Eclipse 来专注于自己的工作。

2. 交叉开发环境

嵌入式系统通常是一个资源受限的系统，因此直接在嵌入式系统的硬件平台上编写软件比较困难，有时甚至是不可能的。目前一般采用的解决办法是首先在通用计算机上编写程序，然后通过交叉编译生成目标平台上可以运行的二进制代码格式，最后再下载到目标平台上的特定位置上运行。

需要交叉开发环境（Cross Development Environment）的支持是嵌入式应用软件开发时的一个显著特点，交叉开发环境是指编译、链接和调试嵌入式应用软件的环境，它与运行嵌入式应用软件的环境有所不同，通常采用宿主机/目标机模式，如图 1-4 所示。

宿主机（Host）是一台通用计算机（如 PC 或者工作站），它通过串口或者以太网接口与目标机通信。宿主机的软硬件资源比较丰富，不但包括功能强大的操作系统（如 Windows 和 Linux），而且还有各种各样优秀的开发工具（如 WindRiver 的 Tornado、Microsoft 的 Embedded Visual C ++ 等），能够大大提高嵌入式应用软件的开发速度和效率。

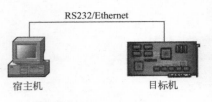

RS232/Ethernet

宿主机　　　　　目标机

图1-4　交叉开发环境

目标机（Target）一般在嵌入式应用软件开发期间使用，用来区别与嵌入式系统通信的宿主机，它可以是嵌入式应用软件的实际运行环境，也可以是能够替代实际运行环境的仿真系统，但软硬件资源通常都比较有限。嵌入式系统的交叉开发环境一般包括交叉编译器、交叉调试器和系统仿真器，其中交叉编译器用于在宿主机上生成能在目标机上运行的代码，而交叉调试器和系统仿真器则用于在宿主机与目标机间完成嵌入式软件的调试。在采用宿主机/目标机模式开发嵌入式应用软件时，首先利用宿主机上丰富的资源、良好的开发环境，开发和仿真调试目标机上的软件，然后通过串口或者用网络将交叉编译生成的目标代码传输并装载到目标机上，并在监控程序或者操作系统的支持下利用交叉调试器进行分析和调试，最后目标机在特定环境下脱离宿主机单独运行。

建立交叉开发环境是进行嵌入式软件开发的第一步，目前常用的交叉开发环境主要有开放和商业两种类型。开放的交叉开发环境的典型代表是 GNU 工具链，目前已经能够支持 x86、ARM、MIPS 和 PowerPC 等多种处理器。商业的交叉开发环境则主要有 Metrowerks CodeWarrior、ARM Software Development Toolkit、SDS Cross compiler、WindRiver Tornado 和 Microsoft Embedded Visual C ++ 等。

3. 交叉编译和链接

在完成嵌入式软件的编码之后，需要进行编译和链接，以生成可执行代码，由于开发过程大多是在使用 Intel 公司 x86 系列 CPU 的通用计算机上进行的，而目标环境的处理器芯片却大多为 ARM、MIPS、PowerPC 和 DragonBall 等系列的微处理器，这就要求在建立好的交叉开发环境中进行交叉编译和链接。

交叉编译器和交叉链接器是能够在宿主机上运行，并且能够生成在目标机上直接运行的二进制代码的编译器和链接器。例如，在基于 ARM 体系结构的 gcc 交叉开发环境中，arm – linux – gcc 是交叉编译器，arm – linux – ld 是交叉链接器。通常情况下，并不是每一种体系结构的嵌入式微处理器都只对应一种交叉编译器和交叉链接器，比如对于 M68K 体系结构的 gcc 交叉开发环境而言，就对应多种编译器和链接器。如果使用的是 COFF 格式的可执行文件，那么在编译 Linux 内核时需要使用 m68k – coff – gcc 和 m68k – coff – ld，而在编译应用程序时则需要使用 m68k – coff – pic – gcc 和 m68k – coff – pic – ld。

嵌入式系统在链接过程中通常都要求使用较小的函数库，以便最后产生的可执行代码尽可能少，因此实际运用时一般使用经过特殊处理的函数库。对于嵌入式 Linux 系统而言，功能越来越强、体积越来越大的 C 语言函数库 glibc 和数学函数库 libm 已经很难满足实际的需要，因此需要采用它们的精化版本 uClibc、uClibm 和 newlib 等。

目前，嵌入式的集成开发环境都支持交叉编译和交叉链接，如 WindRiver Tornado 和 GNU 工具链等，编写好的嵌入式软件经过交叉编译和交叉链接后通常会生成两种类型的可执行文件：用于调试的可执行文件和用于固化的可执行文件。

4. 交叉调试

嵌入式软件经过编译和链接后即进入调试阶段，调试是软件开发过程中必不可少的一个环节，嵌入式软件开发过程中的交叉调试与通用软件开发过程中的调试方式有所差别。在通用软件开发中，调试器与被调试的程序往往运行在同一台计算机上，调试器是一个单独运行着的进程，它通过操作系统提供的调试接口来控制被调试的进程。而在嵌入式软件开发中，调试时采用的是在宿主机和目标机之间进行的交叉调试，调试器仍然运行在宿主机的通用操作系统之上，但被调试的进程却是运行在基于特定硬件平台的嵌入式操作系统中，调试器和被调试进程通过串口或者网络进行通信，调试器可以控制和访问被调试进程，读取被调试进程的当前状态，并能够改变被调试进程的运行状态。

交叉调试（Cross Debug）通常又称为远程调试（Remote Debug），是一种允许调试器以某种方式控制目标机上被调试进程的运行方式，并具有查看和修改目标机上内存单元、寄存器及被调试进程中变量值等各种调试功能的调试方式。一般而言，远程调试过程的结构如图 1-5 所示。

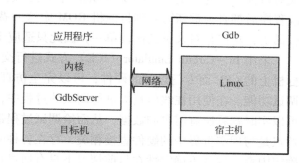

图 1-5　远程调试结构

嵌入式系统的交叉调试方法有多种，可以细分成不同的层次，但一般都具有以下一些典型特点。

- 调试器和被调试进程运行在不同的机器上，调试器运行在 PC 或者工作站上（宿主机），而被调试的进程则运行在各种专业调试板上（目标机）。
- 调试器通过某种通信方式与被调试进程建立联系，如串口、并口、网络、DBM、JTAG 或者专用的通信方式。
- 在目标机上一般会具备某种形式的调试代理，它负责与调试器配合完成对目标机上运行着的进程的调试。这种调试代理可能是某些支持调试功能的硬件设备，也可能是某些专门的调试软件（如 gdbserver）。
- 目标机可能是某种形式的系统仿真器，通过在宿主机上运行目标机的仿真软件，整个调试过程可以在一台计算机上运行。此时物理上虽然只有一台计算机，但逻辑上仍然存在着宿主机和目标机的区别。

在嵌入式软件开发过程中的调试方式有很多种，应根据实际的开发要求和条件进行选择。就调试方法而言，嵌入式系统的交叉调试可以分为硬件调试和软件调试两种，前者使用仿真调试器协助调试过程，而后者则使用软件调试器完成调试过程。

（1）硬件调试

相对于软件调试而言，使用硬件调试器可以获得更强大的调试功能和更优秀的调试性能。硬件调试器的基本原理是通过仿真硬件的执行过程，让开发者在调试时可以随时了解系统的当前执行情况。目前嵌入式系统开发中最常用到的硬件调试器是 ROM Monitor、ROM Emulator、In‒Circuit Emulator 和 In‒Circuit Debugger。

采用 ROM Monitor 方式进行交叉调试需要在宿主机上运行调试器，在目标机上运行 ROM 监视器（ROM Monitor）和被调试程序，宿主机通过调试器与目标机上的 ROM 监视器建立通信连接，它们之间的通信遵循远程调试协议。ROM 监视器可以是一段运行在目标机 ROM 上的可执行程序，也可以是一个专门的硬件调试设备，它负责监控目标机上被调试程序的运行情况，能够与宿主机端的调试器一同完成对应用程序的调试。在使用这种调试方式时，被调试程序首先通过 ROM 监视器下载到目标机，然后在 ROM 监视器的监控下完成调试，目前使用的绝大部分 ROM 监视器能够完成设置断点、单步执行、查看寄存器和修改内存空间等各项调试功能。

采用 ROM Emulator 方式进行交叉调试时需要使用 ROM 仿真器，它通常被插入到目标机上的 ROM 插槽中，专门用于仿真目标机上的 ROM 芯片。在使用这种调试方式时，被调试程序首先下载到 ROM 仿真器中，它等效于下载到目标机的 ROM 芯片上，然后在 ROM 仿真器中完成对目标程序的调试。ROM Emulator 调试方式通过使用一个 ROM 仿真器，虽然避免了每次修改程序后都必须重新写入到目标机 ROM 中这一费时费力的操作，但由于 ROM 仿真器本身比较昂贵，功能相对来讲又比较单一，因此只适应于某些特定场合。

采用 In – Circuit Emulator（ICE）方式进行交叉调试时需要使用在线仿真器，它是仿照目标机上的 CPU 而专门设计的硬件，可以完全仿真处理器芯片的行为，并且提供了非常丰富的调试功能。在使用在线仿真器进行调试的过程中，可以按顺序单步执行，也可以倒退执行，还可以实时查看所有需要的数据，从而给调试过程带来了很多便利。嵌入式系统应用的一个显著特点是与现实世界中的硬件直接相关，存在各种变量，从而给微处理器的指令执行带来各种不确定因素，这种不确定性在目前情况下只有通过在线仿真器才有可能发现，因此尽管在线仿真器的价格非常昂贵，但仍然得到了非常广泛的应用。

采用 In – Circuit Debugger（ICD）方式进行交叉调试时需要使用在线调试器。由于 ICD 的价格非常昂贵，并且每种 CPU 都需要一种与之对应的 ICD，使得开发成本非常高，一个比较好的解决办法是让 CPU 直接在其内部实现调试功能，并通过在开发板上引出的调试端口，发送调试命令和接收调试信息，完成调试过程。如果要直接控制硬件来调试，通常会使用 DBM 或 JTAG 接口，只要将调试器连接到 CPU 的 BDM 或 JTAG 相关引脚，就可以完全掌握 CPU 的行为。在调试 Linux 内核时，通常会使用 DBM 或 JTAG 接口。

（2）软件调试

软件调试通常要在不同的层次上进行，有时可能需要对嵌入式操作系统的内核进行调试，而有时可能仅仅只需要调试嵌入式应用程序就可以了。在嵌入式系统的整个开发过程中，不同层次上的软件调试需要使用不同的调试方法。

嵌入式操作系统的内核调试相对而言比较困难，这是因为在内核中不便于增加一个调试器程序，而只能通过远程调试的方法，通过串口和操作系统内置的"调试桩"（debug stub）进行通信，共同完成调试过程。调试桩可以看成是一个调试服务器，它通过操作系统获得一些必要的调试信息，并且负责处理宿主机发送来的调试命令。具体到嵌入式 Linux 系统内核，调试时可以先在 Linux 内核中设置一个调试桩，用作调试过程中和宿主机之间的通信服务器，然后就可以在宿主机中通过调试器的串口与调试桩进行通信，并通过调试器控制目标机上 Linux 内核的运行。

嵌入式应用软件的调试可以使用本地调试和远程调试两种方法，相对于操作系统的调试而言，这两种方式都比较简单。如果采用的是本地调试，首先要将所需的调试器移植到目标系统中，然后就可以直接在目标机上运行调试器来调试应用程序了；如果采用的是远程调试，则需要移植一个调试服务器到目标系统中，并通过它与宿主机上的调试器共同完成应用程序的调试。在嵌入式 Linux 系统的开发中，远程调试时目标机上使用的调试服务器通常是 GdbServer，而宿主机上使用的调试器则是 GDB，两者配合完成调试过程。

5. 系统测试

嵌入式系统的硬件一般采用专门的测试仪器进行测试,而软件则需要有相关的测试技术和测试工具的支持,并要采用特定的测试策略。测试技术指的是软件测试的专门途径,以及能够更加有效地运用这些途径的特定方法。在嵌入式软件测试中,通常要在基于目标机的测试和基于宿主机的测试之间做出折中,基于目标机的测试需要消耗较多的时间和经费,而基于宿主机的测试虽然代价较小,但毕竟是在仿真环境中进行的,因此难以完全反映软件运行时的实际情况。这两种环境下的测试可以发现不同的软件缺陷,关键是要对目标机环境和宿主机环境下的测试内容进行合理取舍。

测试工具是指那些能够用来辅助测试的工具,测试工具主要用来支持测试人员的测试工作,本身不能直接用来进行测试,测试工具一般都是通用工具,测试人员应该根据实际情况对它们进行适当的调整。嵌入式软件测试中经常用到的测试工具主要有内存分析工具、性能分析工具、覆盖分析工具和缺陷跟踪工具等。

（1）内存分析工具

嵌入式系统的内存资源通常是受限的,内存分析工具可以用来处理在进行动态内存分配时产生的缺陷。当动态分配的内存被错误地引用时,产生的错误通常难以再现,可出现的失效难以追踪,使用内存分析工具可以很好地检测出这类缺陷。目前常用的内存分析工具有软件和硬件两种,基于软件的内存分析工具可能会对代码的执行性能带来很大影响,从而影响系统的实时性;基于硬件的内存分析工具价格昂贵,并且只能在特定的环境中使用。

（2）性能分析工具

嵌入式系统的性能通常是一个非常关键的因素,开发人员一般需要对系统的某些关键代码进行优化来改进性能,而首先遇到的问题自然就是确定需要对哪些代码进行优化。性能分析工具可以为开发人员提供有关的数据,说明执行时间是如何消耗的,什么时候消耗的,以及每个进程所使用的时间。这些数据可以帮助确定哪些进程消耗了过多的执行时间,从而可以决定如何优化软件,以获得更好的时间性能。此外,性能分析工具还可以引导开发人员发现在系统调用中存在的错误和程序结构上的缺陷。

（3）覆盖分析工具

在进行白盒测试时,可以使用代码覆盖分析工具追踪哪些代码被执行过,分析过程一般通过插桩来完成,插桩可以是在测试环境中嵌入硬件,也可以是在可执行代码中加入软件,或者是两者的结合。开发人员通过对分析结果进行总结,可以确定哪些代码被执行过,哪些代码被遗漏了。目前,常用的覆盖分析工具一般都会提供有关功能覆盖、分支覆盖和条件覆盖等信息。

1.4.2 嵌入式系统设计学习线路

嵌入式系统无疑是当前最热门、最有发展前途的 IT 应用领域之一,但同时也是最难掌握的技术之一。嵌入式系统具有知识点多、涉及范围广等特点,因此在开始学习之前首先应该明确学习路线。

1. Linux 入门

目前嵌入式开发环境主要有 Linux、Wince 等,Linux 因其开源、开发操作便利而被广泛采用。对于嵌入式开发人员来说,需要掌握 Linux 的基本服务和 Linux 的设计理念和思想,这对于嵌入式开发人员的长期发展是极其重要的。Linux 系统有很多发行版,如 RedHat、Ubuntu 和

Fedora 等。作为嵌入式开发人员，没有必要把精力放到使用哪个 Linux 发行版上，而是尽快把 Linux 系统安装好。

2. C 语言

C 语言是嵌入式开发必备的基础知识。在 Linux 下从事 C 语言的开发，会觉得更为顺畅、更为自然，因为 Linux 内核几乎完全是由 C 语言编写完成的。学习 C 语言，如果不会用指针，那么就称不上会 C 语言。做嵌入式开发指针更显得尤为重要，所以做嵌入式开发除了掌握位操作、限定词等，对指针的掌握也是不可或缺的。除指针外，还要学习模块化编译处理、指针与数组、gcc、Makefile、GDB、递归、结构体，以及宏定义的使用等。

如果说 C 语言相当于文字，那么数据结构就相当于在造句、写文章。代码质量有一部分取决于对数据结构的掌握程度。在数据结构部分要把链表、树和排序作为学习重点。而且也可以查看一些比较常见的函数（如 strcopy、strcat 和 printf 等）在内核中是如何实现的，以及编写代码模拟堆栈，这不仅有利于编写代码质量的提高，而且还可以初步了解 Linux 内核精髓，为今后的工作打下坚实的基础。

3. Linux 应用程序设计

Linux 的思想源于 UNIX，Linux 继承了 UNIX 的优点。Linux 不仅符合 POSIX 标准，而且还包括其他 UNIX 标准的多种特性，如 UNIX 的 System V 接口文档（System V Interface Document，SVID）和伯克利软件发布（Berkeley Software Distribution，BSD）版本。Linux 采用了折中的策略，包含了 UNIX 几个典型特性当中最实用的一些功能，例如 Linux 采用了 SVR4 的进程间通信（IPC）机制，包括共享内存、消息队列和信号。Linux 支持 BSD Socket 网络编程接口。

此阶段的学习是从事嵌入式上层应用开发以及底层开发人员的必修课程。进程、线程、信号、文件锁和 socket 是这部分内容的重点。要想透彻地学习这些内容，一定要下苦功夫。而且函数是系统提供给用户的，难免要对计算机系统深入理解一番。另外，还要熟悉 TCP/IP 涉及。

4. ARM 体系结构

目前通用嵌入式微处理器有 ARM、MIPS、PowerPC 和 x86 等。从市场产品占有率上看，ARM 处理器远远领先于同类其他处理器，并逐步掠夺传统 51 单片机和英特尔市场份额。据招聘网站统计，目前用人单位在技术水平上要求开发人员掌握 ARM9 及以上平台的开发技术。ARM 公司在发布 ARM11 产品后，更改以往的数字标记更新方式，转为发布 ARM Cortex。但是 Cortex 并不是更高端的处理器，而是全新系列的处理器。

开始学习前建议有一块自己的开发板，目前 ARM9 2440 的开发板价格在 400 ～ 600 元之间，ARM11 6410 的开发板价格要高一些，最便宜的也要 1200 元以上。有了开发板以后，还要下载对应处理器的 DataSheet 及开发板电路原理图。ARM 体系结构的学习是不能完全照抄别人代码的，因为自己手中的开发板及处理器与别人的不同，除非所用的代码是根据自己手中的开发板来编写的。所以需要先去看书、视频资料理解原理及工作方式等，然后根据自己开发板的电路原理图和 DataSheet 来编写代码，达到理解外围设备工作原理和操作硬件的目的。

5. Linux 内核与驱动

众所周知，嵌入式开发至少包含两个级别，一个是嵌入式内核驱动级别，另外一个是嵌入式应用层开发，而薪酬高的、最具价值的无疑是嵌入式内核驱动级别的开发者。真正的嵌入式高手或者企业中的核心开发人员，一定是嵌入式底层的内核驱动开发工程师，由于这些工程师成长比较缓慢，造成对内核驱动人才的大量需求。

　　由于 Linux 内核更新速度很快，相关书籍和视频不可能及时更新，所以在看完书和视频后，还要自己动手下载内核源代码包。而驱动的编写还是要借助外设硬件电路原理图和芯片手册。内核和驱动的知识是让读者根据不同的硬件，编写对应的驱动、合理裁剪内核、制作文件系统，并移植到硬件开发板上。

　　导致很多读者在嵌入式学习道路上最终放弃的原因，很多时候是因为进入了嵌入式学习的误区。主要有以下几个误区。

　　(1) 误区 1：今天学学这，明天学学那

　　有些同学 Linux 命令还没有学会几个就去修改 Linux 内核了，结果可想而知，导致他挫折感很强。学习要由浅入深、循序渐进，基础要打扎实，不要好高骛远，这样才会有一个很好的体验。

　　(2) 误区 2：参考书买了很多，却不知道看哪本，也来不及看

　　参考书是用来参考的，没有必要从头到尾系统地看，当遇到问题时查看下相关的内容。网络是最好的老师，有问题问网络。

　　(3) 误区 3：只看书不动手

　　只看书不动手，等于没学，应该是先看一下书，然后做相关实验，做的过程中遇到问题再查阅资料。嵌入式开发是理论与实践相结合，需要掌握必要的理论知识，通过大量的实验与项目开发来加深对知识的理解与掌握。

1.4.3　嵌入式 Linux 书籍

1. Linux 基础

《鸟哥的 Linux 私房菜》，鸟哥。

2. C 语言基础

- 《C Primer Plus, 5th Edition》，史蒂芬·普拉达。
- 《嵌入式 Linux 应用程序开发详解》，孙琼。

3. Linux 内核

- 《深入理解 Linux 内核（第 3 版)》博韦，西斯特。
- 《Linux 内核源代码情景分析》毛德操，胡希明。
- 《Linux 设备驱动开发详解》，宋宝华。
- 《Linux 高级程序设计》，杨宗德。

4. C 语言书籍推荐

- 《C 语言程序设计（第 4 版)》，史蒂芬·寇肯。
- 《高质量 C++/C 编程指南》，林锐。

1.4.4　嵌入式 Linux 资源列表

1. 嵌入式 Linux 中文站

网址：http://www.embeddedLinux.org.cn。

描述：国内唯一的嵌入式 Linux 中文专业技术网站。

论坛：http://www.embeddedLinux.org.cn/bbs。

2. ChinaUNIX

网址：http://www.chinaunix.net。

描述：C 版块和 shell 版块很不错。

C/C++论坛：http://bbs.chinaunix.net/forumdisplay.php? fid=23。

shell 论坛：http://bbs.chinaunix.net/forumdisplay.php? fid=24。

man 文档：http://man.chinaunix.net。

3. 中国 Linux 论坛

网址：http://www.Linuxforum.net/。

描述：提高嵌入式 Linux 技术。

4. The ARM Linux Project

网址：http://www.arm.Linux.org.uk/。

描述：Linux for all ARM based machine。

5. ARM 官方网站

网址：http://www.arm.com。

描述：提高 ARM 水平的最佳地方。文档和技术笔记均为英语。

6. The Linux Kernel Archives

网址：http://www.kernel.org/。

描述：Linux Kernel 官方网站。

7. IBM developerWorks

网址：http://www-128.ibm.com/developerworks/cn/。

描述：有低、中、高级技术文档很丰富，作为系统学习的参考补充。

8. 网易云课堂资源

网址：http://study.163.com/course/courseMain.htm? courseId=1002965014。

描述：本书拥有丰富的教学资源，资源已经陆续上传至网易云课堂。

第 2 章　体验 Linux 系统

学习目标：

- 认识 Linux 操作系统
- 掌握 Linux 文件系统及文件管理
- 掌握内容管理
- 管理权限
- 掌握备份与压缩文件
- 掌握系统管理
- 掌握进程控制
- 掌握 Shell
- 掌握配置环境变量
- 掌握编辑工具 vi

嵌入式 Linux 开发是以 Linux 操作系统为基础的，只有熟练使用 Linux 系统之后才能在嵌入式 Linux 开发领域得心应手。如果读者对 Linux 很熟悉可跳过本章，也可将本章作为巩固提高 Linux 使用技能的手册。

2.1　Linux 的基本概念

Linux 是指一套免费使用和自由传播的类 UNIX 操作系统。1990 年芬兰人 Linus Torvalds 研究编写了一个与 Minix 系统兼容的、源代码开放的操作系统，1991 年公布了第一个 Linux 的内核版本 0.0.2 版。如今的 Linux 已经有超过 250 种发行版本，且可以支持所有体系结构的处理器，如 x86、PowerPC、ARM 和 Xscale 等，也可以支持带 MMU 或不带 MMU 的处理器。到目前 Linux 内核版本已经从原先的 0.0.1 发展到 4.9.5。Linux 开始是以源代码形式出现，用户需要在其他操作系统下进行编译才能使用，后来出现了正式版本。如今的 Linux 已经有超过 250 种发行版本，且可以支持几乎所有体系结构的处理器，如 X86、PowerPC、ARM 和 Xscale 等。目前流行的几个正式版本有：SUSE、RedHat、Fedora、Debian、Ubuntu 和 CentOS 等。

2.1.1　文件系统

Linux 的基本思想有两点：第一，一切都是文件；第二，每个软件都有确定的用途。其中第一条详细来讲就是系统中的所有东西都可以归结为一个文件，包括命令、硬件和软件设备、操作系统、进程等，对于操作系统内核而言，都被视为拥有各自特性或类型的文件。

在 Linux 系统中一切都是文件，在 Linux 中如果没有文件系统的话，用户和操作系统的交互也就断开了。文件系统是对一个存储设备上的数据和元数据进行组织的机制，这种机制有利于用户和操作系统的交互。尽管内核是 Linux 的核心，但文件却是用户与操作系统交互所采用的主要工具。

Linux 文件系统中的文件是数据的集合，文件系统不仅包含着文件中的数据，而且还有文件系统的结构，所有 Linux 用户和程序看到的文件、目录、软连接及文件保护信息等都存储在其中。

1. 文件系统

文件系统是指文件存在的物理空间。在 Linux 系统中，每个分区都有一个文件系统。Linux 的重要特征之一就是支持多种文件系统，不同的操作系统选择了不同的文件系统，同一种操作系统也可能支持多种文件系统。微软公司的 Windows 就选择了 FAT32 和 NTFS 两种格式，Linux 是一个开放的操作系统，它最初使用 ext2 格式，后来使用 ext3 格式，但是它同时支持非常多的文件系统，常用的文件系统有以下几种：

（1）ext3

ext3 是第三代扩展文件系统（Third extended filesystem，缩写为 ext3），是一个日志文件系统，常用于 Linux 操作系统。它是很多 Linux 发行版的默认文件系统。从 ext2 转换到 ext3 主要有以下 4 个理由：可用性、数据完整性、速度及易于转化。ext3 中采用了日志式的管理机制，它使文件系统具有很强的快速恢复能力，并且由于从 ext2 转换到 ext3 无须进行格式化，因此，更加推进了 ext3 文件系统的推广。

（2）Swap 文件系统

Swap（即交换分区）作用是在物理内存使用完之后，将磁盘空间（也就是 Swap 分区）虚拟成内存来使用。类似于 Windows 的虚拟内存，就是当内存不足的时候，把一部分硬盘空间虚拟成内存使用，从而解决内存容量不足的情况。当然交换分区只是权宜之计，因为硬盘的数据处理能力远远低于内存。Windows 系统中交换分区（虚拟内存）直接放在系统磁盘上，且是自动管理的，但 Linux 则不同，它必须使用独立的分区（独立的文件系统）作为交换分区。

（3）vfat 文件系统

Linux 中把 DOS 中采用的 FAT 文件系统（包括 FAT12、FAT16 和 FAT32）都称为 vfat 文件系统。

（4）NFS 文件系统

NFS 文件系统是指网络文件系统，这种文件系统也是 Linux 的独到之处。它可以很方便地在局域网内实现文件共享，并且使多台主机共享同一主机上的文件系统。而且 NFS 文件系统访问速度快，稳定性高，已经得到了广泛的应用，尤其在嵌入式领域，使用 NFS 文件系统可以很方便地实现文件本地修改，而免去了一次次读写 Flash 的忧虑。

（5）ISO 9660 文件系统

这是光盘所使用的文件系统，Linux 对光盘已有了很好的支持，它不仅可以提供对光盘的读写，还可以实现对光盘的刻录。

2. 目录结构

Linux 的文件系统采用阶层式的树状目录结构，该结构的最上层是根目录"/"，然后在根目录下再建立其他的目录，目录提供了管理文件的一个方便而有效的途径。Windows 也是采用树形结构，但是在 Windows 中，这样的树形结构的根是磁盘分区的盘符，有几个分区就有几个树形结构，它们之间的关系是并列的。而在 Linux 中，无论操作系统管理几个磁盘分区，这样的目录树只有一个。文件系统结构图如图 2-1 所示。

目录也是一种文件，是具有目录属性的文件。当系统建立一个目录时，还会在这个目录下创建两个目录文件："."代表本目录，".."代表该目录的父目录。

```
.
├─── bin
├─── boot
├─── data
├─── dev
├─── etc
├─── home
├─── initrd.img -> boot/initrd.img-3.8.0-29-generic
├─── lib
├─── media
├─── mnt
├─── opt
├─── proc
├─── root
├─── run
├─── sbin
├─── sys
├─── tftpboot
├─── tmp
├─── usr
│      ├─── bin
│      ├─── include
│      ├─── lib
├─── var
```

图 2-1　文件系统结构图

在 Linux 安装时、系统会建立一些默认的目录，每个目录都有特殊的功能。表 2-1 列出了 Linux 下一些主要目录的功能介绍。

表 2-1　目录结构及其含义

目　　录	描　　述
/	根目录
/bin	系统所需要的最基本的命令就放在这里。如 ls、cp 和 mkdir 等命令，功能和/usr/bin 类似，这个目录中的文件都是可执行的、普通用户都可以使用的命令
/boot	Linux 的内核及引导系统程序所需要的文件，如 vmlinuz, initrd.img 文件都位于这个目录中
/dev	一些必要的设备，如声卡、磁盘等。还有如 /dev/null. /dev/console /dev/zero /dev/full 等
/etc	系统的配置文件存放地，一些服务器的配置文件也在这里，如用户账号及密码配置文件，/etc/opt:/opt 对应的配置文件，/etc/X11:Xwindows 系统配置文件，/etc/xml:XML 配置文件 ……
/home	用户工作目录和个人配置文件，如个人环境变量等，所有的账号分配一个工作目录。一般是一个独立的分区
/lib	库文件存放地，存放 bin 和 sbin 目录中的文件需要的库文件。
/media	可拆卸的媒介加载点，如 CD-ROM、移动硬盘和 U 盘，系统默认会加载到这里来
/mnt	临时加载文件系统。这个目录一般用于存放加载储存设备的加载目录，如 cdrom 等目录，可以参看/etc/fstab 的定义
/opt	存放可选的应用程序包

目　录	描　述
/proc	操作系统运行时，进程（正在运行中的程序）信息及内核信息（如 CPU、硬盘分区和内存信息等）都存放在这里。/proc 目录是伪文件系统 proc 的加载目录，proc 并不是真正的文件系统，它的定义可以参见 /etc/fstab
/root	root 用户的工作目录
/sbin	和 bin 类似，存放一些可执行文件，不过不是所有用户都需要的，一般是系统管理员需要用得到的
/tmp	存放系统的临时文件，一般系统重启不会被保存
/usr	包含了系统用户工具和程序。 /usr/bin：非必需的普通用户可执行命令 /usr/include：标准头文件 /usr/lib：/usr/bin/和 /usr/sbin/的库文件 /usr/sbin：非必需的可执行文件 /usr/src：内核源代码
/srv	该目录存放一些服务启动之后需要提取的数据

2.1.2　Shell

Linux 中的 Shell 是一个命令解析器，将用户命令解析为操作系统能理解的指令，从而实现用户与操作系统的交互。

Linux 中有多种 Shell，其中默认使用的是 Ba sh，嵌入式 Linux 中则常用 BusyBox。当普通用户登录时，系统将执行指定的 Shell 程序，正是 Shell 进程提供了命令行提示符。根据习惯，普通用户的提示符以$结尾，而超级用户用#。在 Shell 使用过程中有以下几个常用的技巧。

1. 自动补齐

输入命令的前一个或者几个字母，按〈Tab〉键，就会自动补全命令。如果有多个可能的选择，再按一次〈Tab〉键就会列举出来。这称为命令行自动补齐（automatic command line completion）。碰到长文件名时就显得特别方便。假设要安装一个名为 boomsha – 4.6.4.5 – i586. rpm 的 RPM 包，输入 rpm – i boom < TAB >，如果目录下没有其他文件能够匹配，那么 Shell 就会自动帮忙补齐。

范例：

用 cd 最快地从当前所在的 home 目录跳到/usr/src/redhat/。

> cd /u < TAB > sr < TAB > r < TAB >

2. 命令行的历史记录

通过按上方向键，可以向后遍历近来在该控制台下输入的命令。用下方向键可以向前遍历。与〈shift〉键连用的话，还可以遍历以往在该控制台中的输出。也可以编辑旧的命令，然后再运行。按〈Ctrl + R〉组合键后，Shell 就进入 reverse – i(ncremental) – search（向后增量搜索）模式。选择相应命令后再按〈Enter〉键，上面的命令将再次执行。而如果按了右、左方向键或〈Esc〉，上面的命令将回到普通的命令行，这样就可以进行适当编辑。

3. 编辑命令行

通过光标和功能键（〈Home〉〈End〉等键），可以浏览并编辑命令行，如果需要，还可以用键盘的快捷方式来完成一般的编辑。

- 〈Ctrl + K〉：删除从光标到行尾的部分。
- 〈Ctrl + U〉：删除从光标到行首的部分。
- 〈Alt + D〉：删除从光标到当前单词结尾的部分。
- 〈Ctrl + W〉：删除从光标到当前单词开头的部分。
- 〈Ctrl + A〉：将光标移到行首。
- 〈Ctrl + E〉：将光标移到行尾。
- 〈Alt + A〉：将光标移到当前单词头部。
- 〈Alt + E〉：将光标移到当前单词尾部。
- 〈Ctrl + Y〉：插入最近删除的单词。
- 〈! + $〉：重复前一个命令最后的参数。

4. 命令的排列

Shell 允许在不同的命令之间放上特殊的排列字符（queuing characters）。下面介绍最常用的两种。

1）先执行 command1，无论 command1 是否出错，接下来执行 command2。

```
command1 ; command2
```

范例：

先在屏幕上列出目录中的所有内容，然后列出所有目录及其子目录所占的磁盘大小。

```
#   ls  - a; du  - hs
```

2）只有当 command1 正确运行完毕，才执行 command2。

```
command1 && command2
```

范例：

先在屏幕上列出目录中的所有内容，然后列出所有目录及其子目录所占的磁盘大小。

```
#   ls  - a bogusdir && du  - hs
```

将返回 ls：bogusdir：No such file or directory，而 du 则根本没有运行（这是因为没有 bogusdir 目录）。如果将符号换成了；，du 将被执行。

5. 命令的任务调度

当在终端里运行一个命令或开启一个程序时，终端要等到命令或程序运行完毕，才能再被使用。在 UNIX 中称这样的命令或程序在前台（foreground）运行。如果想在终端下运行另一个命令，则需要再打开一个新的终端。但还有一个办法，称为任务调度（jobbing）或后台（backgrounding）。当运用任务的调度或将命令置于后台，终端就立即解放了，这样一来，终端立即就可以接受新的输入。为了实现这样的目的，只需在命令后面添加一个 &。

范例：

将图片查看器 GQview 放到后台去执行，使用命令 jobs 查看程序。

```
#   gqview &
#   jobs
[1] + Running gqview &
```

6. 输出重定向

在 Linux 中，>、>>、<、| 这几个符号具有特殊意义，通常称为重定向符号。> 为输出重定向符，可以将命令的输出结果保存到文件中，>> 和 > 的作用类似，不同的是 > 为新建或

者重写一个文件，而 >> 为在文件的尾部追加内容。

< 的作用是将一个文件的内容作为一个命令的输入进行处理。

范例：

将文件 testmail 作为信件的内容，主题为 hello world，发给收信人。

```
# Mail －s "hello wrold" pingzhenyu@163.com < testmail
```

| 的作用是将一个命令的输出作为另一个命令的输入进行处理。

范例：

列出系统当前全部进程中名称含有 wget 的项。

```
# ps －aux | grep wget
```

2.1.3 环境变量

Linux 是一个多用户的操作系统。每个用户登录系统后，都会有一个专用的运行环境。通常每个用户默认的环境都是相同的，这个默认环境实际上就是一组环境变量的定义。用户可以对自己的运行环境进行定制，其方法就是修改相应的系统环境变量。

1. bash 配置文件

环境变量和 Shell 紧密相关，用户登录系统后就启动了一个 Shell。对于 Linux 来说一般是 bash，但也可以重新设定或切换到其他的 Shell。根据发行版本的情况，bash 有两个基本的系统级配置文件：/etc/bashrc 和 /etc/profile。这些配置文件包含两组不同的变量：Shell 变量和环境变量。前者只是在特定的 Shell 中固定（如 bash），后者在不同的 Shell 中固定。Shell 变量是局部的，而环境变量是全局的。环境变量是通过 Shell 命令来设置的，设置好的环境变量又可以被所有当前用户所运行的程序所使用。

在 home 目录下运行下列命令。

```
# ls .bash *
```

将看到下列这些文件。

```
.bash_history:记录了以前输入的命令
.bash_logout:当退出 Shell 时,要执行的命令
.bash_profile:当登入 Shell 时,要执行的命令
.bashrc:每次打开新的 Shell 时,要执行的命令
```

.bash_profile 只在会话开始时被读取一次，而 .bashrc 则在每次打开新的终端时都要被读取。需要将定义的变量（如 PATH）放到 .bash_profile 中，而 aliases（别名）和函数之类，则放在 .bashrc 文件中。以上文件是每一位用户的设置，系统级的设置存储在/etc/profile、/etc/bashrc 及目录/etc/profile.d 下的文件中。当系统级与用户级的设置发生冲突时，将采用用户的设置。

按变量的生存周期来划分，Linux 变量可分为两类：一类是永久的，需要修改配置文件，变量永久生效；另一类是临时的，使用 export 命令行声明即可，变量在关闭 Shell 时失效。

环境变量的常用变量如下。

- PATH：决定了 Shell 将到哪些目录中寻找命令或程序。
- HOME：当前用户主目录。
- HISTSIZE：历史记录数。

26

- BLOGNAME：当前用户的登录名。
- HOSTNAME：指主机的名称。
- SHELL：当前用户 Shell 类型。
- LANG：语言相关的环境变量，多语言可以修改此环境变量。
- MAIL：当前用户的邮件存放目录。

PATH 声明，其格式如下。

```
PATH =$PATH：< PATH 1 >：< PATH 2 >：< PATH 3 >：------：< PATH N >
```

可以加上指定的路径，中间用冒号隔开。环境变量更改后，在用户下次登录时生效。如果想立刻生效，则可执行下面的语句：$source . bash_profile。需要注意的是，最好不要把当前路径 . /放到 PATH 里，这样可能会受到意想不到的攻击。完成后，可以通过 echo $PATH 查看当前的搜索路径。这样定制后，就可以避免频繁地启动位于 Shell 搜索的路径之外的程序了。

2. 环境变量设置实例

1）使用命令 echo 显示环境变量。

```
#  echo $HOME
/home/kevin
```

2）设置一个新的环境变量。

```
#  export MYNAME = " my name is kevin"
#  echo $MYNAME
my name is Kevin
```

3）修改已存在的环境变量。

```
#  MYNAME = " change name to jack"
#  echo $MYNAME
change name to jack
```

4）使用 env 命令显示所有的环境变量。

```
#  env
HOSTNAME = localhost. localdomain
SHELL = /bin/bash
TERM = xterm
HISTSIZE = 1000
SSH_CLIENT = 192. 168. 136. 151 1740 22
QTDIR = /usr/lib/qt – 3. 1
SSH_TTY = /dev/pts/0
```

5）使用 set 命令显示所有本地定义的 Shell 变量。

```
#  set
BASH = /bin/bash
BASH_ENV = /root/. bashrc
…
```

6）使用 unset 命令来清除环境变量。

```
#  export TEMP_KEVIN = "kevin"       #增加一个环境变量 TEMP_KEVIN
#  env | grep TEMP_KEVIN            #查看环境变量 TEMP_KEVIN 是否生效(存在即生效)
TEMP_KEVIN = kevin                 #证明环境变量 TEMP_KEVIN 已经存在
#  unset TEMP_KEVIN                 #删除环境变量 TEMP_KEVIN
#  env | grep TEMP_KEVIN            #查看环境变量 TEMP_KEVIN 是否被删除,没有输出显示,
                                     证明 TEMP_KEVIN 被清除了。
```

7）使用 readonly 命令设置只读变量。

```
注：如果使用了 readonly 命令的话，变量就不可以被修改或清除了
#  export TEMP_KEVIN = "kevin"          #增加一个环境变量 TEMP_KEVIN
#  readonly TEMP_KEVIN                  #将环境变量 TEMP_KEVIN 设为只读
#  env│grep TEMP_KEVIN                  #查看环境变量 TEMP_KEVIN 是否生效
TEMP_KEVIN = kevin                      #证明环境变量 TEMP_KEVIN 已经存在
#  unset TEMP_KEVIN                     #会提示此变量只读，不能被删除
 − bash：unset：TEMP_KEVIN：cannot unset：readonly variable
#  TEMP_KEVIN = "tom"                   #修改变量值为 tom，会提示此变量只读，不能被修改
 − bash：TEMP_KEVIN：readonly variable
```

8）通过修改环境变量定义文件来修改环境变量。

```
#  cd ～                                #到用户根目录下
#  ls − a                              #查看所有文件，包含隐藏的文件
#  vi . bash_profile                   #修改用户环境变量文件
```

2.2 任务：管理 Linux 文件

文件管理涉及文件和目录的复制、删除、建立及搜索。常用的命令有 ls、cd、cp、mv、touch、mkdir、ln 和 find 等。

任务描述与要求：

1）创建目录，删除目录，显示当前工作目录。

2）查询文件属性。

3）新建文件，复制文件，删除文件，移动文件，创建文件链接。

4）查找文件。

2.2.1 pwd

功能说明：显示工作目录，执行 pwd 指令，可立刻得到目前所在的工作目录的绝对路径名称。

语法格式：pwd ［ −−help］［ −−version ］

参数选项如下（见表2-2）。

表2-2 pwd 命令常用选项

参　　　数	说　　　明
−−help	在线帮助
−−version	显示版本信息

范例：

显示当前目录路径。

首先执行 cd 命令切换当前工作目录到/home/tst。

```
#  cd /home/tst
```

然后执行 pwd 命令，查看当前所在目录路径。

```
#  pwd
/home/tst
```

2.2.2 ls

功能说明：显示指定工作目录下的内容（列出目前工作目录所含的文件及子目录）。

语法格式：ls［－alrtAFR］［name…］

参数选项如下（见表2-3）。

表2-3 1s命令常用选项

参 数	说 明
－a	显示所有文件及目录
－l	除文件名称外，也将文件形态、权限、拥有者和文件大小等信息详细列出
－r	将文件以相反次序显示
－t	将文件按建立时间的先后次序列出
－A	同 －a，但不列出 .（目前目录）及 ..（父目录）
－F	在列出的文件名称后加一符号，例如，可执行文件则加＊，目录则加/
－R	若目录下有文件，则以下的文件也都依序列出

范例：

1）列出目前工作目录下所有的名称以 s 开头的文件，最新的文件排在最后面。

```
#  ls －ltr s＊
－rw－r－－r－－1 root root     2083 12 月  5   2011 sysctl. conf
－r－－r－－r－－1 root root      723  1 月 31   2012 sudoers
－rw－r－－r－－1 root root    19281  2 月 14   2012 services
－rw－r－－r－－1 root root    10333  2 月 21   2012 sensors3. conf
－rw－r－－r－－1 root root     3902  4 月  9   2012 securetty
－rw－r－－r－－1 root root       73  8 月 21   2013 shells
－rw－－－－－－1 root root     1252  6 月 17   2014 shadow －
－rw－r－－－－－1 root shadow  1252  6 月 17   2014 shadow
```

如果当前工作目录下的文件和目录很多，又记不得刚刚修改过的某个文件或目录的名称时，使用这个命令可以很快在显示目录内容的底部找到想要的文件或者目录。

2）将 /bin 目录以下所有目录及文件的详细资料列出。

```
#  ls －lR /bin
/bin：
总用量 8640
－rwxr－xr－x 1 root root   920788  3 月 29   2013 bash
－rwxr－xr－x 1 root root    30216 12 月 15   2011 bunzip2
－rwxr－xr－x 1 root root  1647864 11 月 17   2012 busybox
－rwxr－xr－x 1 root root    30216 12 月 15   2011 bzcat
lrwxrwxrwx 1 root root        6 11 月 16   2013 bzcmp －> bzdiff
－rwxr－xr－x 1 root root     2140 12 月 15   2011 bzdiff
lrwxrwxrwx 1 root root        6 11 月 16   2013 bzegrep －> bzgrep
－rwxr－xr－x 1 root root     4877 12 月 15   2011 bzexe
lrwxrwxrwx 1 root root        6 11 月 16   2013 bzfgrep －> bzgrep
```

3）列出目前工作目录下所有的文件及目录；在目录名称后加 /，在可执行文件名称后加＊。

29

```
#  ls  - AF
acpi/                           gtk - 2. 0/              polkit - 1/
adduser. conf                    gtk - 3. 0/               popularity - contest. conf
adjtime                         hdparm. conf            ppp/
apt/                            ifplugd/                qemu - ifup *
at. deny                        iftab                   qemu - ifup ～ *
```

2.2.3   cd

功能说明：变换工作目录至 dirName。其中 dirName 的表示法可为绝对路径或相对路径。若省略目录名称，则变换至使用者的 home directory。另外，～ 也表示为 home directory 的意思，. 表示目前所在的目录，.. 表示目前目录位置的上一层目录。

语法格式：cd［dirName］

参数选项：无。

范例：

1）当前所在的目录是任意一个非登录主目录（如/usr/local），希望快速回到登录主目录。

```
#  cd
或者
#  cd～
```

2）假设系统中存在目录树结构，而当前是在 dir3 之下，想转换到 dir1 下，使用工作目录切换命令 cd，路径采用绝对路径/dir1，或者采用相对路径../..（确切了解需要转移到几级上级目录）。

```
#  cd /dir1
或者
#  cd ../..
```

3）假设当前系统的登录用户想改换到根用户的登录目录中。

相信大部分初级用户都会直接执行下面的命令实现，命令本身符合该命令语法要求，也指明了正确的目录路径。但是如果不是以 root 用户登录系统，在执行时会显示错误提示。

```
#  cd /root
```

2.2.4   cp

功能说明：复制文件或目录。

语法格式：cp［options］source dest   cp［options］source... directory

参数选项如下（见表2-4）。

表 2-4   cp 命令常用选项

参　　数	说　　明
- a	尽可能地将文件状态、权限等资料都按照原状予以复制
- r	若 source 中含有目录名，则将目录下的文件也都依序复制至目的地
- f	若目的地已经有相同名称的文件存在，则在复制前先予以删除，再进行复制

范例：

1）将当前目录中的所有内容备份到/backup 目录下，并保持源文件的符号连接。

由于要备份当前目录中的所有内容，当前目录下可能包含目录，因此应该开启 - r 选项，备份子目录下的所有内容。同时要求保持源文件的链接，所以开启 – a。

```
#  cp  – iar /backup
```

2）备份当前目录下的一个文件 abc 到目录/backup/study 中。

假设当前目录下存在文件 abc。

```
#  cp  – i abc /backup/study
```

3）备份链接文件，并保持源文件的属性和链接。

假设当前目录下存在一某链接到一个目录的链接文件 lndir，备份到/backup 目录下并重命名为 lndir. backup。

```
#  cp  – iav lndir /bacup/lndir. backup
```

4）备份文件到某一目录下。

假设将文件 abc 备份到/backup 下，该 abc 文件在/backup 中已经存在，为了将两个文件都备份到该目录下，可以利用 – b 选项。

```
#  cp  – b abc /backup
#  ls /backup/abc *
```

5）自定义备份文件的后缀字符串为$。

若在同一目录中备份同名的两个文件，系统默认在先前的文件名后加～，用户可以自定义后缀字符串。

```
#  cp  – b  – S$abc /backup
   或者
#  cp  – b  – – sufix ='$'abc /backup
#  ls /backup/abc *
```

2. 2. 5 mv

功能说明：移动或更名现有的文件或目录。

语法格式：mv[参数][源文件或目录][目标文件或目录]

参数选项如下（见表2-5）。

表2-5 mv命令常用选项

参　　数	说　　　明
– b	若需要覆盖文件，则先备份
– f	直接覆盖现有的文件和目录
– i	覆盖前先询问
– u	若目标文件已存在，且文件日期比源文件新，则不覆盖
– v	显示详细信息

范例：

1）把当前目录下的 abc1 移动到/home 目录下面，并重命名为 abc1 – new。

要实现移动和重命名文件，需要以绝对路径名指出目标文件，目标文件名的父目录为移动目的地，绝对路径中最后的文件名为文件的新名称。

```
#  mv  – i abc1 /home/abc1 – new
#  ls /home/abc1 – new
```

2）移动整个目录下的文件到指定的目标目录。

假设当前目录下有一个 work2 目录，移动该目录（包括子目录的内容）到/backup。在命令提示符下输入以下命令。

```
#  ls work2
#  mv  − i work2 /backup
#  ls /backup
```

3）为文件或目录重命名。假设 old 和 oldfile 文件已经存在。

在命令提示符下输入：

```
#  mv old new
#  mv oldfile newfile
```

之后使用 ls 命令，会发现 old 和 oldfile 已不存在。

2.2.6　touch

功能说明：新建文件或更新文件更改时间。

语法格式：touch[参数][日期时间][文件或目录]

参数选项如下（见表2-6）。

表 2-6　touch 命令常用选项

参　　数	说　　明
− a	只更改存取时间
− c	不建立任何文件
− d	使用指定的日期时间
− m	只更改变动时间
− r	把指定文件或目录的日期时间都设置成参考文件或目录的时间

范例：

1）创建两个文件 abc1 和 abc2，并以当前的时间设定其修改和访问时间。

在命令提示符下输入以下命令。

```
#  touch abc1 abc2
#  ls abc1 abc2
```

2）利用其他文件的时间属性设置新的文件。

当前目录下，有一个文件 hhwork，利用该文件的时间属性设置新创建文件 123 的时间属性，然后用 ls 命令观察是否执行成功。在命令提示符下输入以下命令。

```
#  touch − rwork work1
#  ls − all work
#  ls − all work1
```

2.2.7　mkdir

功能说明：建立目录。

语法格式：mkdir[目录属性][目录名称]

参数选项如下（见表2-7）

表 2-7　mkdir 命令常用选项

参　　数	说　　明
- m	建立目录时设置目录的权限
- p	若上层目录未建立，则建立上层目录

范例：

1）在当前的工作目录下创建一个名为 Test 的新目录。

```
#  mkdir Test
```

2）在已创建的/root/Test 目录中新建一个使用 rwxr - xr - x 许可权的名为 Test1 的新目录。

```
#  mkdir - m 755 /root/Test/Test1
```

3）要在当前不存在的目录/root/demo 中新建一个使用默认许可权的名为 Test 的新目录。首先执行 ls 命令，查看/root/demo 目录下的信息。

```
#  ls demo
```

接下来，执行 mkdir 命令，创建目录/root/demo/Test 和/root/demo。

```
#  mkdir - p /root/demo/Test
```

再次执行 ls 命令，查看/root/demo 目录下的信息。对比第一条 ls 命令的结果，可知已经成功创建了目录/root/demo/Test 和/root/demo。

2.2.8　rm

功能说明：删除文件和目录。

语法格式：rm[参数][文件或目录]

参数选项如下（见表 2-8）。

表 2-8　rm 命令常用选项

参　　数	说　　明
- f	强制删除文件或目录
- i	删除既有文件或目录前先询问
- r	递归处理，删除目录下的所有文件和子目录
- v	显示执行过程

范例：

1）在安装系统后，删除/root 下产生的安装日志文件（install. log，install. syslog）。在命令提示符下输入以下命令。

```
#  rm install *
```

对于系统询问是否删除某个文件，要确认删除，键入 y 即可；否则键入除 y 以外的任何键即可。为了提高删除效率，对于确定不需要的文件，选择 - f 强制删除，借助 ls 命令来查看是否成功删除文件，可以看出系统默认是开启 - i 选项的。

2）强制删除当前目录下非空目录 test（假设存在）下的所有文件。

利用 rm 命令删除目录，若要删除目录，必须用 - r 选项，在命令提示符下输入以下命令。

```
#  rm - ri test
```

2.2.9 ln

功能说明：链接接文件或目录。

语法格式：ln[源文件或目录][目的目录]

参数选项如下（见表2-9）。

表2-9 ln命令常用选项

参 数	说 明
-b	删除覆盖之前的备份
-d	建立目录的硬链接
-s	建立符号链接
-f	强行建立链接，无论文件或目录是否存在

Linux 文件系统将文件索引结点号和文件名同时保存在目录中。所以目录只是将文件的名称和它的索引结点号结合在一起的一张表，目录中每一对文件名称和索引结点号称为一个链接。对于一个文件来说，有唯一的索引结点号与之对应，对于一个索引结点号，却可以有多个文件名与之对应。因此，在磁盘上的同一个文件可以通过不同的路径去访问。

可以用 ln 命令对一个已经存在的文件再建立一个新的链接，而不复制文件的内容。链接有软链接和硬链接之分，软链接又称符号链接。它们各自的特点如下。

硬链接是指原文件名和链接文件名都指向相同的物理地址。目录不能有硬链接；硬链接不能跨越文件系统（不能跨越不同的分区），文件在磁盘中只有一个副本，以节省硬盘空间。

由于删除文件要在同一个索引结点属于唯一的链接时才能成功，因此可以防止不必要的误删除。

符号连接是指用 ln -s 命令建立文件的链接，符号链接是 Linux 特殊文件的一种，作为一个文件，它的数据是它所连接的文件的路径名。类似 Windows 下的快捷方式。可以删除原有的文件而保存链接文件，没有防止误删除功能。

范例：

1）在当前目录下分别创建/bin/ls 的软链接与硬链接，并查看其大小。

在命令提示符下输入以下命令。

```
#  ln -s /bin/ls sls
#  ln  /bin/ls hls
#  ls -all /bin/ls sls hls
-rwxr-xr-x 2 root root 104508 11 月 20   2012 /bin/ls
-rwxr-xr-x 2 root root 104508 11 月 20   2012 hls
lrwxrwxrwx 1 root root        7 12 月 25 10:32 sls ->/bin/ls
```

从执行结果可以看出硬链接的文件和源文件的大小一样，而软链接的文件非常小，这是因为软链接是一个单独的文件。

2）创建到目录/bin 的软链接。

在命令提示符下输入以下命令。

```
#  ln -s /bin sbin
#  ls -all sbin
lrwxrwxrwx 1 root root 4 12 月 25 10:55 sbin ->/bin
```

3）创建多个链接文件到指定的目录。

在命令提示符下输入以下命令。

```
#  cd  /home
#  ls  – s /bin/ls /bin/cp /etc tst
#  ls  – all tst
drwxr – xr – x 2 root root 4096 12 月 25 11:00 .
drwxr – xr – x 4 root root 4096  9 月  4 08:20 ..
lrwxrwxrwx 1 root root    7 12 月 25 11:00 cp –>/bin/cp
lrwxrwxrwx 1 root root    4 12 月 25 11:00 etc –>/etc
lrwxrwxrwx 1 root root    7 12 月 25 11:00 ls –>/bin/ls
lrwxrwxrwx 1 root root    4 12 月 25 10:55 sbin –>/bin
```

2.2.10   find

功能说明：查找文件或目录。

语法格式：find[目录][参考目录][时间][范本样式][目录层级][文件类型]

参数选项如下（见表 2-10）。

表 2-10   find 命令常用选项

参　　数	说　　明
– amin	查找在指定时间被存取过的文件或目录，单位为分钟
– follow	排除符号链接
– size	指定查找的文件大小
– regex	指定字符串作为查找文件或目录的范式样本
– fprint	把结果保存成指定的列表文件
– user	查找符合拥有者名称的文件

范例：

1）根据文件名称查找文件。

假设要在服务器上配置 FTP 服务器，但是不确定关于 FTP 服务器配置文件的具体位置，另外，由于知道在 Linux 下关于服务器的配置文件都在/etc 目录下，因此，可以借助 find 命令查看 FTP 服务器配置信息的具体位置。在命令提示符下输入以下命令。

```
#  find /etc  – name ftp *
/etc/alternatives/ftp. 1. gz
/etc/alternatives/ftp
```

2）根据文件的大小查找文件。

若用户不清楚文件的名称，可以利用 – size <n> 指定文件的大小。

```
#  find ./  – size1000c
其中 c 表示要查找的文件的大小是以字节为单位
#  find ./  – size   +1000c
查找大于 1000 字节的文件
#  find ./  – size – 1000c
查找小于 1000 字节的文件
#  find ./  – size   +1000c – and – 2000c
查找介于 1 000 字节和 2 000 字节之间的文件
```

对于比较大的文件，为了便于用户在命令行输入，文件大小的度量单位可以采用 k 或 b，甚至 M 或 G。

3）根据文件的属性查找文件。

下面一组命令主要是根据文件的时间属性和属主/字节组来查找文件，很容易理解，读者可以自行在计算机上练习。

```
#  find . / – amin – 10
查找当前目录下最后 10 分钟访问的文件
#  find. / – atime   – 2
查找当前目录下最后 48 小时访问的文件
#  find . / – empty
查找当前目录下为空的文件或者文件夹
#  find . / – group user1
查找当前目录下属组为 user1 的文件
#  find/ – mmin – 5
查找当前目录下最后 5 分钟里修改过的文件
#  find . / – mtime – 1
查找当前目录下最后 24 小时里修改过的文件
#  find . / – nouser
查找当前目录下属于作废用户的文件
#  find . / – user   user1
查找当前目录下属于 user1 这个用户的文件
#  find . / – perm 664
查找当前目录下允许属主/属组可读写的、其他用户只可读的文件
```

2.3 任务：内容管理

内容管理是指查看或修改文本文件的内容，与 vi、Emacs 文本编辑软件不同，这些命令只是完成一些很常用的功能。这类命令有 cat、grep、diff 和 patch 等。

任务描述与要求：

1）查看文件内容。
2）查找文件。
3）比较文件的差异。
4）修补文件。

2.3.1 cat

功能说明：建立文件，查看文件的内容。

语法格式：cat[参数][文件名]

参数选项如下（见表 2-11）。

表 2-11 cat 命令常用选项

参　　数	说　　明
– A	将文中的 Tab 输出显示为 ^I，同时在每行的末尾显示一个 $ 符号
– b	将文件中的所有非空行按顺序编号，编号从 1 开始

范例：

1）利用 cat 创建一个新文件 work，在命令提示符下输入以下命令。

```
#  cat > work
或
#  cat  -> work
```

用户可以从标准输入为该文件录入内容，也可以按〈Ctrl + C〉组合键退出，可以利用 ll 命令查看新文件的属性。

2）对已经存在的文件追加新的内容。

假设当前目录下存在一个文件 work，对其追加新的一行内容，在命令提示符下输入以下命令

```
#  cat >> work
或
#  cat  ->> work
```

3）查看系统文件系统的情况。

文件/etc/fstab 用于记录系统中文件系统的信息，Linux 在启动时，通过读取该文件来决定加载哪些文件系统。该文件设置了默认安装的文件系统，用户可以通过 mount 命令加载新的系统设备。在命令提示符下输入以下命令。

```
#  cat /etc/fstab
```

4）把账号文件编号输入到文件 users. backup，省略中间的空行。

在命令提示符下输入以下命令。

```
cat  -bs /etc/passwd > users. backup
```

5）把组账户文件追加到前面产生的文件 users. backup 中，同样省略账户文件的空行，带行号。在命令提示符下输入以下命令。

```
#  cat - sb /etc/group >> users. backup
```

2.3.2 grep

Linux 系统中的 grep 命令是一个强大的文本搜索工具，它能使用正则表达式搜索文本，并把匹配的行打印出来。grep 的全称是 Global Regular Expression Print，表示全局正则表达式版本，它的使用权限是所有用户。

功能说明：文本搜索。

语法格式：grep［参数］需要查找的字符串文件名

参数选项如下（见表 2-12）。

表 2-12 grep 命令常用选项

参 数	说 明
- B	除了显示符合范本样式的那一列之外，显示该列之前的内容
- A	除了显示符合范本样式的那一列之外，显示该列之后的内容
- c	计算符合范本样式的列数
- f	指定范本文件，其内容含有一个或多个范本样式，让 grep 查找符合范本条件的文件内容，格式为每列一个范本样式
- n	在显示符合范本样式的那一列之前，标示出该列的列数编号

范例：

1）用 grep 命令过滤 ls -l 的显示内容。

使用 ls -l 命令显示文件是以多个字段显示，第一个字段显示该文件的类型和访问权限。如果只显示当前目录下的目录文件，则需要将显示结果进行过滤，只显示以 d 开头的行。反之则显示非以 d 的行。

grep 一般用于将指定的目标文件过滤显示，现在需要将 ls -l 的显示结果过滤，因此需要借助管道命令（|）。如果只显示当前目录下的目录文件，在命令提示符下输入以下命令。

```
#  ls  -l | grep ^d
```

显示当前目录下的除目录文件以外的文件，在命令提示符下输入以下命令。

```
#  ls  -l | grep ^<^d>
```

2）用 grep 命令显示指定进程的信息。

ps -ef 显示所有进程的信息，可以使用 more 命令分屏显示输出结果。如果用户只关心其中的某个进程或某些进程，则可借助 grep 对输出结果进行过滤。假设只显示 sshd 进程的情况，在命令提示符下输入以下命令。

```
#  ps -ef | grep sshd
```

3）显示除根用户外其他登录本机的用户。

用 grep 命令将 who 的输出结果进行过滤，在命令提示符下输入以下命令。

```
#  who | grep -v root
```

4）查询用户 ddf 和组 ddf 的信息。

需要查询用户/组 ddf 的信息，则搜索 etc/passwd 和/etc/group 中包含 ddf 的行。在命令提示符下输入以下命令。

```
#  grep -n ddf /etc/passwd /etc/group
```

5）查询目标文件中特定的字符串。

假设当前目录下有一个文件 aaa，搜索该文件中包含 Hello World 的行。如果要匹配的字符串包含空格，因此在命令行中必须将其用引号括起来，避免 shell 把其当作独立的参数来处理而产生错误，在命令提示符下输入以下命令。

```
#  grep -n" Hello World" aaa
```

2.3.3 diff

功能说明：比较文件的差异。

语法格式：diff［参数］［文件1］［文件2］

参数选项如下（见表2-13）。

表2-13 diff 命令常用选项

参　　数	说　　明
-c	显示全部内容，并标记不同之处
b	忽略行尾的空格，同时将字符串中的一个或多个空格视为相同
-r	当文件1和文件2为目录时，会比较子目录的文件
-s	当两个文件相同时，显示文件中相同的信息

范例：

1）比较两个目录下的 test. c 文件，后一个文件是修改过的，现在需要找出两个文件的差别。

在命令提示符下输入以下命令。

```
#  diff test. c tst/test. c
30a31
>    memset(line,0,uLen);
33a35,37
>        printf("updatefile:fopen error");
>        fclose(sFile);
>        free(line);
```

可以看出 tst/test. c 文件比原来的文件多了 4 行，其中 30a31 表示 tst/test. c 在 30 行后面添加了 memset（line，0，uLen）；这行代码。

2）以统一格式显示两个 C 语言文件的比较结果。

该格式输出的结果通常用于升级文件中，它和补丁文件的结构类似。在命令提示符下输入以下命令。

```
#  diff - u test. c tst/test. c
---test. c2014 - 12 - 25 14:09:35. 150670280 + 0800
+++tst/test. c2014 - 12 - 25 14:07:50. 966670708 + 0800
@@  - 28,9 + 28,13 @@
 {
        return - 1;
 }
+    memset(line,0,uLen);

    if(fread(line,sizeof(char),uLen,sFile) ! = uLen)      //读取原文件内容,如果文件很大,请
分块读取
 {
+        printf("updatefile:fopen error");
+        fclose(sFile);
+        free(line);
        return - 1;
 }
```

补丁头：以 ---/ +++ 开头的两行，用来表示要打补丁的文件；其中 --- 开头的表示旧文件，+++ 开头的表示新文件。一个补丁文件中可能包含多个 ---/ +++ 开头的节，每一个节用来打一个补丁。

块：补丁中需要修改的地方。通常以@@开始，块的第一列 + 号表示这一行是需要增加的，- 号表示这一行是需要删除的。

2. 3. 4 patch

功能说明：修补文件。

语法格式：patch［参数］［文件1］［文件2］

参数选项如下（见表2-14）。

表 2-14 patch 命令常用选项

参　数	说　明
-b	备份每一个原始文件
-c	把修补数据解释成关联性的差异
-e	把修补数据解释成 ed 指令可用的叙述文件
-n	把修补数据解释成一般性的差异

范例：

1）使用 diff 创建单个文件的补丁文件。

在命令提示符下输入以下命令。

```
#  diff -uN test. c tst/test. c > test. patch
```

test. patch 文件记录了 tst/test. c 文件与原有 test. c 文件的差异。

2）为单个文件升级。

为单个文件升级有两种方法，一是根据补丁文件升级，另一种是在命令行直接指明要修补的文件和文件补丁。在命令提示符下输入以下命令。

```
#  patch -p0 test. c test. patch        //源文件与补丁文件在当前目录下
#  patch -p0 < test. patch              //patch 读取补丁文件内容,自动搜索文件
```

2.4　任务：权限管理

Linux 对文件系统采取了严格的权限管理机制，用户必须正确设置文件权限才能对文件执行各种操作。

Linux 系统文件有相当多的属性与权限，其中最重要的可能就是文件的拥有者的概念。对于文件来说，访问该文件的账号的身份有三类：文件所有者（owner）、文件所属的用户组（group），以及用户组外的其他人（others）。

1. 文件拥有者

Linux 是多用户多任务的系统，因此会有多人同时使用同一系统来进行工作的情况发生，考虑到每个人的隐私权及每个人喜好的工作环境，文件拥有者的角色就显得相当重要了。

2. 用户组概念

假设有两个小组在 Linux 服务器里面，第一小组为 projectA，里面的成员有 class1、class2 和 class3；第二小组为 projectB，里面的成员有 class4、class5 和 class6。这两个小组之间是有竞争性质的，要上交同一份报告。每组的组员之间必须能够互相修改对方的数据，但不能让其他组的组员看到自己的文件内容，此时该如何是好？

在 Linux 下通过简单的文件权限设定，就能阻止非自己团队的用户阅读文件内容。而且可以让自己的团队成员修改所建立的文件。如果自己还有私人隐秘的文件，仍然可以设定成让自己的团队成员也看不到自己的文件数据。

3. 其他用户的概念

除了用户组和文件所有者的之外的其他访问者统称为其他用户。

Linux 系统的账号与一般身份使用者的相关信息都记录在/etc/passwd 文件内，密码则记录在/etc/shadow 这个文件下，Linux 所有的组名都记录在/etc/group 内。

为保证文件和系统的安全，Linux 采用比较复杂的文件权限管理机制。权限是指用户对文件和目录的访问权，包括读权限、写权限和执行权限。

使用 ls 命令可以列出文件的权限。

# ls－al						
－rw－r－－r－－1	root	root	2083 12 月 5 2011 sysctl. conf			
[1]	[2]	[3]	[4]	[5]	[6]	[7]
[权限]	[链接]	[拥有者]	[群组]	[文件容量]	[修改日期]	[文件名]

第 1 组代表这个文件的类型与权限（permission），这一组其实共有 10 个字符。

－	rw －	r － －	r － －
文件类型	所有者访问权限	同组用户访问权限	其他用户访问权限

第一个字符代表文件类型。
- 若是［d］则表示目录。
- 若是［－］则表示文件。
- 若是［l］则表示为链接文件（link file）。
- 若是［b］则表示为配置文件里面的可供储存的接口设备。
- 若是［c］则表示为配置文件里面的串行端口设备。

接下来的字符中，以 3 个为一组，且均为［rwx］的 3 个参数的组合。其中，［r］代表可读（read）、［w］代表可写（write）、［x］代表可执行（execute）。需要注意的是，这 3 个权限的位置不会改变，如果没有权限，就会出现减号［－］。第一组为文件拥有者的权限，以 sysctl. conf 文件为例，该文件的拥有者可以读写，但不可执行，第二组为同群组的权限，第三组为其他用户的权限。

第 2 组表示有多少文件名连结到此结点（i－node）。每个文件都会将他的权限与属性记录到文件系统的 i－node 中。

第 3 组表示这个文件（或目录）的［拥有者账号］

第 4 组表示这个文件的所属群组。

第 5 组为这个文件的容量大小，默认单位为 bytes。

第 6 组为这个文件的创建日期或最近的修改日期。

第 7 组为这个文件的文件名。

任务描述与要求：

1）改变文件拥有者。
2）改变文件的权限。
3）添加删除用户。
4）修改密码。

2.4.1 chmod

功能说明：修改文件权限。

语法格式：chmod［参数］mode file

参数选项如下（见表 2-15）：

表 2-15　chmod 命令常用选项

参　　数	说　　明
-c	若该文件权限确实已经更改，才显示其更改动作
-f	若该文件权限无法被更改，也不要显示错误信息
-v	显示权限变更的详细资料
-R	对目前目录下的所有文件与子目录进行相同的权限变更

mode：权限设定字串，格式如下：[ugoa…][[+ - =][rwxX]…][,…]，其中：u 表示该文件的拥有者，g 表示与该文件的拥有者属于同一个群体（group），o 表示其他人，a 表示这三者皆是；

+表示增加权限，-表示取消权限，=表示唯一设定权限；该文件 r 表示可读取，w 表示可写入，x 表示可执行，X 表示只有当该文件是一个子目录或者该文件已经被设定过为可执行。

范例：

1）假设当前目录下有 abc 文件，将权限更改为允许所有用户读、写、执行权限，并显示更改信息。

```
#　chmod - c a + rwx abc
或
#　chmod - c ugo + r,ugo + w,ugo + x abc
```

2）假设 FTP 服务器有一个 software 目录，包含了常用的工具软件和开发工具。为了保证该目录的安全，防止其他非法用户访问该目录，可以屏蔽其他用户对该目录的读、写和执行权限。同时，为了在同一工作组内搜集更多常用的工具软件，为工作组内的所有成员服务，需要把该目录设置为组用户可写。

```
#　chmod - R - c g + w,o - w,o - x software
或
#　chmod - R - v 774 software
```

3）依照已经存在的目录设定目标目录的访问权限。按照范例 2software 目录的访问权限，设置当前目录下的 test 目录的访问权限。

```
#　chmod -- reference = software　- Rv test
```

2.4.2　chown

功能说明：可以改变文件的拥有者。一般来说，这个命令只能由系统管理者（root）使用，一般用户没有权限来改变别人的文件的拥有者，也没有权限将自己的文件的拥有者改为别人。

语法格式：chmod［参数］user[:group] file…

参数选项如下（见表 2-16）。

表 2-16　chown 命令常用选项

参　　数	说　　明
user	新的文件拥有者的使用者
IDgroup	新的文件拥有者的使用者群体
-c	若该文件拥有者确实已经更改，才显示其更改动作
-f	若该文件拥有者无法被更改，也不要显示错误信息

范例:

改变文件的拥有者。

假设当前目录下有一个文件 abc,文件的拥有者为 root。将文件的拥有者改为 ddf。

```
#  ll abc
#  chown -v ddf abc
#  ll abc
```

2.4.3 useradd

功能说明:建立用户账号。

语法格式:useradd [参数] 用户账号

参数选项如下(见表 2-17)。

表 2-17 useradd 命令常用选项

参　　数	说　　明
-c	加上备注文字。备注文字会保存在 passwd 的备注域中
-d	指定用户登录时的起始目录
-e	指定账号的有效期限
-g	指定用户所属的群组
-m	自动建立用户的登录目录
-n	取消建立以用户名称为名的群组
-r	建立系统账号

范例:

1)创建一个账户为 testuser 的用户。

```
#  useradd testuser
```

查找/etc/passwd 文件中有关 testuser 用户的信息。

```
#  cat /etc/passwd | grep testuser
```

2)创建一个名为 adminnew 的系统账户,配置其登录目录为/home/admin,命令如下。

```
#  useradd -r -d /home/admin adminnew
```

命令执行后,执行以下命令查看创建是否成功。

```
#  cat /etc/passwd | grep adminnew
```

2.4.4 passwd

功能说明:用来更改使用者的密码。

语法格式:passwd [参数] [username]

参数选项如下(见表 2-18)。

表 2–18   passwd 命令常用选项

参　　数	说　　明
– d	关闭使用者的密码认证功能，使用者在登录时将可以不用输入密码，只有具备 root 权限的使用者才可使用此参数
– S	显示指定使用者的密码认证种类，只有具备 root 权限的使用者才可使用此参数

范例：

1）设置当前用户的密码。

```
#  passwd
```

系统会先提示输入当前密码，再提示输入新密码和确认输入，如果两次输入均无误，则密码设置成功。如果密码过于简单，系统会出错返回。

2）设置指定用户的密码（此功能仅适用于超级用户）。

```
#  passwd testuser
```

系统无须验证指定用户的当前密码而直接提示输入新密码，然后确认输入。输入无误后则密码设置成功。

2.4.5　userdel

功能说明：删除用户账号。

语法格式：userdel［参数］［用户账号］

参数选项如下（见表 2–19）。

表 2–19   userdel 命令常用选项

参　　数	说　　明
– r	删除用户登录目录及目录中的所有文件

范例：

删除 testuser 账号，使用以下命令。

```
#  userdel testuser
```

2.5　任务：备份压缩

Linux 支持的压缩命令非常多，而且不同的命令所用的压缩技术并不相同。用户在下载某个压缩文件时需要知道该文件是由哪种压缩命令制作出来的。以下列出几个常见的压缩文件扩展名。

```
.Z           compress 程序压缩的文件
*.gz         gzip 程序压缩的文件
*.bz2        bzip2 程序压缩的文件
*.tar        tar 程序打包的数据，并没有压缩过
*.tar.gz     tar 程序打包的文件，并且经过 gzip 的压缩
*.tar.bz2    tar 程序打包的文件，并且经过 bzip2 的压缩
```

Linux 常用的压缩命令就是 gzip 与 bzip2。gzip 是由 GNU 开发出来的压缩命令。后来 GNU

又开发出 bzip2 这个压缩比更好的压缩命令。

tar 可以将很多文件打包成一个文件，tar 本身不具备压缩功能，后来 GNU 将 tar 与压缩的功能结合在一起，提供使用者更方便且更强大的压缩与打包功能。下面介绍这些基本的压缩命令。

任务描述与要求：

1）文件压缩。

2）文件打包。

2.5.1　gzip/gunzip

功能说明：压缩文件。

语法格式：gzip［参数］压缩（解压缩）的文档名

参数选项如下（见表2-20）。

表 2-20　gzip 命令常用选项

参　　数	说　　明
− d	解开压缩文件
− t	测试压缩文件是否正确无误
− v	显示指令执行过程
− l	列出压缩文件的相关信息
− c	把压缩后的文件输出到标准输出设备，不更改原始文件
− q	不显示警告信息
− h	在线帮助

范例：

1）假设当前目录下有a. txt、b. txt 和c. com 共3个文件，把当前目录下的每个文件压缩成. gz 文件。

```
#  gzip *
```

2）将1）中每个压缩的文件解压，并显示各个文件的压缩比。

现在是对压缩文件进行解压，可以利用 gunzip 工具，也可以利用 gzip − d。两者在功能上相同，可以根据自己的喜好进行选择。

```
#  gzip − dv *
或
#  gunzip − v *
```

3）详细显示1）中每个压缩文件的信息，但并不解压。

```
#  gzip − l *
```

4）压缩某一目录。

假设当前命令下有某一目录 tst，可以直接将目录下的所有文件进行压缩。

```
#  gzip − r tst
```

5）解压缩当前目录下所有的 gz 文件，并显示执行的详细过程。

```
#  gunzip – v *.gz
```

6）解压缩当前目录下所有的 bz2 文件。

```
#  gunzip – v *.bz2
```

2.5.2　tar

功能说明：备份文件。

语法格式：tar［主选项或辅助选项］文件名或目录

参数选项如下（见表 2–21）。

表 2–21　tar 命令常用选项

参　　数	说　　明
– c	建立新的备份文件
– t	列出备份文件的内容
– u	更新文件。用新增的文件取代原备份文件
– s	还原文件的顺序和备份文件内的存放顺序相同
– x	从备份文件中还原文件

范例：

1）把/etc 目录包括其子目录全部做一个归档文件，归档文件名为 etcbackup. tar。

因为要创建归档文件，所以主选项选择 – c。 – v 选项可以使该命令在处理每个文件的时显示详细的处理过程。以 etcbackup. tar 作为归档文件的名称，则需要 – f 选项。

在命令提示符下输入：

```
#  tar – cvf etcbackup. tar /etc
```

2）查看 1）中生成 etcbackup. tar 备份文件的内容，并在标准输出设备上分屏显示。

对于备份在其他存储介质上的归档文件，用户可能不清楚其具体的文件内容，但是又不愿将其所有内容从归档文件中提取出来。此时，可以利用 tar 工具的 – t 选项查看归档文件的具体内容。在命令提示符下输入以下命令。

```
#  tar – tvf etcbackup. tar |more
```

3）将打印机假脱机文件整理归档并压缩，并命名为 spoolfile. tar. gz。

假设打印机假脱机文件位于/var/spool 中，不仅要创建归档文件，还要对归档文件进行压缩，因此需要 – z 选项，同时需要 – f 选项。如果用户需要查看归档文件处理过程的报告信息，可以加上 – v 选项。在命令提示符下输入以下命令。

```
#  tar czvf spoolfile. tar. gz /var/spool
```

4）将 xxx. tar. gz 文件解压缩，并在标准输出设备上显示处理过程。

Linux 系统下的安装文件分为两种：一种是二进制安装；另一种是源文件安装，安装文件一般以 . tar. gz 结尾。如果以源文件安装，一般都要对下载的压缩文件解压缩，然后编译并安装（make 与 install）。

其中，第一步就是对 xxx. tar. gz 文件进行解压缩。根据 tar 各个选项的含义，在命令提示符下输入以下命令。

```
#   tar  - xzvf xxx. tar. gz
```

默认情况下，在当前命令生成一个 xxx 目录，进入该目录后执行 make 与 install 即可。

2.6 任务：磁盘管理

Linux 下的分区需要加载到目录后才能使用，加载的意义就是把磁盘分区的内容放在某个目录下。在 Linux 中把每一个分区和某一个目录对应，以后再对这个目录的操作就是对这个分区的操作。这种把分区和目录对应的过程称为加载（Mount），而这个加载在文件树中的位置就是加载点。这种对应关系可以由用户随时中断和改变。加载点一定是目录，该目录是进入该文件系统的入口，必须加载到目录树的某个目录后，才能够使用该文件系统。

Linux 支持很多文件系统格式，最近这几年推出了几种速度很快的日志式文件系统，包括 SGI 的 XFS 文件系统，可以适用更小型文件的 Reiserfs 文件系统。Linux 还支持 Windows 的 FAT 文件系统等。

常见的支持文件系统如下。

- 传统文件系统：ext2/minix/MS – DOS/FAT/ iso9660 等。
- 日志式文件系统：ext3/ReiserFS/Windows 的 NTFS/IBM 的 JFS/SGI 的 XFS。
- 网络文件系统：NFS/SMBFS。

任务描述与要求：

1）加载指定的文件系统。

2）卸载指定的文件系统。

3）查看磁盘空间的使用情况。

4）磁盘分区。

5）磁盘格式化。

2.6.1   mount

功能说明：挂载指定的文件系统。

语法格式：mount[参数]［设备名］[挂载点]

参数选项如下（见表 2–22）。

表 2–22   mount 命令常用选项

参　　数	说　　明
– a	将 /etc/fstab 中定义的所有文件系统挂上
– n	一般而言，mount 在挂上后会在 /etc/mtab 中写入一条信息。但在系统中没有可写入文件系统存在的情况下，可以用这个选项取消这个动作
– r	以只读方式挂载
– w	以可读写的方式挂载

如果有一个新硬盘，要先进行分区，并通过 mount 命令挂载到某个文件夹。如果要自动挂载，则可以修改/etc/fstab 文件。每次系统启动会根据该文件定义自动挂载。若没有被自动挂载，分区将不能使用。下面是/etc/fstab 的定义。

# < file system >	< mount point >	< type >	< options >	< dump >	< pass >
proc	/proc	proc	defaults	0	0

```
#/dev/sda1 被自动挂载到  /
UUID = cb1934d0 - 4b72 - 4bbf - 9fad - 885d2a8eeeb1
/         ext3     relatime, errors = remount - ro 0        1
#/dev/sda5 被自动挂载到分区/home
UUID = c40f813b - bb0e - 463e - aa85 - 5092a17c9b94
/home     ext3     relatime                0         2
#/dev/sda7 被自动挂载到/work
UUID = 0f918e7e - 721a - 41c6 - af82 - f92352a568af
/work     ext3     relatime                0         2
#分区 /dev/sda6 被自动挂载到 swap
UUID = 2f8bdd05 - 6f8e - 4a6b - b166 - 12bb52591a1f
none      swap     sw                      0         0
```

范例:

1) 挂载光盘镜像文件 mydisk. iso。

```
mount - o loop - t iso9660 /root/mydisk. iso /mnt/vcdrom
```

最后查看/mnt/vcdrom 目录下的文件, 证实挂载操作成功完成。

2) 挂载移动磁盘。

第1步: 对 Linux 系统而言, USB 接口的移动磁盘被识别为 SCSI 设备。插入移动磁盘之前, 应先用 fdisk -l 或 more /proc/partitions 查看系统的磁盘和磁盘分区情况。

第2步: 接好移动磁盘后, 再用 fdisk -l 或 more /proc/partitions 查看系统的磁盘和磁盘分区情况。

第3步: 对比两次磁盘分区情况查看结果, 应该可以发现多了一个 SCSI 磁盘/dev/sdb 和它的 3 个磁盘分区/dev/sdb1、/dev/sdb2 和 dev/sdb5。其中, /dev/sdb5 是/dev/sdb2 分区的逻辑分区。可以使用下面的命令挂载/dev/sdb1 和/dev/sdb5。

```
#  mkdir - p /mnt/usbhd1
#  mkdir - p /mnt/usbhd2
#  mount - t ntfs /dev/sdb1 /mnt/usbhd1
#  mount - t vfat /dev/sdb5 /mnt/usbhd2
```

对 NTFS 格式的磁盘分区应使用 -t ntfs 参数, 对 FAT32 格式的磁盘分区应使用 -t vfat 参数。若汉字文件名显示为乱码或不显示, 可以使用下面的命令格式。

```
#  mount - t ntfs - o iocharset = cp936 /dev/sdc1 /mnt/usbhd1
#  mount - t vfat - o iocharset = cp936 /dev/sdc5 /mnt/usbhd2
```

3) 挂载 U 盘。

第1步: 和 USB 接口的移动磁盘一样, 在 Linux 系统中, U 盘也被当作 SCSI 设备。插入 U 盘之前, 应先用 fdisk -l 或 more /proc/partitions 查看系统的磁盘和磁盘分区情况。

第2步: 接好 U 盘后, 再用 fdisk -l 或 more /proc/partitions 查看系统的磁盘和磁盘分区情况。

第3步: 对比两次磁盘分区情况查看结果, 应该可以发现多了一个 SCSI 磁盘/dev/sdd 和它的一个磁盘分区/dev/sdb1, /dev/sdb1 就是要挂载的 U 盘。

```
#  mkdir - p /mnt/usb
#  mount - t vfat /dev/sdd1 /mnt/usb
```

若汉字文件名显示为乱码或不显示, 可以使用下面的命令。

```
#   mount － t vfat － o iocharset＝cp936 /dev/sdd1 /mnt/usb
```

2.6.2   umount

功能说明：卸载指定的文件系统。

语法格式：umount［加载点］

范例：

1）卸载一个已经加载的光盘镜像文件 mydisk. iso。

```
#   umount /mnt/vcdrom/
```

2）卸载/etc/mtab 文件中登记的类型为 vfat 的文件系统。

```
#   umount /mnt/vcdrom/
```

3）卸载已加载在/mnt/usb 的 U 盘，若无法卸载，则尝试以只读方式重新加载。

为了展示该效果，首先在已加载 U 盘的前提下，在一个控制台中将当前工作目录切换至/mnt/usb 目录。

接下来打开另外一个控制台，在控制台中执行 umount 命令，卸载已加载在/mnt/usb 上的 U 盘，若无法卸载，便尝试以只读方式重新加载 U 盘。

```
#   umount － r /mnt/usb
```

2.6.3   du

功能说明：查看磁盘空间的使用情况。

语法格式：du［参数］［目录或文件］

参数选项如下（见表2-23）。

表2-23   du 命令常用选项

参　　数	说　　明
－ a	表示目录中各文件占用的数据块数
－ b	显示目录或文件大小时，以 byte 为单位
－ c	除了显示个别目录或文件的大小外，同时也显示所有目录或文件的总和
－ D	显示指定符号连接的源文件大小
－ h	以 K、M、G 为单位，提高信息的可读性
－ k	以 1024 bytes 为单位
－ l	重复计算硬链接的文件
－ L	显示选项中所指定符号链接的源文件大小
－－ exclude ＝	略过指定的目录或文件
－－ max － depth ＝	超过指定层数的目录后，予以忽略

范例：

1）查看当前目录下的所有文件占用的磁盘空间大小。

```
#   du － abh ＊
```

2）以可读性较强的方式报告当前目录占用磁盘空间大小的总和信息（不包括子目录占用的磁盘空间）。

```
#   du － sSh
```

3) 以可读性较强的方式报告目录/usr、/bin 和/var 等占用磁盘空间的大小。

```
#  du – sh /usr /bin /var
```

4) 以可读性较强的方式报告当前目录的直接子目录占用磁盘空间的大小。

```
#  du – h – – max – d
```

2.6.4 fdisk

功能说明：磁盘分区。

语法格式：fdisk［参数］［设备号…］

fdsik 可以将磁盘划分为若干个区，同时也能为每个分区指定文件系统，如 Linux、fat32 以及其他类 UNIX 类操作系统的文件系统等。在用 fdisk 命令对磁盘分区后，还要对分区进行格式化，这样一个分区才能使用。

在 Linux 中，每一个硬件设备都映射到一个系统的文件，对于硬盘、光驱等设备也不例外。Linux 给各种 IDE 设备分配一个由 hd 前缀组成的文件，例如，第一个 IDE 设备，Linux 就定义为 hda，第二个 IDE 设备就定义为 hdb。SCSI 设备就应该是 sda、sdb 和 sdc 等。

对于每一个硬盘（IDE 或 SCSI）设备，Linux 分配了一个 1 ～ 16 的序列号码，这就代表了这块硬盘上面的分区号码。例如，第一个 IDE 硬盘的第一个分区，在 Linux 下面映射的就是hda1，第二个分区就称为 hda2。对于 SCSI 硬盘则是 sda1、sdb1 等。

硬盘分区是针对一个硬盘进行操作的，它可以分为主分区、扩展分区和逻辑分区。其中主分区就是包含操作系统启动所必需的文件和数据的硬盘分区，要在硬盘上安装操作系统，则该硬盘必须有一个主分区，而且其主分区的数量可以是 1 ～ 3 个；扩展分区也就是除主分区外的分区，但它不能直接使用，必须再将它划分为若干个逻辑分区才可使用，其数量可以有 0 或 1个，逻辑分区则在数量上没有什么限制。

Linux 还有一个 SWAP 分区（交换分区）。在硬件条件有限的情况下，为了运行大型的程序，Linux 在硬盘上划出一个区域来当作临时的内存，称为交换分区 SWAP。在安装 Linux 建立交换分区时，一般将其设为内存大小的 2 倍，当然也可以设为更大。

范例：

1) 通过 fdisk – l 查看系统所挂硬盘个数及分区情况。

```
#  fdisk  – l
      以下表示第一块硬盘 hda
      Disk /dev/hda:80. 0 GB,80026361856 bytes
      255 heads,63 sectors/track,9729 cylinders
      Units = cylinders of 16065 * 512 =8225280 bytes
      Device Boot Start End Blocks Id System
      /dev/hda1 * 1 765 6144831 7 HPFS/NTFS                          主分区
      /dev/hda2 766 2805 16386300 c W95 FAT32（LBA）                  主分区
      /dev/hda3 2806 9729 55617030 5 Extended                        扩展分区
      /dev/hda5 2806 3825 8193118 + 83 Linux                         逻辑分区
      /dev/hda6 3826 5100 10241406 83 Linux                          逻辑分区
      /dev/hda7 5101 5198 787153 + 82 Linux swap/Solaris             逻辑分区
      /dev/hda8 5199 6657 11719386 83 Linux                          逻辑分区
      /dev/hda9 6658 7751 8787523 + 83 Linux                         逻辑分区
      /dev/hda10 7752 9729 15888253 + 83 Linux                       逻辑分区
      以下表示第二块硬盘 sda
      Disk /dev/sda:1035 MB,1035730944 bytes
```

```
256 heads,63 sectors/track,125 cylinders
Units = cylinders of 16128 * 512 =8257536 bytes
Device Boot Start End Blocks Id System
/dev/sda1 1 25 201568 + c W95 FAT32 (LBA)          主分区
/dev/sda2 26 125 806400 5 Extended                 扩展分区
/dev/sda5 26 50 201568 +83 Linux
/dev/sda6 51 76 200781 83 Linux
```

　　通过上面的信息，可以看到系统加载了两个硬盘，一个是 hda，另一个是 sda，如果想查看单个硬盘情况，可以通过 fdisk -l /dev/hda1 或者 fdisk -l /dev/sda1 来操作。其中 hda 有 3 个主分区（包括扩展分区），分别是主分区 hda1、hda2 和 hda3（扩展分区），逻辑分区是 hda5 ～ hda10。

　　关于 fdisk -l 一些数值的说明如下。

```
Disk /dev/hda:80.0 GB,80026361856 bytes
255 heads,63 sectors/track,9729 cylinders
Units = cylinders of 16065 * 512 =8225280 bytes
```

　　这个硬盘是 80 GB 的，有 255 个磁面；63 个扇区；9729 个磁柱；每个 cylinder（磁柱）的容量是 8225280 B。

```
Device Boot Start End Blocks Id System
/dev/hda1 * 1 765 6144831 7 HPFS/NTFS
/dev/hda2 766 2805 16386300 c W95 FAT32 (LBA)
/dev/hda3 2806 9729 55617030 5 Extended
/dev/hda5 2806 3825 8193118 +83 Linux
/dev/hda6 3826 5100 10241406 83 Linux
/dev/hda7 5101 5198 787153 +82 Linux swap/Solaris
/dev/hda8 5199 6657 11719386 83 Linux
/dev/hda9 6658 7751 8787523 +83 Linux
/dev/hda10 7752 9729 15888253 +83 Linux
```

　　硬盘分区的表示如下。

- 在 Linux 是通过 hd *x 或 sd *x 表示的，其中 * 表示的是 a、b、c ……x 表示的是数字 1、2、3 ……hd 大多是 IDE 硬盘，sd 大多是 SCSI 或移动存储设备。
- 引导（Boot）：表示引导分区，在上面的例子中 hda1 是引导分区。
- Start（开始）：表示一个分区从 X cylinder（磁柱）开始。
- End（结束）：表示一个分区到 Y cylinder（磁柱）结束。
- id 和 System 表示同一个意思，id 看起来不太直观，在使用 fdisk 命令分区时，通过指定 id 来确认分区类型（例如 7 表示 NTFS 分区）。
- Blocks（容量）：其单位是 K；一个分区容量的值是由下面的公式计算而来的。
  Blocks =（相应分区 End 数值 - 相应分区 Start 数值）× 单位 cylinder(磁柱)的容量

2）fdisk 对硬盘及分区的操作。

下面以 /dev/sda 设备为例，来讲解如何用 fdisk 进行添加、删除分区等操作。

```
#  fdisk /dev/sda
   Command (m for help):在这里按 m ,就会输出帮助
   Command action
   a toggle a bootable flag
   b edit bsd disklabel
   c toggle the dos compatibility flag
   d delete a partition 注:这是删除一个分区的动作
   l list known partition types 注:l 是列出分区类型,以供设置相应分区的类型
```

```
m print this menu  注:m 是列出帮助信息
n add a new partition  注:添加一个分区
o create a new empty DOS partition table
p print the partition table  注:p 列出分区表
q quit without saving changes  注:不保存退出
s create a new empty Sun disklabel
t change a partition 's system id  注:t 改变分区类型
u change display/entry units
v verify the partition table
w write table to disk and exit  注:把分区表写入硬盘并退出
x extra functionality (experts only)  注:扩展应用,专家功能
```

列出当前操作硬盘的分区情况,使用 p 命令。

```
Command (m for help):p
Disk /dev/sda:1035 MB,1035730944 bytes
256 heads,63 sectors/track,125 cylinders
Units = cylinders of 16128 * 512 =8257536 bytes
Device Boot Start End Blocks Id System
/dev/sda1 1 25 201568 + c W95 FAT32 (LBA)
/dev/sda2 26 125 806400 5 Extended
/dev/sda5 26 50 201568 +83 Linux
/dev/sda6 51 76 200781 83 Linux
```

3）通过 fdisk 的 d 指令来删除一个分区。

```
Command (m for help):p  注:列出分区情况;
Disk /dev/sda:1035 MB,1035730944 bytes
256 heads,63 sectors/track,125 cylinders
Units = cylinders of 16128 * 512 =8257536 bytes
Device Boot Start End Blocks Id System
/dev/sda1 1 25 201568 + c W95 FAT32 (LBA)
/dev/sda2 26 125 806400 5 Extended
/dev/sda5 26 50 201568 +83 Linux
/dev/sda6 51 76 200781 83 Linux
Command (m for help):d  注:执行删除分区指定
Partition number (1 -6):6  注:想删除 sda6 ,就在这里输入 6
Command (m for help):p  注:再查看一下硬盘分区情况,看是否删除了
Disk /dev/sda:1035 MB,1035730944 bytes
256 heads,63 sectors/track,125 cylinders
Units = cylinders of 16128 * 512 =8257536 bytes
Device Boot Start End Blocks Id System
/dev/sda1 1 25 201568 + c W95 FAT32 (LBA)
/dev/sda2 26 125 806400 5 Extended
/dev/sda5 26 50 201568 +83 Linux
Command (m for help):
```

删除分区时要小心,请看好分区的序号,如果删除了扩展分区,扩展分区之下的逻辑分区都会删除。如果知道自己操作错了,使用 q 不保存退出。

通过 fdisk 的 n 指令增加一个分区。

```
Command (m for help):n  注:增加一个分区
Command action
l logical (5 or over)          注:增加逻辑分区,分区编号要大于5? 为什么要大于5,因为已经有 sda5 了
p primary partition (1 -4)  注:增加一个主分区;编号从 1～4 ;但 sda1 和 sda2 都被占用,所以只能从 3 开始
Partition number (1 -4):3
```

4）一个添加分区的例子。

本例中将添加两个 200 MB 的主分区，其他为扩展分区，在扩展分区中添加两个 200 MB 大小的逻辑分区。

```
Command（m for help）:p 注:列出分区表
    Disk /dev/sda:1035 MB,1035730944 bytes
    256 heads,63 sectors/track,125 cylinders
    Units = cylinders of 16128  ＊ 512 = 8257536 bytes
    Device Boot Start End Blocks Id System
    Command（m for help）:n 注:添加分区
    Command action
    e extended
    p primary partition（1 - 4）
    p 注:添加主分区
    Partition number（1 - 4）:1 注:添加主分区 1
    First cylinder（1 - 125,default 1）:注:直接按〈Enter〉键,主分区 1 的起始位置;默认为 1,默认
即可 Using default value 1
    Last cylinder or + size or + sizeM or + sizeK（1 - 125,default 125）: +200M 注:指定分区大小,用
+200M 来指定大小为 200 MB
    Command（m for help）:n 注:添加新分区
    Command action
    e extended
    p primary partition（1 - 4）
    p 注:添加主分区
    Partition number（1 - 4）:2 注:添加主分区 2
    First cylinder（26 - 125,default 26）:
    Using default value 26
    Last cylinder or + size or + sizeM or + sizeK（26 - 125,default 125）: +200M 注:指定分区大小,用
+200M 来指定大小为 200 MB
    Command（m for help）:n
    Command action
    e extended
    p primary partition（1 - 4）
    e 注:添加扩展分区;
    Partition number（1 - 4）:3 注:指定为 3,因为主分区已经分为两个了,这个也算主分区,从 3 开始
    First cylinder（51 - 125,default 51）:注:直接按〈Enter〉键
    Using default value 51
    Last cylinder or + size or + sizeM or + sizeK（51 - 125,default 125）:注:直接〈Enter〉键,把其余的
所有空间都给扩展分区
    Using default value 125
    Command（m for help）:p
    Disk /dev/sda:1035 MB,1035730944 bytes
    256 heads,63 sectors/track,125 cylinders
    Units = cylinders of 16128  ＊ 512 = 8257536 bytes
    Device Boot Start End Blocks Id System
    /dev/sda1 1 25 201568 +83 Linux
    /dev/sda2 26 50 201600 83 Linux
    /dev/sda3 51 125 604800 5 Extended
    Command（m for help）:n
    Command action
    l logical（5 or over）
    p primary partition（1 - 4）
    l 注:添加逻辑分区
    First cylinder（51 - 125,default 51）:
    Using default value 51
    Last cylinder or + size or + sizeM or + sizeK（51 - 125,default 125）: +200M 注:添加一个大小为
200 MB 大小的分区
```

```
Command（m for help）：n
Command action
l  logical（5 or over）
p  primary partition（1－4）
l 注：添加一个逻辑分区
First cylinder（76－125,default 76）：
Using default value 76
Last cylinder or ＋size or ＋sizeM or ＋sizeK（76－125,default 125）：＋200M 注：添加一个大小为
200 MB 大小的分区
Command（m for help）：p 列出分区表
Disk /dev/sda：1035 MB,1035730944 bytes
256 heads,63 sectors/track,125 cylinders
Units ＝ cylinders of 16128 ＊ 512 ＝ 8257536 bytes
Device Boot Start End Blocks Id System
/dev/sda1 1 25 201568 ＋83 Linux
/dev/sda2 26 50 201600 83 Linux
/dev/sda3 51 125 604800 5 Extended
/dev/sda5 51 75 201568 ＋83 Linux
/dev/sda6 76 100 201568 ＋83 Linux
```

然后根据前面所说，通过 t 指令来改变分区类型，最后不要忘记用 w 保存退出。

5）对分区进行格式化，并加载。

用 mkfs. bfs、mkfs. ext2、mkfs. jfs、mkfs. msdos、mkfs. vfat 和 mkfs. cramfs 等命令来格式化分区，如想格式化 sda6 为 ext3 文件系统，则输入以下命令。

```
#  mkfs. ext3 /dev/sda6
```

如果想加载 sda6 到目前系统来存取文件，首先建一个加载目录。

```
#  mkdir /mnt/sda6
#  mount /dev/sda6 /mnt/sda6
#  df － lh
Filesystem 容量 已用 可用 已用% 加载点
    /dev/hda8 11G 8.4G 2.0G 81% /
    /dev/shm 236M 0 236M 0% /dev/shm
    /dev/hda10 16G 6.9G 8.3G 46% /mnt/hda10
    /dev/sda6 191M 5.6M 176M 4% /mnt/sda6
```

2.6.5 mkfs

功能说明：磁盘格式化。

语法格式：mkfs ［－V］［－t fstype］［fs－options］filesys［blocks］［－L Lable］

参数选项如下（见表 2-24）。

表 2-24 mkfs 命令常用选项

参　　数	说　　明
device	预备检查的硬盘 partition，如/dev/sda1
－V	详细显示模式
－t	给定文件系统的类型，Linux 的预设值为 ext2
－－c	在制作文件系统前，检查该 partition 是否有坏道
－l bad_blocks_file	将有坏道的 block 信息加到 bad_blocks_file 里面
block	给定 block 的大小
－L	建立 lable

范例：

```
#  mkfs  -t ext3 /dev/hdc6
mke2fs 1.39 (29 - May - 2006)
Filesystem label =
OS type：Linux
Block size = 4096 (log = 2)
Fragment size = 4096 (log = 2)
251392 inodes,502023 blocks
25101 blocks (5.00%) reserved for the super user
First data block = 0
Maximum filesystem blocks = 515899392
16 block groups
32768 blocks per group,32768 fragments per group
15712 inodes per group
Superblock backups stored on blocks：
        32768,98304,163840,229376,294912
```

2.7 任务：进程控制

当运行一个程序或命令时，就可以触发一个事件而取得一个进程的标志号（PID）。进程是一个其中运行着一个或多个线程的地址空间和这些线程所需要的系统资源。一般来说，Linux 系统会在进程之间共享程序代码和系统函数库，所以在任何时刻内存中都只有代码的一份副本。

当 Linux 系统资源快要用光时，是否能够找出最耗系统的那个程序，然后删除该程序，让系统恢复正常？如果某个程序由于写得不好而驻留在内存当中，又该如何找出它，然后将其移除？一个嵌入式 Linux 系统开发人员必须学会解决以上问题。

任务描述与要求：

1）查看系统中进程的状态。

2）结束进程。

3）显示系统当前的进程状况。

4）显示系统内存状态。

2.7.1 ps

功能说明：查看系统中进程的状态。

语法格式：ps[参数]

参数选项如下（见表2-25）。

表2-25 ps 命令常用选项

参　　数	说　　明
- A	列出所有的进程
- w	显示加宽，可以显示较多的信息
- u	显示使用者的名称和起始时间
- f	详细显示程序执行的路径群
- c	只显示进程的名称

要对进程进行监测和控制，首先必须了解当前进程的情况，也就是需要查看当前进程，而 ps 命令就是最基本同时也是非常强大的进程查看命令。使用该命令可以确定有哪些进程正在运行和运行的状态、进程是否结束、进程有没有僵死，以及哪些进程占用了过多的资源等。总之，大部分信息都是可以通过执行该命令得到的。

范例：

用 ps 命令查看系统当前的进程。

# ps -ef										
USER	PID	%CPU	%MEM	VSZ	RSS	TTY	STAT	START	TIME	COMMAND
root	1	2.4	0.2	3756	2108	?	Ss	09:21	0:02	/sbin/init
root	2	0.0	0.0	0	0	?	S	09:21	0:00	[kthreadd]
root	3	0.0	0.0	0	0	?	S	09:21	0:00	[ksoftirqd/0]
root	4	0.0	0.0	0	0	?	S	09:21	0:00	[kworker/0:0]

USER 表示启动进程用户。PID 表示进程标志号。%CPU 表示运行该进程占用 CPU 的时间与该进程总的运行时间的比例。%MEM 表示该进程占用内存和总内存的比例。VSZ 表示占用的虚拟内存大小，以 KB 为单位。RSS 表示进程占用的物理内存值，以 KB 为单位。TTY 表示该进程建立时所对应的终端，? 表示该进程不占用终端。STAT 表示进程的运行状态。START 表示进程开始时间。TIME 表示执行的时间。COMMAND 是对应的命令名。

STAT 中的参数意义如下：

D 不可中断；

R 就绪（在可运行队列中）；

S 处于休眠状态；

T 停止或被跟踪；

Z 僵尸进程；

W 进入内存交换；

X 死掉的进程。

与 grep 组合使用，可以查找特定进程：

ps -ef | grep smbd									
root	814	0.0	0.4	21400	4880	?	Ss	09:21	0:00 smbd -F
root	938	0.0	0.1	21504	1320	?	S	09:22	0:00 smbd -F

2.7.2 kill

功能说明：结束进程。Linux 下还提供了一个 killall 命令，可以直接使用进程的名称而不是进程标识号

语法格式：kill [-s <信息名称或编号>] [程序] 或 kill [-l <信息编号>]

参数选项如下（见表 2-26）。

表 2-26 kill 命令常用选项

参　数	说　明
-l	若不加 <信息编号> 选项，则 -l 参数会列出全部的信息名称
-s	指定要送出的信息

范例：

结束 smb 服务。

```
                //首先使用 ps 查看 smb 服务的进程号
#  ps – ef | grep smbd
root        814   0.0   0.4   21400   4880 ?        Ss   09:21   0:00 smbd – F
root        938   0.0   0.1   21504   1320 ?        S    09:22   0:00 smbd – F
                //使用 kill 命令结束 smb 服务
#  kill – 9 814
```

2.7.3 top

功能说明：显示系统当前的进程状况。

语法格式：top[参数]

参数选项如下（见表 2-27）。

表 2-27 top 命令常用选项

参数	说　　明
– d	改变显示的更新速度
– i	不显示任何闲置（idle）或无用（zombie）的行程
– c	切换显示模式，共有两种模式，一种是只显示执行文件的名称，另一种是显示完整的路径与名称
– s	安全模式，将交互式指令取消，避免潜在的危机
– b	批处理模式，搭配 n 参数一起使用，可以用来将 top 的结果输出到文件内

top 命令和 ps 命令的基本作用是相同的，但 top 是一个动态显示过程，即可以通过用户按键来不断刷新当前状态。

范例：

显示系统当前的进程状况。

```
top – 09:38:52 up 17 min,   2 users,   load average:0.58,0.21,0.25
Tasks:183 total,1 running,181 sleeping,0 stopped,1 zombie
Cpu(s):23.8% us,11.4% sy,0.0% ni,64.8% id,0.0% wa,0.0% hi,0.0% si,0.0% st
Mem:   1026108k total,   630352k used,   395756k free,   32896k buffers
Swap:  1046524k total,        0k used,  1046524k free,  328056k cached
 PID   USER   PR  NI   VIRT   RES    SHR   S   % CPU  % MEM   TIME +   COMMAND
1096   root   20   0   67400   32m   8760   S   26.1   3.3   0:36.90  Xorg
2392   root   20   0   150m    16m   11m    S    5.6   1.7   0:04.23  gnome – terminal
2123   root   20   0   134m    13m   10m    S    1.0   1.3   0:01.95  metacity
2203   root   20   0   36724   3164  2584   S    0.7   0.3   0:00.42  ibus – daemon
2208   root   20   0   152m    21m   12m    S    0.7   2.2   0:00.72  python
2367   root   20   0   62872   4016  3412   S    0.7   0.4   0:00.22  hud – service
  10   root   20   0      0       0     0   S    0.3   0.0   0:01.60  rcu_sched
```

显示信息分成几行，其含义分别如下。

第 1 行表示的项目依次为当前时间、系统启动时间、当前系统登录用户数目和平均负载。

第 2 行显示的是所有启动的、目前运行的、挂起（Sleeping）的和无用（Zombie）的进程。

第 3 行显示的是目前 CPU 的使用情况，包括系统占用的比例、用户使用比例和闲置(Idle)比例。

第 4 行显示物理内存的使用情况，包括总的可以使用的内存、已用内存、空闲内存和缓冲区占用的内存。

第 5 行显示交换分区的使用情况，包括总的、使用的、空闲的和用于高速缓存的交换分区。

第 6 行显示的项目最多，下面列出了详细解释。

PID（Process ID）：进程标志号，是非负整数。USER：进程所有者的用户名。PR：进程的优先级别。NI：进程的优先级别数值。VIRT：进程占用的虚拟内存值。RES：进程占用的物理内存值。SHR：进程使用的共享内存值。

STAT：进程的状态，其中 S 表示休眠，R 表示正在运行，Z 表示僵死状态，N 表示该进程优先值是负数。

%CPU：该进程占用的 CPU 使用率。%MEM：该进程占用的物理内存和总内存的百分比。TIME：该进程启动后占用的总的 CPU 时间。COMMAND：进程启动的启动命令名称，如果这一行显示不完全，进程会有一个完整的命令行。在 top 命令使用过程中，还可以使用一些交互的命令来完成其他参数的功能。这些命令是通过以下快捷键启动的。

<空格>：立刻刷新。P：根据 CPU 的使用大小进行排序。T：根据时间、累计时间排序。q：退出 top 命令。m：切换显示内存信息。t：切换显示进程和 CPU 状态信息。c：切换显示命令名称和完整命令行。M：根据使用的内存大小进行排序。W：将当前设置写入 ～/. toprc 文件中。这是写 top 配置文件的推荐方法。

2.7.4　free

功能说明：显示系统的内存使用状态。

语法格式：free［参数］［－s］

参数选项如下（见表 2–28）。

表 2–28　free 命令常用选项

参　　数	说　　明
－ b	以 Byte 为单位显示内存使用情况
－ m	以 MB 为单位显示内存使用情况
－ k	以 KB 为单位显示内存使用情况
－ t	显示内存总和
－ s	持续观察内存使用状况
－ o	使用旧的格式显示内存的使用信息

范例：

显示系统内存状态。

```
# free －b
                total        used         free      shared    buffers      cached
Mem：  1050734592  643321856  407412736        0   33734656  335982592
 －/ +buffers/cache：  273604608  777129984
Swap：  1071640576          0  1071640576
```

2.8　任务：网络设置

任何时刻如果想要做好网络参数的设置，包括 IP 参数、路由参数与无线网络等，都必须了解相关的命令，其中以 ifconfig 和 route 这两个命令比较重要。网络接口配置文件是/etc/sysconfig/network – scripts 内的 ifcfg – ethx（x 为数字），可以通过手动调整 ifcfg – ethx 文件，修改网络地址。

任务描述与要求：

1）配置与查看网络地址。

2）查看或设置路由表。

3）查看主机连通性。

4）查看网络状态，显示本机网络连接、运行端口和路由表等信息。

2.8.1　ifconfig

功能说明：配置网络或显示当前网络接口状态。

语法格式：ifconfig[参数]［interface］［inet｜up｜down｜netmask｜addr｜broadcast］

参数选项如下（见表 2-29）。

表 2-29　ifconfig 命令常用选项

参　　数	说　　明
– a	显示所有的网络接口信息
– s	仅显示每个接口的摘要数据
– v	如果某个网络接口出现错误，将返回错误信息

范例：

1）显示安装在本地主机上的第一块网卡 eth0 的状态。

```
#　ifconfig eth0
eth0　Link encap:以太网　硬件地址 00:0c:29:cc:bb:8d
      inet 地址:192.168.1.100　广播:192.168.1.255　掩码:255.255.255.0
      inet6 地址:fe80::20c:29ff:fecc:bb8d/64 Scope:Link
      UP BROADCAST RUNNING MULTICAST　MTU:1500 跃点数:1
      接收数据包:251 错误:0 丢弃:0 过载:0 帧数:0
      发送数据包:358 错误:0 丢弃:0 过载:0 载波:0
      碰撞:0 发送队列长度:1000
      接收字节:76132（76.1 KB）　发送字节:66192（66.1 KB）
      中断:19 基本地址:0x2000
```

2）配置本地主机回环接口。

```
#　ifconfig lo inet 127.0.0.1 up
```

3）配置 eth0 网络接口的 IP 为 192.168.1.108。

在设置 eth0 网络接口之前，首先显示本地主机上所有网络接口的信息。然后设置 eth0 网络接口，ip 为 192.168.1.108，netmask 为 255.255.255.0，broadcast 为 192.168.1.255。

```
#　ifconfig eth0 192.168.1.108 netmask 255.255.255.0 broadcast 192.168.1.255
```

4）启动/关闭 eth0 网络接口。

在 eth0 网络接口禁用之前，首先显示本地主机上所有网络接口的信息。

```
#　ifconfig
```

然后执行禁用 eth0 网络接口命令。

```
# ifconfig eth0 down
# ifconfig
```

再次显示本地主机上所有网络接口的信息，以便比较分析禁用 eth0 网络接口命令的作用。可以用 ping 命令测试该网络接口。

```
# ping 192.168.1.108
```

此时应该 ping 不通主机 192.168.1.108。执行以下命令重新启动该网络接口。

```
# ifconfig eth0 up
```

2.8.2 route

功能说明：查看或设置路由表。

语法格式：route［参数］

参数选项如下（见表 2-30）。

表 2-30 route 命令常用选项

参　数	说　明
add	添加一条新路由
del	删除一条路由
－net	目标地址是一个网络
－host	目标地址是一个主机
－x	当添加一个网络路由时，需要使用网络掩码
gw	路由数据包通过网关
metric	设置路由跳数

范例：

1）以 IP 格式显示路由表的全部内容。执行以下命令。

```
# route -n
内核 IP 路由表
目标            网关            子网掩码          标志  跃点   引用   使用   接口
0.0.0.0         192.168.1.1     0.0.0.0           UG    0      0      0      eth0
169.254.0.0     0.0.0.0         255.255.0.0       U     1000   0      0      eth0
192.168.1.0     0.0.0.0         255.255.255.0     U     1      0      0      eth0
```

2）在路由表中添加一个到指定网络的静态路由。

在为路由表添加路由之前，首先执行以下命令，显示路由表的信息。

```
# ifconfig
```

接下来为路由表添加一个到网络 192.168.1.0 的静态路由，其中子网掩码为 255.255.255.0，网关为 192.168.1.1，设备接口为 eth0。

```
# route add -net 192.168.1.0 netmask 255.255.255.0 gw 192.168.1.1 dev eth0
```

静态路由添加完毕，再次显示路由表的信息，然后对两次路由表信息进行比较研究。

3）从路由表中删除 2）中添加的静态路由。执行以下命令。

```
# route del -net 192.168.1.0 netmask 255.255.255.0 gw 192.168.1.1 dev eth0
```

4）在当前路由表中增加一条规则，拒绝数据包路由到私有网络 10.0.0.0，子网掩码为 255.0.0.0。执行以下命令。

```
#   route add 192.168.2.0 mask 255.255.255.0 192.168.1.100
```

5）设置访问外网的默认网关为 192.168.1.1，执行以下命令。

```
#   route add default gw 192.168.1.1 eth0
```

6）为两个目标网络（一个是 Internet 网络，另一个是私有网络 10.0.0.0）设置两个网关，其中连接 Internet 网络的网关地址为 192.168.1.1，连接私有网络的网关地址为 192.168.1.254。执行以下命令。

```
#   route add default gw 192.168.1.1 eth0
#   route add －net10.0.0.0 netmask 255.0.0.0 gw 192.168.1.254 eth0
```

2.8.3 ping

功能说明：查看主机的连通性。

语法格式：ping[参数]

参数选项如下（见表 2-31）。

表 2-31 ping 命令常用选项

参　　　数	说　　　明
－d	使用 Socket 的 SO_DEBUG 功能
－c<完成次数>	设置完成要求回应的次数
－f	极限检测
－i<间隔秒数>	指定收发信息的间隔时间
－l<网络界面>	使用指定的网络界面送出数据包
－l<前置载入>	设置在送出要求信息之前，先行发出的数据包
－n	只输出数值
－p<范本样式>	设置填满数据包的范本样式
－q	不显示指令执行过程，开头和结尾的相关信息除外
－s	设置数据包的大小
－t	设置存活数值 TTL 的大小
－v	详细显示指令的执行过程

范例：

1）查看 www.baidu.com 连通性。

执行以下命令。

```
#   ping www.baidu.com
PING www.google.cn (111.13.100.92) 56(84) bytes of data.
64 bytes from 111.13.100.92:icmp_req = 1 ttl = 55 time = 34.0 ms
64 bytes from 111.13.100.92:icmp_req = 2 ttl = 55 time = 35.3 ms
```

2）查看网关的连通性，网关 IP 地址为 192.168.1.1。

执行以下命令。

```
#   ping 192.168.1.1
PING 192.168.1.1 (192.168.1.1) 56(84) bytes of data.
64 bytes from 192.168.1.1:icmp_req = 1 ttl = 64 time = 1.88 ms
64 bytes from 192.168.1.1:icmp_req = 2 ttl = 64 time = 11.3 ms
64 bytes from 192.168.1.1:icmp_req = 3 ttl = 64 time = 1.66 ms
64 bytes from 192.168.1.1:icmp_req = 4 ttl = 64 time = 5.46 ms
```

2.8.4 netstat

功能说明：查看网络状态，显示本机网络连接、运行端口和路由表等信息。

语法格式：netstat［参数］

参数选项如下（见表 2-32）。

表 2-32　netstat 命令常用选项

参　　数	说　　明	参　　数	说　　明
-a	显示所有已连接中的 Socket	-t	显示 TCP 传输协议的连线状况
-n	直接使用 IP 地址，而不通过域名服务器	-u	显示 UDP 传输协议的连线状况
-r	显示 Routing Table	-i	显示网络界面信息表单
-s	显示网络工作信息统计表	-l	显示监控中的服务器的 Socket
-v	显示指令执行过程	-p	显示正在使用 Socket 的程序识别码和程序名称

范例：

1）列出所有端口。

执行以下命令。

```
# netstat -a | more
Active Internet connections ( servers and established )
Proto   Recv-Q   Send-Q Local Address   Foreign Address     State
tcp        0         0 localhost:30037      *:*              LISTEN
udp        0         0 *:bootpc             *:*
Active UNIX domain sockets ( servers and established )
Proto  RefCnt   Flags    Type      State     I-Node      Path
unix     2     [ACC]    STREAM   LISTENING   6135    /tmp/.X11-unix/X0
unix     2     [ACC]    STREAM   LISTENING   5140    /var/run/acpid.socket
```

2）列出所有 TCP 端口。

执行以下命令。

```
# netstat -at
Active Internet connections ( servers and established )
Proto   Recv-Q   Send-Q   Local Address    Foreign Address    State
tcp        0        0      localhost:30037     *:*             LISTEN
tcp        0        0      localhost:ipp       *:*             LISTEN
tcp        0        0      *:smtp              *:*             LISTEN
tcp6       0        0      localhost:ipp       [::]:*          LISTEN
```

3）只列出所有监听 TCP 端口。

执行以下命令。

```
# netstat -lt
Active Internet connections ( only servers )
Proto   Recv-Q   Send-Q   Local Address    Foreign Address    State
tcp        0        0      localhost:30037     *:*             LISTEN
tcp        0        0      *:smtp              *:*             LISTEN
tcp6       0        0      localhost:ipp       [::]:*          LISTEN
```

2.9　任务：编辑工具 vi

在使用和管理 Linux 的过程中，经常需要使用文本编辑器修改配置文件，Linux 系统中有许多优秀的文本编辑器，如 ed、ex、vi 和 Emacs 等。vi 是加州大学伯克利分校的 Joy 开发的，它可以执行输出、删除、查找、替换和块操作等众多的文本编辑操作。vi 是全屏幕文本编辑工具，没有菜单，只有命令。

vi 的工作模式共分为 3 种，分别是一般模式、编辑模式与命令行命令模式，如图 2-2 所示。

一般模式：vi 处理文件时，一进入该文件，就是一般模式了。在这个模式中，可以使用键盘上的上、下、左、右方向键来移动光标，可以使用"删除字符"或"删除整行"来处理文件内容，也可以使用"复制、粘贴"来处理文件数据。

编辑模式：在一般模式中可以进行删除、复制和粘贴等操作，却无法进行编辑操作。要等到按〈i〉〈I〉〈o〉〈O〉〈a〉

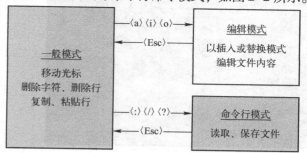

图 2-2　vi 的 3 个模式

〈A〉〈r〉或〈R〉等字母键之后才会进入编辑模式。注意，通常在 Linux 中，按下上述字母时，画面的左下方会出现"INSERT 或 REPLACE"的字样，才可以输入文字到文件中。如果要回到一般模式，则必须按〈Esc〉键才可退出编辑模式。

命令行命令模式：在一般模式中，输入:、/或 ? 就可以将光标移到最下面的那一行，在这个模式中，可以搜索数据，而且读取、存盘、大量删除字符、离开 vi 和显示行号等操作都是在此模式中实现的。

任务描述与要求：

1）vi 创建文件，编辑文件内容。
2）使用 vi 常用命令。
3）vi 保存文件。

2.9.1　vi 简易使用范例

使用 vi 建立一个文件名为 test. txt 的文件，操作步骤如下。
1）使用 vi 进入一般模式。

```
# vi test. txt
```

直接输入"vi 文件名"即可进入 vi。如图 2-3 所示，左下角会显示这个文件的当前状态。如果是新建文件，会显示［新文件］；如果是已存在的文件，则会显示当前文件名、行数与字符数，如"/etc/man. config" 145L,4614C。

2）按〈I〉键进入编辑模式，开始编辑文字。

在一般模式中，只要按〈i〉〈o〉或〈a〉等字符，就可以进入编辑模式了。在编辑模式中，可以发现在左下角会出现 -- 插入 -- ，意味着可以输入任意字符，如图 2-4 所示。此时，键盘上除了〈Esc〉这个按键之外，其他按键都可以视为一般的输入按钮，可以进行任何编辑（在 vi 里，按〈Tab〉键所得到的结果与空格符所得到的不一样）。

3）按〈Esc〉键，回到一般模式。

假设已经按照上面的样式编辑完毕，接下来按〈Esc〉键，会发现画面左下角的 -- 插入 -- 不见了，即退出编辑模式，返回一般模式。

图 2-3 利用 vi 打开一个文件　　　　　　　　　图 2-4 进入 vi 的编辑模式

4）在一般模式中按〈:〉键进入底行状态，输入 wq 命令，然后按〈Enter〉键，存储后离开 vi。

2.9.2　vi 命令说明

命令行就是在 vi 界面最下面一行中没有显示 -- 插入 -- 或者 -- 替换 -- 字样。命令行中的命令见表 2-33。注意，当按下〈:〉键时，光标会自动移到屏幕的最下面一行。

表 2-33　命令行的命令

一般模式：移动光标的方法	
h 或向左方向键（←）	光标向左移动一个字符
j 或向下方向键（↓）	光标向下移动一个字符
k 或向上方向键（↑）	光标向上移动一个字符
l 或向右方向键（→）	光标向右移动一个字符
Ctrl + F	屏幕 "向下" 移动一页，相当于按〈Page Down〉键
Ctrl + B	屏幕 "向上" 移动一页，相当于按〈Page Up 键
Ctrl + D	屏幕 "向下" 移动半页
Ctrl + U	屏幕 "向上" 移动半页
+	光标移动到非空格符的下一行
−	光标移动到非空格符的上一行
n < space >	n 表示 "数字"，如 20。按下数字后再按空格键，光标会向右移动这一行的 n 个字符。例如，20 < space > 表示光标会向后面移动 20 个字符距离
0	这是数字 "0"：移动到这一行的最前面字符处
$	移动到这一行的最后面字符处
H	光标移动到这个屏幕的最上方那一行
M	光标移动到这个屏幕的中央那一行
L	光标移动到这个屏幕的最下方那一行
G	移动到这个文件的最后一行（常用）
nG	n 为数字。移动到这个文件的第 n 行。例如，20G 表示会移动到这个文件的第 20 行（可配合 :set nu）
gg	移动到这个文件的第一行，相当于 1G
n < Enter >	n 为数字。光标向下移动 n 行

一般模式：搜索与替换	
/word	从光标位置开始，向下寻找一个名为 word 的字符串
? word	从光标位置开始，向上寻找一个名为 word 的字符串
n	n 表示重复前一个搜索动作，向下继续搜索字符串
N	〈N〉键与 n 刚好相反，向上继续搜索字符串
:n1，n2s/word1/word2/g	n1 与 n2 为数字。在第 n1 与 n2 行之间寻找 word1 这个字符串，并将该字符串替换为 word2

一般模式：删除、复制与粘贴	
x，X	在一行字中，x 为向后删除一个字符，X 为向前删除一个字符
nx	n 为数字，连续向后删除 n 个字符
dd	删除光标所在的那一整行
ndd	n 为数字。从光标位置开始，删除向下 n 列
d1G	删除光标所在位置到第一行的所有数据
dG	删除光标所在位置到最后一行的所有数据
d$	删除光标所在位置到该行的最后一个字符
d0	d 的后面是数字 0，删除光标所在处，到该行的最前面一个字符
yy	复制光标所在的那一行
nyy	n 为数字。复制光标所在的向下 n 行
y1G	复制光标所在行到第一行的所有数据
yG	复制光标所在行到最后一行的所有数据
y0	复制光标所在的那个字符到该行行首的所有数据
y$	复制光标所在的那个字符到该行行尾的所有数据
p，P	p 为将已复制的数据粘贴到光标的下一行，P 则为贴在光标上一行
J	将光标所在行与下一行的数据结合成同一行
c	重复删除多个数据
u	复原前一个操作
Ctrl + r	重做上一个操作
.	重复前一个动作。如果想重复删除、重复粘贴，按下小数点"."就可以

进入编辑模式	
i、I	插入：在当前光标所在处插入输入文字，已存在的文字会向后退；其中，i 为"从当前光标所在处插入"，I 为"在当前所在行的第一个非空格符处开始插入"
a、A	a 为"从当前光标所在的下一个字符处开始插入"，A 为"从光标所在行的最后一个字符处开始插入"
o、O	这是英文字母 o 的大小写。o 为"在当前光标所在的下一行处插入新的一行"；O 为"在当前光标所在处的上一行插入新的一行"
r、R	替换：r 会替换光标所在的那一个字符；R 会一直替换光标所在的文字，直到按下〈Esc〉键为止
Esc	退出编辑模式，回到一般模式中

命令行命令模式	
:w	将编辑的数据写入硬盘文件中
:w!	若文件属性为"只读"，强制写入该文件
:q	离开 vi
:q!	为强制离开，不存储文件
:wq	存储后退出

命令行命令模式	
:w [filename]	将编辑的数据存储成另一个文件（类似另存新文件）
:r [filename]	在编辑的数据中，读入另一个文件的数据
:n1, n2 w [filename]	将 n1 到 n2 的内容存储成 filename 文件
:!command	暂时离开 vi 到命令行模式下执行 command 的显示结果
:set nu	显示行号，设置之后，会在每一行的前缀显示该行的行号
:set nonu	取消行号

在 vi 中，"数字"是很有意义的，通常表示重复做几次的意思。例如要删除 50 行，则用 50dd；要向下移动 20 行，使用 20j 或者 20↓，数字加在动作之前。

2.9.3　vi 范例

现在测试一下自己是否已经熟悉了 vi 命令。请按照要求进行命令操作。

1）在 /tmp 目录下建立一个名为 vitest 的目录。

2）进入 vitest 目录中。

3）将 /etc/manpath.config 复制到该目录中。

4）使用 vi 打开该目录下的 manpath.config 文件，如图 2-5 所示。

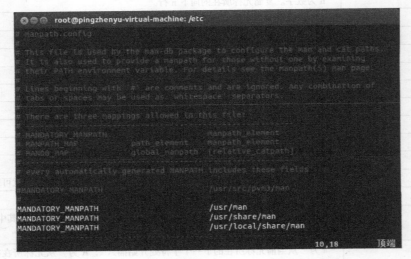

图 2-5　利用 vi 编辑 manpath.config 文件

5）在 vi 中设置行号。

6）移动到第 64 行，向右移动 4 个字符，请问双引号内是什么？

7）移动到第一行，并且向下搜索 X11R6 字符串，请问它在第几行？

8）接下来，要将 50 ~ 100 行之间的 man 改为 MAN，并且一个一个挑选是否需要修改，如何执行命令？

9）修改完之后，突然反悔了，要全部复原，有哪些方法？

10）复制 51 ~ 60 行的内容，并且贴到最后一行之后。

11）删除 11 ~ 30 行之间的 20 行。

12）将这个文件另存成一个 man.test.config 文件。

13）移动到第 29 行，并且删除 15 个字符。

14）存储后离开。

整个步骤如下所示。

1）输入命令 mkdir /tmp/vitest。

2）输入命令 cd /tmp/vitest。

3）输入命令 cp /etc/man. config . 。

4）输入命令 vi man. config。

5）输入命令：set nu。

6）先输入 64G，再输入 4→会在双引号内看到 MANPATH。

7）先执行 1G 或 gg 后，直接输入/ X11R6，则会到第 70 行。

8）直接执行：50,100s/man/MAN/gc 命令即可。

9）简单的方法可以一直按〈u〉键恢复到原始状态，或者使用不存储离开的方式：q! 之后，再重新读取一次该文件。

10）输入 51G，然后再输入 10yy，按〈G〉键到最后一行，再用 p 粘贴 10 行。

11）输入 11G 之后，再用 20dd 即可删除 20 行。

12）输入命令：w man. test. config。

13）输入 29G 之后，再用 15x 即可删除 15 个字符。

14）输入命令：wq!。

如果可以查到结果，那么读者基本上就掌握了 vi 的使用了。

2.9.4　文件的恢复与暂存盘

vi 具有"可恢复"的功能，vi 通过临时文件进行恢复。当编辑一个文件时，假设名称为 /tmp/passwd，那么在这个/tmp 中就会有一个临时文件，文件名为/tmp/. passwd. swp，这是一个隐藏文件，所进行的修改都会暂时存放在该文件中。如果在文件修改过程中，系统死机，那么下次再执行 vi /tmp/passwd 时，系统就会告诉用户是否需要恢复（recovery）成修改过程中的模样。如果按下〈R〉键，就可以将数据恢复到修改过程的样子，而不是源文件。

如果有一天在 /tmp 中执行 ls － al 时，发现有两个文件，文件名分别为 passwd 与 . passwd. swp，则说明可能有人在编辑这个文件或者之前在编辑这个文件时因为某些未知因素导致 vi 程序中断。

第 3 章　配置嵌入式开发常用服务

学习目标：

- 掌握 NFS 服务的配置与使用
- 掌握 Samba 服务的配置与使用
- 掌握 TFTP 服务的配置与使用
- 掌握 SSH 服务的配置与使用

3.1　任务：配置 NFS 服务

　　NFS（Network File System，网络文件系统）是一种基于网络的文件系统。NFS 的第一个版本是 Sun Microsystems 在 20 世纪 80 年代开发的。它可以将远端服务器文件系统的目录加载到本地文件系统的目录上，允许用户或者应用程序像访问本地文件系统的目录结构一样，访问远端服务器文件系统的目录结构，而无须理会远端服务器文件系统和本地文件系统的具体类型，非常方便地实现了目录和文件在不同计算机上共享。

　　NFS 作为一个文件系统，几乎具备了一个传统桌面文件系统最基本的结构特征和访问特征，不同之处在于它的数据存储于远端服务器上，而不是本地设备上。NFS 需要将本地操作转换为网络操作，并在远端服务器上实现，最后返回操作的结果。因此，NFS 更像是远端服务器文件系统在本地的一个文件系统代理，用户或者应用程序通过访问文件系统代理来访问真实的文件系统。

　　NFS 允许计算的客户 – 服务器模型如图 3-1 所示。服务器实施共享文件系统，以及客户端所连接的存储。客户端实施用户接口来共享文件系统，并加载到本地文件空间当中。NFS 系统体系结构如图 3-2 所示。

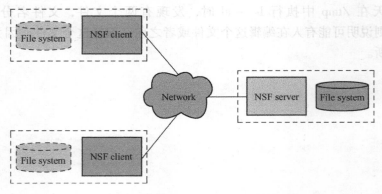

图 3-1　NFS 的客户 – 服务器架构

　　为了实现平台无关性，NFS 基于 OSI 底层实现。基于会话层的远程过程调用（Remote Procedure Call，RPC）和基于表示层的外部数据表示（External Data Representation，XDR）为 NFS 提供所需的网络连接，并解释基于这些连接发送的数据格式，它们使 NFS 可正常工作于不同

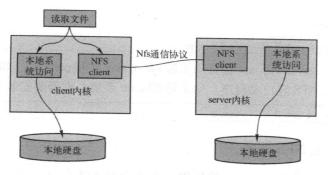

图 3-2 NFS 系统体系结构

平台。RPC 运行于 OSI 模型的会话层，它提供一组过程，使远程计算机系统可以像调用本地过程一样调用这些过程。使用 RPC，本地计算机或应用程序可调用位于远程计算机上的服务。RPC 提供一组过程库，高层应用可以调用这些库而无须了解远程系统的底层细节。因为 RPC 的抽象使得 NFS 与平台无关。外部数据表示库负责在不同的计算机系统间转换 RPC 数据，XDR 设计了一种标准的数据表示，使得所有计算机均可理解。

NFS 文件系统可使用两种方式加载：硬加载和软加载。当 NFS 服务器或资源不可用时，硬加载资源将导致不断尝试 RFC 调用。一旦服务器响应，RPC 调用成功且进入下一个执行过程。如果服务器或网络问题持续，硬加载将引起持续等待状态，使 NFS 客户端应用挂起。用户可以指定属性使硬加载可中断。使用软加载资源时，RPC 调用失败将导致 NFS 客户应用同时失败，最终使数据不可用。此种方法不可用于可写的文件系统或读取关键数据及可执行程序。硬加载的可靠性高，适用于加载可写资源或访问关键的文件和程序。如果资源被硬加载，一旦服务器崩溃或网络连接异常，程序（或用户）访问将被挂起，这将导致不可预见的结果。默认情况下 NFS 资源均采用硬加载。

任务描述与要求：

1）使用 apt-get 安装 NFS 服务。

2）启动与停止 NFS 服务。

3）设置 NFS 的主配置文件/etc/exports。

4）使用 mount 命令加载 NFS 文件系统。

3.1.1 安装 NFS 服务

检测是否安装 NFS，启动 NFS 服务时需要 nfs-utils 和 portmap 这两个软件包。Ubuntu 上默认是没有安装 NFS 服务器的，首先要安装 NFS 服务程序。

```
#  dpkg -l | grep -i "nfs"
ii   liblockfile1                                    1.09-3
NFS-safe locking library
ii   libnfsidmap2                                    0.25-1ubuntu2
NFS idmapping library
ii   nfs-common                                      1:1.2.5-3ubuntu3.1
NFS support files common to client and server
ii   nfs-kernel-server                               1:1.2.5-3ubuntu3.1
support for NFS kernel server
```

安装 NFS 服务器命令如下。

```
#   sudo apt-get install nfs-kernel-server
```

安装 nfs-kernel-server 时，apt 会自动安装 nfs-common 和 portmap。如果目标系统作为 NFS 的客户端，需要安装 NFS 客户端程序。如果是 Ubuntu 系统，则需要安装 nfs-common。

```
#   sudo apt-get install nfs-common
```

3.1.2　启动与停止 NFS 服务

由于启动 NFS 服务需要 portmap 的协助，因此启动 NFS 服务之前必须先启动 portmap 服务。可以使用/etc/init. d/nfs - kernel - server start/stop/restart 启动，停止和重启 NFS 服务；使用 etc/init. d/portmap start/stop/restart 启动，停止和重启 portmap 服务。如果有客户端还在使用 NFS 服务器时要关机，应先把 portmap 和 NFS 两个服务关闭，否则要等待很久才能关机。

方法如下：

```
#   /etc/init. d/nfs - kernel - server start
*  Exporting directories for NFS kernel daemon. . .            [ OK ]
*  Starting NFS kernel daemon                                   [ OK ]
```

启动 NFS 服务器后，可以使用 ps 命令查看进程。

```
#  ps - aux | grep - i "nfs"
root   3074   0.0  0.0  0  0 ?      S   10:12    0:00 [ nfsd ]
```

3.1.3　配置 NFS 服务

NFS 服务的配置方法相对比较简单，只需在 NFS 的主配置文件/etc/exports 中进行设置，然后启动 NFS 服务即可。在 exports 文件中可以定义 NFS 系统的输出目录（即共享目录）、访问权限和允许访问的主机等参数，格式如下。

```
[共享的目录] [主机名 1 或 IP1(参数 1,参数 2)] [主机名 2 或 IP2(参数 3,参数 4)]
```

例如，输出目录/nfs/public 可供子网 192. 168. 0. 0/24 中的所有客户机进行读写操作，而其他网络中的客户机只能读取该目录的内容，可以按如下设置。

```
/nfs/public 192. 168. 0. 0/24( rw,async)    * ( ro)

/nfs/public:共享目录名
192. 168. 0. 0/24:表示所有主机
( ro):设置选项
exports 文件中的"配置选项"字段放置在括号对("( )")中,多个选项间用逗号分隔
sync:设置 NFS 服务器同步写磁盘,这样不会轻易丢失数据,建议所有的 NFS 共享目录都使用该选项
ro:设置输出的共享目录只读,与 rw 不能共同使用
rw:设置输出的共享目录可读写,与 ro 不能共同使用
exports 文件中"客户端主机地址"字段可以使用多种形式表示主机地址
192. 168. 152. 13    指定 IP 地址的主机
nfsclient. test. com    指定域名的主机
192. 168. 1. 0/24    指定网段中的所有主机
* . test. com    指定域下的所有主机
*    所有主机
```

etc/exports 文件指定了哪个文件系统应该输出，该文件每行指定一个输出的文件系统、哪些机器可以访问该文件系统，以及访问权限。

共享目录是 NFS 客户端可以访问的目录，主机名或 IP 地址是要访问共享目录的主机名或 IP 地址，当主机名或 IP 地址为空时，则代表共享给任意客户机提供服务。参数是可选的，当不指定参数时，NFS 将使用默认选项。默认的共享选项是 sync、ro、root_squash 和 no_delay。

下面是一些 NFS 共享的常用参数。

- ro：只读访问。
- rw：读写访问。
- sync：所有数据在请求时写入共享。
- async：NFS 在写入数据前可以相应请求。
- secure：NFS 通过 1024 以下的安全 TCP/IP 端口发送。
- insecure：NFS 通过 1024 以上的端口发送。
- wdelay：如果多个用户要写入 NFS 目录，则归组写入（默认）。
- no_wdelay：如果多个用户要写入 NFS 目录，则立即写入，当使用 async 时，无须此设置。
- hide：在 NFS 共享目录中不共享其子目录。
- no_hide：共享 NFS 目录的子目录。
- subtree_check：如果共享/usr/bin 之类的子目录时，强制 NFS 检查父目录的权限。
- no_subtree_check：和上面相对，不检查父目录权限。
- all_squash：共享文件的 UID 和 GID 映射匿名用户 anonymous，适合公用目录。
- no_all_squash：保留共享文件的 UID 和 GID（默认）。
- root_squash：root 用户的所有请求映射成如 anonymous 用户一样的权限。
- no_root_squas：root 用户具有根目录的完全管理访问权限。
- anonuid = xxx：指定 NFS 服务器/etc/passwd 文件中匿名用户的 UID。
- anongid = xxx：指定 NFS 服务器/etc/passwd 文件中匿名用户的 GID。

3.1.4 NFS 服务配置实例

下面通过一个配置实例来提供快速设置 NFS 服务器的参考，在嵌入式开发中通常使用 NFS 加载根文件系统，这样对根文件系统进行修改后不用每次都下载到 NandFlash 中，可以把制作的根文件系统放到主机中的 NFS 输出目录中，在正式成为产品以后再烧写到开发板中，这样可以方便很多，也可以把编译好的内核放到 NFS 输出目录中，这样也可以引导内核。如果嵌入式开发板文件系统的位置是/home/root_fs，则应首先在开发宿主机中设置共享目录，它可作为开发板的根文件系统通过 NFS 挂接。

1. 设置共享目录

初始 NFS 配置文件是空白的，打开/etc/exports 文件，然后编辑 NFS 服务的配置文件。

```
/opt/root_fs          *（rw,sync,no_root_squash）
```

其中各个参数的含义如下。

- /opt/root_fs 表示 NFS 共享目录，它可以作为开发板的根文件系统通过 NFS 加载。
- * 表示所有的客户机都可以加载此目录。
- rw 表示加载此目录的客户机对该目录有读写的权限。
- no_root_squash 表示允许加载此目录的客户机享有该主机的 root 身份建立共享目录

2. 建立共享目录

rootfs_qtopia_qt4 是 mini2440 的带有图形界面的文件系统，文件可在友善之臂官网下载。

把 rootfs_qtopia_qt4. tar. gz 解压到 Linux 的"/home"目录下面。

```
#  tar xvzf rootfs_qtopia_qt4. tar. gz  − C /
```

将 rootfs_qtopia_qt4 文件内容复制到/opt/root_fs 文件夹中。

3. 重启 NFS 服务

```
#  service nfs restart
```

由于修改了 NFS 配置文件,需要重启服务。

4. 验证 NFS 服务

使用 mount 命令加载 NFS 文件系统,验证 NFS 服务是否配置正确。

```
#  mount  − t nfs localhost:/opt/root_fs/ /mnt/
```

此时,/opt/root_fs 目录里面的内容和/mnt 目录里面一样,对上面两个目录中的任何一个进行操作,另外一个也会有对应的变化。

3.2 任务: 配置 Samba 服务

Samba 用于 Linux 和 Windows 共享文件。它也用于 Linux 和 Linux 之间共享文件,不过 Linux 和 Linux 之间共享文件更多的是使用上节介绍的网络文件系统 NFS。

Samba 的核心是 SMB (Server Message Block) 协议。SMB 协议是客户机/服务器型协议,客户机通过该协议可以访问服务器上的共享文件系统、打印机及其他资源,它是一个开放性的协议,允许协议扩展使得它变得更大而且复杂。

Samba 的主要功能如下。

- 提供文件和打印机共享。使得同一个网络内的 Windows 用户可以在网上邻居里访问该目录,就像访问网上邻居中的其他 Windows 计算机一样。
- 决定每一个目录可以由哪些人访问,具有哪些访问权限。Samba 允许设置一个目录让一个人、某些人、组和所有人访问。
- 提供 SMB 客户功能。利用 Samba 提供的 smbclient 程序可以从 Linux 下以类似于 FTP 的方式访问 Windows 的资源。
- 在 Windows 网络中解析 NetBIOS 的名称。为了能利用局域网资源,同时使自己的资源被别人使用,各主机需定期向局域网广播自己的身份信息。
- 提供一个命令行工具,在其上可以有限制地支持 Windows 的某些管理功能。

Samba 由一系列的组件构成,主要的组件有以下几个。

- smbd,SMB 服务器,给 SMB 客户提供文件和打印服务。
- nmbd,Netbios 名称服务器,提供 Netbios 名称服务和浏览支持,帮助 SMB 客户定位服务器。
- smbclient,SMB 客户程序,用来存取 SMB 服务器上的共享资源。
- testprns,测试服务器上打印机访问的程序。
- testparms,测试 Samba 配置文件的正确性的工具。
- smb. conf,samba 的配置文件。
- smbstatus,这个工具可以列出当前 smbd 服务器上的连接。
- make_smbcodepage,这个工具用来生成文件系统的代码页。

- smbpasswd，这个工具用来设定用户密码。
- swat，samba 的 Web 管理工具。

其中，nmbd 和 smbd 是 Samba 的核心守护进程，在服务器启动到停止期间持续运行。smbd 负责监听 139TCP 端口，nmbd 负责监听 137TCP 端口和 137UDP 端口。smbd 处理来到的 SMB 数据包，为使用该数据包的资源与 Linux 进行协商，处理文件和打印机共享请求。nmbd 进程使得其他主机可浏览 Linux 服务器，处理 NetBIOS 名称服务请求和网络浏览功能。

任务描述与要求：

1）使用 apt-get 安装 Samba 服务。
2）启动与停止 Samba 服务。
3）设置 Samba 的配置文件 smb.conf。
4）配置允许匿名访问的 Samba 服务器。
5）配置需要用户身份验证的 Samba 服务器。
6）从 Linux 中访问 Windows 的共享目录。

3.2.1 安装 Samba 服务

可使用 dpkg 命令查看安装信息。其中 Samba 主要包含了 Samba 的主要 daemon 文件（smbd 及 nmbd）、Samba 的说明文档（document），以及其他与 Samba 相关的 logrotate 设定文件及开机预设选项文件等。

samba-common 主要提供了 Samba 的主要配置文件（smb.conf）、smb.conf 语法检验的测试程序（testparm）等。

samba-client 提供了当 Linux 作为 Samba Client 端时，所需要的工具指令，如加载 SAMBA 文件格式的执行文件 smbmount 等。

```
#   dpkg  -l |grep -i "samba"
ii   libwbclient0                                    2:3.6.3-2ubuntu2.6
         Samba winbind client library
ii   nautilus-share                                  0.7.3-1ubuntu2
         Nautilus extension to share folder using Samba
ii   python-smbc                                     1.0.13-0ubuntu1
         Python bindings for Samba clients (libsmbclient)
ii   samba-common                                    2:3.6.3-2ubuntu2.6
         common files used by both the Samba server and client
ii   samba-common-bin                                2:3.6.3-2ubuntu2.6
         common files used by both the Samba server and client
```

如果使用 12.04 以前的版本，最好是按下边的方法升级一下 Samba。如果想重新安装 Samba，首先要卸载 samba、smbclient 和 samba-common。

```
#   sudo apt-get remove samba-common
```

安装 samba 服务器，命令如下。

```
#   sudo apt-get install samba
```

Samba 服务器安装完毕，会生成配置文件目录/etc/samba 和其他 Samba 可执行命令工具。/etc/samba/smb.comf 是 Samba 的核心配置文件，/etc/init.d/smbd 是 Samba 的启动关闭文件。

3.2.2 启动与停止 Samba 服务

组成 Samba 的服务有 SMB 和 NMB 两个，SMB 是 Samba 的核心服务，实现文件的共享，NMB 负责解析，NMB 可以把 Linux 系统共享的工作组名称与其 IP 对应。

可以通过 service smbd start/stop/restart 或者 /etc/init. d/smbd start/stop/restart 来启动、关闭和重启 Samba 服务。方法如下。

```
#   service smbd restart
smbd stop/waiting
smbd start/running, process 5502
```

启动 Samba 服务器后，可以使用 ps 命令查看进程。

```
#  ps aux
root      4890   0. 0   0. 0   13328    1860 ?        Ss    09:56   0:00 nmbd – D
root      5502   0. 0   0. 2   21408    4900 ?        Ss    10:13   0:00 smbd – F
```

3.2.3 smb. conf 配置文件

Samba 的配置文件一般就放在/etc/samba 目录中，主配置文件名为 smb. conf，该文件中记录着大量的规则和共享信息，所以是 Samba 服务非常重要的核心配置文件，完成 Samba 服务器搭建的大部分主要配置都在该文件中进行。

Samba 服务器的工作原理是：客户端向 Samba 服务器发起请求，请求访问共享目录，Samba 服务器接收请求，查询 smb. conf 文件，查看共享目录是否存在，以及来访者的访问权限，如果来访者具有相应的权限，则允许客户端访问，最后将访问过程中系统的信息及采集的用户访问行为信息存放到日志文件中。在 Samba 服务器的主配置文件/etc/Samba/smb. conf 中，所有语句是由全局设置（Global Settings）和共享定义（Share Definitions）两个部分组成的。全局设置关于 Samba 服务整体运行环境的选项，针对所有共享资源；共享定义设置共享目录。设置完基本参数后，使用 testparm 命令检查语法错误，如看到 Loaded services file OK 的提示信息，则表明配置文件加载正常，否则系统会提示出错的地方。

下面简要介绍 smb. conf 配置文件的内容。用 vi /etc/samba/smb. conf 打开该配置文件，可以看到该配置文件中有以下内容。

```
共享参数:
================== Share Definitions ==================
［共享名］

comment = 任意字符串
说明:comment 是对该共享的描述,可以是任意字符串

path = 共享目录路径
说明:path 用来指定共享目录的路径。可以用%u 和%m 这样的宏来代替路径里的 UNIX 用户和客
户机的 Netbios 名,用宏表示主要用于[homes]共享域。例如:如果不打算用 home 段作为客户的共
享,而是在/home/share/下为每个 Linux 用户以他的用户名建个目录,作为他的共享目录,这样 path
就可以写成:path =/home/share/%u; 。用户在连接到该共享时具体的路径会被他的用户名代替,要
注意这个用户名路径一定要存在,否则,客户机在访问时会找不到网络路径。同样,如果不是以用户
来划分目录,而是以客户机来划分目录,为网络上每台可以访问 samba 的机器都各自建一个以它的
netbios 为名的路径,作为不同机器的共享资源,就可以这样写:path =/home/share/%m

browseable = yes/no
说明:browseable 用来指定该共享是否可以浏览
```

writable = yes/no
说明:writable 用来指定该共享路径是否可写

available = yes/no
说明:available 用来指定该共享资源是否可用

admin users = 该共享的管理者
说明:admin users 用来指定该共享的管理员(对该共享具有完全控制权限)。在 Samba 3.0 中,如果
将用户验证方式设置成 security = share 时,此项无效
例如:admin users = bobyuan,jane(多个用户中间用逗号隔开)

valid users = 允许访问该共享的用户
说明:valid users 用来指定允许访问该共享资源的用户
例如:valid users = bobyuan,@ bob,@ tech(多个用户或者组中间用逗号隔开,如果要加入一个组,就
用"@ +组名"表示)

invalid users = 禁止访问该共享的用户
说明:invalid users 用来指定不允许访问该共享资源的用户
例如:invalid users = root,@ bob(多个用户或者组中间用逗号隔开)

write list = 允许写入该共享的用户
说明:write list 用来指定可以在该共享下写入文件的用户
例如:write list = bobyuan,@ bob

public = yes/no
说明:public 用来指定该共享是否允许 guest 账户访问

guest ok = yes/no
说明:意义同 public

3.2.4 Samba 配置实例

1. 配置允许匿名访问的 Samba 服务器

1)在 Linux 主机上创建/tmp/share 目录,设置其为所有用户提供可读写权限的共享。

```
#  mkdir  /tmp/share
```

设置 Linux 系统文件的访问权限。

```
#  chmod  777  /tmp/share
```

2)配置 Samba 服务器,允许匿名访问。

在命令行中启动 vi 编辑器,打开 Samba 服务器的配置文件/etc/sabma/smb. conf。

```
#  vi /etc/sabma/smb. conf
```

对 smb. conf 进行以下编辑。在其文件尾增加一个 [share] 段。

```
comment = share
path =/tmp/ share          (注:指定共享目录路径,即前面新建的目录)
writable = yes             (注:用户只能只读访问目录)
guest ok = yes             (注:允许匿名用户访问该目录)
```

3)测试配置文件。

```
#  testparm
```

4)重启 smb 服务。

```
#  service  smb  restart
```

2. 从 Linux 中访问 Windows 的共享目录

假设所访问的 Windows 主机的 IP 地址为 192.168.1.555，共享目录的共享名称为 winshare。

1）查看 Windows 主机中的共享资源。

```
#  smbclient  – L  //192.168.1.555/winshare
Password:(此处直接回车)
```

2）访问 Windows 主机中的共享资源。

```
     //情况一:winshare 允许匿名访问
#  smbclient  //192.168.1.555/winshare
#  Password:(此处直接回车,进入 smb 操作环境)
     //情况二 winshare 只允许部分用户访问,假设为 user1
#  smbclient  //192.168.1.555/winshare  – U  user1
Password:(此处输入用户 user1 的密码后回车,进入 smb 操作环境)
smb:\> get  filename  /root/filename
(注:从共享文件夹 winshare 中获取 filename 文件到本机/root 目录中)
smb:\> exit (注:退出共享文件夹的操作环境)
```

3）将其他主机的共享文件夹加载到本地主机的/mnt/smb 目录中，当作本机目录来使用。

```
#  mkdir  /mnt/smb(注:创建加载点)
//情况1:winshare 允许匿名访问
#  smbmount  //192.168.1.555/winshare  /mnt/smb(注:加载共享文件夹到本机 Linux 中)
Password:(此处直接按〈Enter〉键)
//情况2:winshare 只允许部分用户访问,假设为 user1
#  smbmount  //192.168.1.555/winshare  /mnt/smb  – o username = user1
password:(此处输入用户 user1 的密码后按〈Enter〉键)
(注:加载格式:smbmount  共享目录  加载点  – O  username = user1,iocharset = utf8)
```

3.3 任务:配置 TFTP 服务

FTP（File Transfer Protocol）即远程文件传输协议，是一个用于简化 IP 网络上系统之间文件传送的协议。它的任务是将文件从一台计算机传送到另一台计算机，它与这两台计算机所处的位置、联接的方式，甚至是否使用相同的操作系统无关。

TFTP（Trivial File Transfer Protocol，简单文件传输协议）是 TCP/IP 协议族中的一个用来在客户机与服务器之间进行简单文件传输的协议，提供不复杂、开销不大的文件传输服务。TFTP 是一个传输文件的简单协议，它基于 UDP 协议而实现，有些 TFTP 协议是基于其他传输协议完成的。

TFTP 设计时是用于进行小文件传输的，因此它不具备通常的 FTP 的许多功能，它只能从文件服务器上获得或写入文件，不能列出目录，不进行认证，它传输 8 位数据。传输中有三种模式：netascii，这是 8 位的 ASCII 码形式；第二种是 octet，这是 8 位源数据类型；第三种 mail 已经不再支持，它将返回的数据直接返回给用户而不是保存为文件。

TFTP 的应用包括下列两个。

- 为无盘工作站下载引导文件，下载初始化代码到打印机、集线器和路由器。例如，存在这样的设备，它拥有一个网络连接和小容量的固化了 TFTP、UDP 和 IP 的只读存储器（Read – Only Memory，ROM）。加电后，设备执行 ROM 中的代码，在网络上广播一个 TFTP 请求。网络上的 TFTP 服务器响应请求包含可执行二进制程序的文件，设备收到文件后，将它载入内存，然后开始运行程序。

● 路由器的信息设置。路由器可以在指定的 TFTP 服务器上存储设置参数，如果这个路由器瘫痪了，正确的设置信息可以从 TFTP 服务器上下载到一个修复的路由器或者一个替代的路由器，这便为路由器提供了一种容错能力。

FTP 可用多种格式传输文件，通常由系统决定，大多数系统（包括 UNIX 系统）只有两种模式：文本模式（ascii）和二进制模式（binary）。文本传输器使用 ASCII 字符，并由〈Enter〉键和换行符分开。而二进制不用转换或格式化就可传字符，二进制模式比文本模式更快，并且可以传输所有 ASCII 值，所以系统管理员一般将 FTP 设置成二进制模式。

FTP 支持两种模式，一种是 Prot（也称 Standard 方式，主动方式），一种是 Passive（也称 Pasv 方式，被动方式）。

1. Port 模式

FTP 客户端首先动态地选择一个端口和 FTP 服务器的 TCP 21 端口建立连接，通过这个通道发送命令，客户端需要接收数据时在这个通道上发送 Port 命令。Port 命令包含了客户端用什么端口接收数据。在传送数据时，服务器端通过自己的 TCP 20 端口连接至客户端的指定端口发送数据。FTP Server 必须和客户端建立一个新的连接用来传送数据。

2. Passive 模式

在建立控制通道时和 Standard 模式类似，但建立连接后发送的不是 Port 命令，而是 Pasv 命令。FTP 服务器收到 Pasv 命令后，随机打开一个高端端口（端口号大于 1024），并且通知客户端在这个端口上传送数据的请求，客户端连接 FTP 服务器的这个端口，然后 FTP 服务器将通过这个端口进行数据的传送，这时 FTP Server 不再需要建立一个新的和客户端之间的连接。

Linux 下有好几款很不错的 FTP Server，各有特点，适用于不同的应用场合。根据其可配置性大概可以分为 3 类：弱、中等、高。

功能比较简单的有 tftpd 和 oftpd，前者与 FTP 客户端工具 FTP 类似，只有标准的功能，此外支持 SSL。oftpd 是一款非常小巧的匿名 FTP 服务器。

可配制型居中的主要是 vsftpd 和 pure – ftpd。这两个侧重于安全、速度和轻量级，在大型 FTP 服务器上用得比较多，尤其是 vsftpd，这类服务器对用户认证和权限控制比较简单，更注重安全和速度。它们都支持虚拟用户，但用户权限依赖于文件的系统权限，不支持针对目录的权限配置，在配置依赖于目录的权限时很麻烦。pure – ftpd 相对 vsftpd 要强大一些，支持的用户认证方式也比较多。

配置性强的要数 proftpd、wu–ftpd 和 glftpd。proftpd 的配置方式跟 Apache 非常类似，支持虚拟服务器，可针对目录和虚拟用户进行权限配制，可继承和覆盖，还支持类似于 . htaccess 的 . ftpaccess，此外还有众多模块可以帮助实现一些特定的功能。wu – ftpd 可以说是 proftpd 的前身，在早期用得比较多，proftpd 就是针对 wu – ftpd 一些致命的弱点，重新写的同样定位的 FTP 服务器，差不多可以取代 wu–ftpd。glftpd 也是以功能强大著称，可配置性非常强，能够完成一些很独特的任务，比如自动 CRC 校验等。由于这几款软件过于强大，存在不少安全隐患，需要经常打补丁。

在嵌入式开发过程中，TFTP 服务器是工作于宿主机上的软件，主要提供对目标机的主要映像文件的下载工作，避免了频繁的 U 盘复制的过程。Linux 下的 tftp 开发环境建立包括两个方面：一是 Linux 服务器端的 tftp–server 支持，二是嵌入式目标系统的 tftp–client 支持。下面将介绍 Linux 服务器端 tftp–server 的配置和在主机和目标机之间的 tftp 文件传输方法。与 FTP 不同的是，它使用的是 UDP 的 69 端口，因此可以穿越许多防火墙。不过它也有缺点，比如传送不可靠、没有密码验证等。虽然如此，它还是非常适合传送小型文件的。TFTP 只能从远程服务器上读、写文件（邮件），或者读、写文件传送给远程服务器。它不能列出目录并且不提供用户认证。

任务描述与要求：

1）使用 apt-get 安装 TFTP 服务。

2）启动与停止 TFTP 服务。

3）设置 TFTP 服务的配置文件 xinetd. conf。

4）使用 TFTP 在开发板与开发宿主机之间传输文件。

3.3.1 安装 TFTP 服务

嵌入式 Linux 的 TFTP 开发环境包括客户端（tftp-hpa）和服务程序（tftpd-hpa）。然后还需要安装 xinetd, xinetd 是新一代的网络守护进程服务程序，又称超级 Internet 服务器（extended internet daemon），常用来管理多种轻量级 Internet 服务。

```
#   dpkg -l |grep -i "tftp"
ii    tftp - hpa          5. 2 - 1ubuntu1              HPA 's tftp client
ii    tftpd - hpa         5. 2 - 1ubuntu1              HPA 's tftp server
```

如果系统没有安装，则安装 NFS 服务器。

```
#   apt-get install tftp - hpa
…
正在设置 tftp - hpa（5. 2 - 1ubuntu1）…
#   apt-get installtftpd - hpa
#   apt-get installxinetd
```

3.3.2 启动与停止 TFTP 服务

当配置好 TFTP 的配置文件后，需要重新启动 xinetd。输入/etc/init. d/xinetd reload，重新加载一下进程，再输入 sudo /etc/init. d/xinetd restart 和 sudo service tftpd - hpa restart 重启服务。每次修改完配置文件后，都需要重新启动服务。

```
#   service xinetd restart
xinetd stop/waiting
xinetd start/running, process 4154
```

启动 TFTP 服务器后，可以用 netstat 命令查看 TFTP 服务是否开启。

```
#   netstat - a | grep tftp
udp       0       0 *:tftp              *:*
netstat - nlp | grep udp
udp       0       0. 0. 0. 0;772        0. 0. 0. 0:*      1868/rpc. statd
udp       0       0. 0. 0. 0;775        0. 0. 0. 0:*      1868/rpc. statd
udp       0       00. 0. 0. 0;69         0. 0. 0. 0:*      3869/xinetd
```

3.3.3 配置 TFTP 服务

TFTP 的默认配置文件位于目录/etc/default/tftpd - hpa 中，修改 TFTP 服务根目录。

```
TFTP_USERNAME = "tftp"
TFTP_DIRECTORY = "/home/jezze/tftpboot"
TFTP_ADDRESS = "0. 0. 0. 0;69"
TFTP_OPTIONS = " -l  - c  - s"
```

修改 xinetd 服务配置文件。进入根目录下的 etc 文件夹（cd /etc/），首先看目录中有没有一个 xinetd. conf 文件，如果没有则新建一个，有的话则查看内容，看是否与下面的一致，若不一致则修改，内容如下。

```
# Simple configuration file for xinetd
#
# Some defaults, and include /etc/xinetd. d/
defaults
{

# Please note that you need a log_type line to be able to use log_on_success
# and log_on_failure. The default is the following :
# log_type = SYSLOG daemon info
}

includedir /etc/xinetd. d
```

然后进入 xinetd. d 文件夹，查看是否有一个 tftp 文件，如果没有就新建一个，如果有的话就查看内容是否与下面的一致，不一致则修改，主要是设置 TFTP 服务器的根目录，开启服务。修改后的文件如下。

```
service tftp
{
        socket_type             = dgram
        protocol                = udp
        wait                    = yes
        user                    = root
        server                  = /usr/sbin/in. tftpd
        server_args             = -s  /opt/tftpboot -c
        disable                 = no
        per_source              = 11
        cps                     = 100 2
        flags                   = IPv4
}
```

修改项 server_args =-s   < path >   -c，其中 < path >处可以改为用户的 tftp-server 的根目录，参数 -s 指定了 chroot，-c 指定了可以创建文件。

3.3.4 TFTP 服务配置实例

在嵌入式开发中通常使用 FTP 来传输文件，可以在嵌入式开发板上安装 TFTP 服务，在开发宿主机上使用 FTP 客户端登录后传输文件，也可以在开发宿主机上安装 TFTP 服务，在嵌入式开发板上使用 FTP 客户端登录后传输文件。

1. 建立 tftp 的主工作目录

使用命令 mkdir 在/opt 目录下建立 tftp 的主工作目录/tftpboot。如果需要上传文件至 TFTP服务器上传文件，在先把服务器上的/tftpboot 目录和这个目录下的文件变成可读可写权限。

```
#   mkdir /opt/tftpboot
#   chomd 777 tftpboot
```

2. TFTP 客户端使用

复制一个文件到 tftp 服务器目录，然后在主机上启动 tftp 软件，进行简单测试。

```
#   tftp 192. 168. 1. 2
    tftp > get < download file >
    tftp > put < upload file >
    tftp > q
```

上传文件用 put 命令，但是默认情况下，只能上传远程 TFTP 服务器已有的文件，将本地的文件上传上去并覆盖服务器上的原文件，所以应先在服务器上建一个同名文件。如果想上传原来目录中没有的文件，需要修改 TFTP 服务器的配置文件并重启服务，在 server_args 中增加 – c 参数。

TFTP 常用的命令如下。

```
connect：连接到远程 tftp 服务器
mode：文件传输模式
put：上传文件
get：下载文件
quit：退出
verbose：显示详细的处理信息
tarce：显示包路径
status：显示当前状态信息
binary：二进制传输模式
ascii：ascii 传送模式
rexmt：设置包传输的超时时间
timeout：设置重传的超时时间
help：帮助信息 ？：帮助信息
```

3.4 任务：配置 SSH 服务

SSH（Secure Shell）协议是一种在不安全的网络环境中，通过加密和认证机制，实现安全的远程访问及文件传输等业务的网络安全协议。SSH 协议提供两个服务器功能，第一个功能类似 Telnet 的远程登录，即 SSH；第二个功能类似 FTP 服务的 sftp – server，提供更安全的 FTP 服务。SSH 是由芬兰的一家公司开发的，但是因为受版权和加密算法的限制，现在很多人都转而使用 OpenSSH，OpenSSH 是 SSH 协议的免费开源实现。

从客户端来看，SSH 提供两种级别的安全验证。

第一种级别（基于口令的安全验证）只要知道自己的账号和口令，就可以登录到远程主机。

第二种级别（基于密钥的安全验证）需要依靠密钥，也就是必须为自己创建一对密钥，并把公用密钥放在需要访问的服务器上。

SSH 最常见的应用就是，用它来取代传统的 Telnet、FTP 等网络应用程序，通过 SSH 登录到远程计算机执行自己想进行的工作与命令。在不安全的网络通信环境中，它提供了很强的验证（authentication）机制与非常安全的通信环境。

任务描述与要求：

1）使用 apt – get 安装 openssh – server 与 openssh – client。

2）启动与停止 SSH 服务。

3）设置 SSH 服务的配置文件 sshd_config。

4）用 SSH 登录到远程主机。

5）使用 scp 命令将本地文件复制到远程机器。

6）安装与使用 SSH Secure Shell Client 软件。

3.4.1 安装 SSH 服务

Ubuntu 默认安装了 openssh – client，所以在这里就不安装了，如果用户的系统没有安装，用 apt – get 安装即可。可以使用 dpkg 检查是否已经安装了 SSH 服务。

```
#   dpkg  – l | grep  – i "ssh"
ii  openssh – client                                    1:5. 9p1 – 5ubuntu1. 1
secure shell (SSH) client, for secure access to remote machines
ii  openssh – server                                    1:5. 9p1 – 5ubuntu1. 1
secure shell (SSH) server, for secure access from remote machines
```

如果系统没有安装，则安装 SSH 服务器。

```
#  apt – get install openssh – server
#  apt – get install openssh – client
```

3.4.2 启动与停止 SSH 服务

可以使用/etc/init. d/ssh start 来启动 SSH 服务，使用/etc/init. d/ssh stop 来关闭 SSH 服务。

```
#  /etc/init. d/ssh start
Rather than invoking init scripts through /etc/init. d, use the service(8)
utility, e. g.  service ssh start

Since the script you are attempting to invoke has been converted to an
Upstart job, you may also use the start(8) utility, e. g.  start ssh
ssh start/running, process 2676
```

启动 SSH 服务器后，可以用 netstat 或者 ps 命令确认 SSH 服务是否安装好。

```
#  netstat  – a | grep ssh
tcp       0     0 *:ssh                  *:*          LISTEN
tcp6      0     0 [::]:ssh               [::]:*       LISTEN
#  ps  – e | grep sshd
 613 ?            00:00:00 sshd
```

3.4.3 配置 SSH 服务

SSH 服务安装好以后，默认配置完全可以正常工作。SSH 的配置文件位于/etc/ssh/sshd_config。常用的推荐配置如下。

- 使 sshd 服务运行在非标准端口上。编辑/etc/ssh/sshd_config 文件，添加一行内容为（假定设置监听端口是 12345）：port 12345。
- 在客户端，用 ssh < server addr > – p 12345 登录服务器。
- 只允许 ssh v2 的连接，设置 protocol 2。
- 禁止 root 用户通过 SSH 登录，设置 PermitRootLogin no。
- 禁止用户使用空密码登录，设置 PermitEmptyPasswords no。
- 限制登录失败后的重试次数，设置 MaxAuthTries 3。
- 只允许在列表中指定的用户登录，设置 AllowUsers user1 user2。

SSH 服务配置涉及到很多的安全问题，在本文只讨论如何配置一些简单的选项，如果需要更深一步的研究，请参阅其他资料。以下是 SSH 配置文件说明信息。

默认 sshd_config 文件

```
# Package generated configuration file
# See the sshd(8) manpage for details# What ports,IPs and protocols we listen for
Port 22
# 默认使用 22 端口
# Use these options to restrict which interfaces/protocols sshd will bind to
# ListenAddress ::
# ListenAddress0.0.0.0
Protocol 2
# 使用 ssb 协议
# HostKeys for protocol version 2
HostKey /etc/ssh/ssh_host_rsa_key
HostKey /etc/ssh/ssh_host_dsa_key
# 主机密钥存储在此
# Privilege Separation is turned on for security
UsePrivilegeSeparation yes
# 需要 sshd 用户启动 SSH 服务
# Lifetime and size of ephemeral version 1 server key
KeyRegenerationInterval 3600
ServerKeyBits 768
服务器在启动时生成这个密钥。并以固定的周期重新生成。这里指定长度是 768 位,最小为 512,
周期为 3600
# Logging
SyslogFacility AUTH
#设置 syslog 的 facility(KERN,DAEMON,USER,AUTH,MAIL 等)
LogLevel INFO
#指定记录日志级别为 INFO,该值从低到高顺序是:QUIET,FATAL,ERROR,INFO,VERBOSE,DE-
BUG,使用 DEBUG 会侵犯用户的隐私权,这个级别只能用于诊断,而不能用于普通操作
# Authentication:
LoginGraceTime 120
#设置如果用户不能成功登录,在切断连接之前服务器需要等待的时间(以秒为单位)
PermitRootLogin yes
#允许 root 登录
StrictModes yes
#设置 SSH 在接收登录请求之前是否检查用户家目录和 rhosts 文件的权限和所有权。新手会把自
己的目录和文件设成任何人都有写权限
RSAAuthentication yes
PubkeyAuthentication yes
#AuthorizedKeysFile       %h/.ssh/authorized_keys
# Don't read the user's ~/.rhosts and ~/.shosts files
IgnoreRhosts yes
#完全禁止 SSHD 使用 .rhosts 文件
# For this to work you will also need host keys in /etc/ssh_known_hosts
RhostsRSAAuthentication no
#设置是否使用用 RSA 算法的基于 rhosts 的安全验证
# similar for protocol version 2
HostbasedAuthentication no
# Uncomment if you don't trust ~/.ssh/known_hosts for RhostsRSAAuthentication
#IgnoreUserKnownHosts yes
#设置 ssh daemon 是否在进行 RhostsRSAAuthentication 安全验证时忽略用户的"$HOME/.ssh/
known_hosts"
# To enable empty passwords,change to yes (NOT RECOMMENDED)
PermitEmptyPasswords no
#设置不允许使用空密码
# Change to yes to enable challenge-response passwords (beware issues with
# some PAM modules and threads)
ChallengeResponseAuthentication no
#关闭挑战响应
# Change to no to disable tunnelled clear text passwords
```

```
#PasswordAuthentication yes
#设置是否使用明文密码认证
# Kerberos options
#KerberosAuthentication no
#KerberosGetAFSToken no
#KerberosOrLocalPasswd yes
#KerberosTicketCleanup yes
#有关 Kerberos 的相关选项
# GSSAPI options
#GSSAPIAuthentication no
#GSSAPICleanupCredentials yes
#有关 GSSAPI 的相关选项
X11Forwarding yes
#允许 X 转发
X11DisplayOffset 10
PrintMotd no
PrintLastLog yes
TCPKeepAlive yes
#UseLogin no
#MaxStartups 10:30:60
#Banner /etc/issue. net
# Allow client to pass locale environment variables
AcceptEnv LANG LC_ *
Subsystem sftp /usr/lib/openssh/sftp - server
UsePAM yes
```

3.4.4　SSH 服务使用实例

在使用 SSH 客户端连接服务端时，需要确认一下 SSH 客户端及其相应的版本号。使用 ssh -V 命令可以获得版本号。

1. 用 SSH 登录到远程主机

当第一次使用 SSH 登录远程主机时，会出现没有找到主机密钥的提示信息。输入 yes 后，系统会将远程主机的密钥加入到主目录下的 .ssh/hostkeys 中，命令如下。

```
#  ssh  192. 168. 137. 129
The authenticity of host '192. 168. 137. 129（192. 168. 137. 129）'can 't be established.
ECDSA key fingerprint is 66:e9:20:e5:7d:ff:db:03:f8:fe:1c:9a:52:0a:b2:74.
Are you sure you want to continue connecting（yes/no）? yes
Warning:Permanently added '192. 168. 137. 129 '（ECDSA）to the list of known hosts.
```

因为远程主机的密钥已经加入到 SSH 客户端的已知主机列表中，当第二次登录远程主机时，只需要输入远程主机的登录密码即可。

```
#  ssh  192. 168. 137. 129
The authenticity of host '192. 168. 137. 129（192. 168. 137. 129）'can 't be established.
ECDSA key fingerprint is 66:e9:20:e5:7d:ff:db:03:f8:fe:1c:9a:52:0a:b2:74.
Are you sure you want to continue connecting（yes/no）? yes
Warning:Permanently added '192. 168. 137. 129 '（ECDSA）to the list of known hosts.
root@ 192. 168. 137. 129 's password:
Welcome to Ubuntu12. 04. 3 LTS（GNU/Linux 3. 8. 0 - 29 - generic i686）

 * Documentation:  https://help. ubuntu. com/

Last login:Mon Jun 16 09:46:03 2014 from 192. 168. 137. 1
root@ pingzhenyu - virtual - machine:~#
```

由于各种原因，可能在第一次登录远程主机后，该主机的密钥发生了改变，将会看到一些警告信息。出现这种情况，可能有两个原因，可能是系统管理员在远程主机上升级或者重新安装了 SSH 服务器，也可能是有人在进行一些恶意操作。在输入 yes 之前，最佳的选择或许是联系系统管理员来分析为什么会出现主机验证码改变的信息，核对主机验证码是否正确。

2. 使用 scp 命令将本地文件复制到远程机器

scp 是 secure copy 的缩写，可在 Linux 系统下基于 SSH 登录进行安全的远程文件复制。scp 命令可以将文件从本地的计算机中复制到远程的主机中，或者从远程计算机中复制文件到本地主机，scp 使用使用安全加密的协议，所以在远程复制数据的时候会比较安全，不会被黑客截取。

scp 命令基本格式如下。

```
scp [ –1246BCpqrv] [ –c cipher] [ –F ssh_config] [ –i identity_file]
[ –l limit] [ –o ssh_option] [ –P port] [ –S program]
[ [user@ ]host1 : ]file1 [ …]
[ [user@ ]host2 : ]file2
```

1）复制文件。

命令格式如下。

```
scp local_file remote_username@ remote_ip:remote_folder
scp local_file remote_username@ remote_ip:remote_file
scp local_file remote_ip:remote_folder
scp local_file remote_ip:remote_file
```

第 1、2 个命令指定了用户名，命令执行后需要输入用户密码，第 1 个仅指定了远程的目录，文件名称不变，第 2 个指定了文件名。

第 3、4 个命令没有指定用户名，命令执行后需要输入用户名和密码，第 3 个仅指定了远程的目录，文件名称不变，第 4 个指定了文件名。

```
#   scp /root/root. tar. gz root@ 192. 168. 1. 106 :/root/
The authenticity of host '192. 168. 1. 106 (192. 168. 1. 106)'can 't be established.
RSA key fingerprint is 57:b8:14:f8:d1:9c:be:5e:e5:2f:89:11:86:53:39:11.
Are you sure you want to continue connecting (yes/no)? yes
Warning:Permanently added '192. 168. 1. 106 '(RSA) to the list of known hosts.
Address 192. 168. 1. 106 maps to localhost,but this does not map back to the address – POSSIBLE
BREAK – IN ATTEMPT!
root@ 192. 168. 1. 106 's password:
root. tar. gz                                                    100%    10KB    9. 8KB/s    00:00
```

2）复制目录。

命令格式如下。

```
scp –r local_folder remote_username@ remote_ip:remote_folder
scp –r local_folder remote_ip:remote_folder
```

第 1 个命令指定了用户名，命令执行后需要输入用户密码。

第 2 个命令没有指定用户名，命令执行后需要输入用户名和密码。

```
scp –r /root/test 192. 168. 1. 106 :/root
Address 192. 168. 1. 106 maps to localhost,but this does not map back to the address – POSSIBLE
BREAK – IN ATTEMPT!
root@ 192. 168. 1. 106 's password:
d                                    100%    0    0. 0KB/s    00:00
a                                    100%    0    0. 0KB/s    00:00
b                                    100%    0    0. 0KB/s    00:00
e                                    100%    0    0. 0KB/s    00:00
c                                    100%    0    0. 0KB/s    00:00
```

3. 使用 SSH Secure Shell Client 软件

找到安装文件 SSHSecureShellClient −3.2.9.zip 或者在百度上搜索到安装文件。安装完成后桌面上有两个图标。双击快捷方式图标，启动 SSH Secure Shell Client，启动后的窗口如图 3−3 所示。

在如图 3−4 所示的对话框中填好要登录的 Linux 系统的 IP 和用户名，端口默认为 22，然后单击 Connect 按钮，弹出需要输入密码的对话框，输入密码后即可进入操作平台。

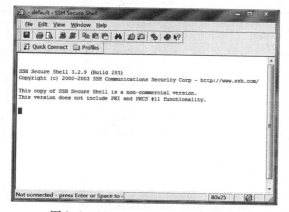

图 3−3　SSH Secure Shell Client 窗口

图 3−4　SSH 登录对话框

第一次进入会出现两种情况。一种是报错进不去，这是因为防火墙没关或者 SSHD 服务没有启动。在控制面板中找到服务里面的 iptables 是防火墙服务，停止它，如果还进不去，那么就看一下 SSHD 服务是否启动了。

这样就可以完全用 windows 来操作 Linux 系统了，如图 3−5 所示。

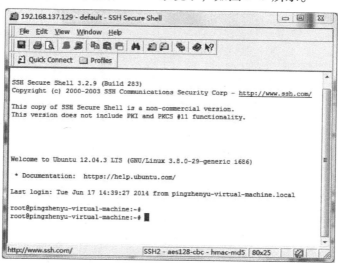

图 3−5　SSH 操作界面

单击 SSH Secure Shell Client 的远程传文件的按钮，打开文件传输窗口，如图 3−6 所示。

如图 3−6 所示，左边为本地计算机文件列表展示方式，右边为远程登录的 Linux 系统。

- 上传时，在左边选择要上传的文件或者文件夹，在右边选择要上传的目的目录，然后在左边右击需要上传的文件，在弹出的快捷菜单中选择 Upload 命令即可。

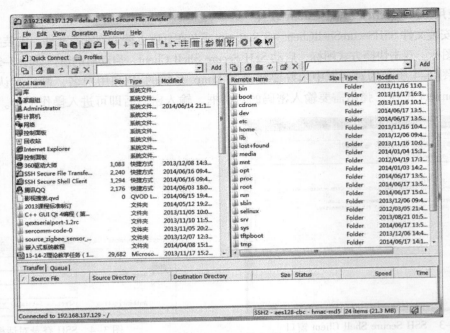

图 3-6　SSH 远程传文件功能

- 下载时，与上面的操作反过来即可。右击，在弹出的快捷菜单中选择 load 命令，即可下载到本地选择的文件夹内。

第4章 使用嵌入式开发常用开发工具

学习目标:

- 掌握编译程序（GCC）
- 掌握调试程序（GDB）
- 掌握工程管理（Makefile）

4.1 任务: 编译程序（GCC）

GCC（GNU Compiler Collection，GNU 编译器套装）是一套由 GNU 开发的编程语言编译器。GCC 是非常优秀的跨平台编译器集合，支持 x86、ARM、MIPS 和 PowerPC 等多种目标平台。GCC 的原名为 GNU C 语言编译器（GNU C Compiler），因为它原本只能处理 C 语言。GCC 扩展很快，变得可处理 C ++。之后也变得可处理 Fortran、Pascal、Objective - C、Java，以及 Ada 与其他语言。

GCC 目前由世界各地的数个程序员小组维护，是移植到 CPU 架构及操作系统最多的编译器。由于 GCC 已成为 GNU 系统的官方编译器（包括 GNU/Linux 家族），它也成为编译与创建其他操作系统的主要编译器，包括 BSD 家族、Mac OS X、NeXTSTEP 与 BeOS。GCC 通常是跨平台软件的编译器首选。有别于一般局限于特定系统与运行环境的编译器，GCC 在所有平台上都使用同一个前端处理程序，产生一样的中间码，因此该中间码在其他平台上使用 GCC 编译，有很大的机会可得到正确无误的输出程序。

开放、自由和灵活是 Linux 的魅力所在，而这一点在 GCC 上的体现就是程序员通过它能够更好地控制整个编译过程。在使用 GCC 编译程序时，编译过程可以细分为 4 个阶段。

- 预处理（Pre - Processing）。
- 编译（Compiling）。
- 汇编（Assembling）。
- 链接（Linking）。

Linux 程序员可以根据自己的需要让 GCC 在编译的任何阶段结束，以便检查或使用编译器检查在该阶段的输出信息，或者对最后生成的二进制文件进行控制，以便通过加入不同数量和种类的调试代码来为今后的调试做好准备。和其他常用的编译器一样，GCC 也提供了灵活而强大的代码优化功能，利用它可以生成执行效率更高的代码。GCC 提供了 30 多条警告信息和 3 个警告级别，使用它们有助于增强程序的稳定性和可移植性。此外，GCC 还对标准的 C 和 C ++ 语言进行了大量的扩展，提高程序的执行效率，有助于编译器进行代码优化，能够减轻编程的工作量。

在 Linux 下建立嵌入式交叉编译环境要用到一系列工具链（tool - chain），主要有 GNU Binutils、Gcc、Glibc 和 Gdb 等，它们都属于 GNU 的工具集。其中 GNU Binutils 是一套用来构造和使用二进制文件所需的工具集。建立嵌入式交叉编译环境，Binutils 工具包是必不可少的，而且

Binutils 与 GNU 的 C 编译器 GCC 是紧密集成的，没有 Binutils，GCC 也不能正常工作。Binutils 的官方下载地址是 ftp://ftp.gnu.org/gnu/binutils/，在这里可以下载到不同版本的 Binutils 工具包。目前比较新的版本是 Bintuils -2.16.1。GNU Binutils 工具集里主要有以下一些部件。

1）GNU 的汇编器（as）。

作为 GNU Binutils 工具集中最重要的工具之一，as 工具主要用来将汇编语言编写的源程序转换成二进制形式的目标代码。Linux 平台的标准汇编器是 GAS，它是 Gnu GCC 编译器所依赖的后台汇编工具，通常包含在 Binutils 软件包中。

2）GNU 的链接器（ld）。

同 as 一样，ld 也是 GNU Binutils 工具集中重要的工具，Linux 使用 ld 作为标准的链接程序，由汇编器产生的目标代码是不能直接在计算机上运行的，它必须经过链接器的处理才能生成可执行代码，链接是创建一个可执行程序的最后一个步骤，ld 可以将多个目标文件链接成为可执行程序，同时指定了程序在运行时是如何执行的。

3）将地址转换成文件名或行号（add2line），以便调试程序。

在命令行中带一个地址和一个可执行文件名，它就会根据这个可执行文件的调试信息指出在给出的地址上是哪个文件及行号。

4）从文件中创建、修改和扩展文件（ar）。

5）汇编宏处理器（gasp）。

6）从目标代码文件中列举所有变量（包括变量值和变量类型），如果没有指定目标文件，则默认是 a.out 文件（nm）。

7）objcopy 工具使用 GNU BSD 库，它可以把目标文件的内容从一种文件格式复制到另一种格式的目标文件中。

在默认的情况下，GNU 编译器生成的目标文件格式为 elf 格式，elf 文件由若干段（section）组成，如果不做特殊指明，由 C 源程序生成的目标代码中包含以下段。

● .text（正文段）：包含程序的指令代码。

● .data（数据段）：包含固定的数据，如常量和字符串。

● .bss（未初始化数据段）：包含未初始化的变量、数组等。

C++源程序生成的目标代码中还包含 .fini（析构函数代码）和 .init（构造函数代码）等。链接生成的 elf 格式文件还不能直接下载到目标平台来运行执行，需要通过 objcopy 工具生成最终的二进制文件。链接器的任务就是将多个目标文件的 .text、.data 和 .bss 等段链接在一起，而链接脚本文件是告诉链接器从什么地址开始放置这些段。

8）显示目标文件信息（objdump）。

objdump 工具可以反编译二进制文件，也可以对对象文件进行反汇编，并查看机器码。

9）显示 elf 文件信息（readelf）。

readelf 命令可以显示符号、段信息和二进制文件格式的信息等，这在分析编译器如何从源代码创建二进制文件时非常有用。

10）ranlib 生成索引以加快对归档文件的访问，并将结果保存到这个归档文件中。

在索引中列出了归档文件各个成员所定义的可重分配目标文件。

11）size 列出目标模块或文件的代码尺寸。

size 命令可以列出目标文件每一段的大小及总体的大小。默认情况下，对于每个目标文件或者一个归档文件中的每个模块只产生一行输出。

12）strings 打印可打印的目标代码字符。

打印某个文件的可打印字符串。默认情况下，只打印目标文件初始化和可加载段中的可打印字符；对于其他类型的文件，它打印整个文件的可打印字符。

13）strip 放弃所有符号链接。

删除目标文件中的全部或者特定符号。

14）C++filt 链接器 ld。使用该命令可以过滤 C++符号和 Java 符号，防止重载函数冲突。

gprof 显示程序调用段的各种数据。

任务描述与要求：

1）安装 GCC 编译器。
2）熟悉 GCC 的编译过程。
3）GCC 常用编译选项。
4）GCC 编译实例。

4.1.1　GCC 编译器安装

Ubuntu 上默认安装的 GCC 版本是 GCC 4.7.4，可以在 https://gcc.gnu.org/网站上下载所需要的 GCC 版本。可以使用 apt 命令来安装 GCC，也可以下载 GCC 的源代码包来安装。首先通过 GCC −v 命令查看当前的 GCC 版本。

```
#  gcc  − v
```

在 GCC 网站上下载资源源代码包，选择 GCC 4.7.4。可供下载的文件一般有两种形式：gcc −4.7.4.tar.gz 和 gcc − 4.7.4.tar.bz2，只是压缩格式不一样，内容完全一致，下载其中一种即可，然后解压 GCC 源代码包。

```
#  tar xzvf gcc − 4.7.4.tar.gz
```

新生成的 gcc −4.7.4 这个目录被称为源目录，用 ${srcdir} 表示它。以后在出现 ${srcdir} 的地方，应该用真实的路径来替换它。用 pwd 命令可以查看当前路径。在 ${srcdir}/INSTALL 目录下有详细的 GCC 安装说明。需要建立目标目录，目标目录（用 ${objdir} 表示）是用来存放编译结果的地方。GCC 建议编译后的文件不要放在源目录 ${srcdir} 中，最好单独存放在另外一个目录中，而且不能是 ${srcdir} 的子目录。例如，可以建立一个名为 gcc −build 的目标目录（与源目录 ${srcdir} 是同级目录）。

```
#  mkdir gcc − build
#  cd gcc − build
```

以下的操作主要是在目标目录 ${objdir} 下进行的。在开始编译之前，需要先调用 ${srcdir} 下的 configure 来完成配置。配置的目的是决定将 GCC 编译器安装到什么地方（${destdir}），支持什么语言，以及指定其他一些选项等。例如，如果想将 GCC 4.7.4 安装到 /usr/local/gcc −4.7.4 目录下，则 ${destdir} 就表示这个路径。

```
#  ../gcc − 4.7.4/configure −− prefix =/usr/local/gcc − 4.7.4
       −− enable − threads = posix −− disable − checking −− enable −− long − long
       −− host = i386 − redhat − Linux  −− with − system − zlib
       −− enable − languages = c,c ++ ,java
```

将 GCC 安装在/usr/local/gcc-4.7.4 目录下，支持 C/C++ 和 Java 语言，其他选项参见 GCC 提供的帮助说明。配置完成后可以进行编译和安装，编译的时间非常长。编译完成后执行 make install 命令，将编译好的库文件等复制到 ${destdir} 目录中。

```
#   make
#   make install
```

GCC 4.7.4 的所有文件，包括命令文件（如 gcc、g++）、库文件等都在 ${destdir} 目录下分别存放，如命令文件放在 bin 目录下，以及库文件在 lib 下，以及头文件在 include 下等。由于命令文件和库文件所在的目录还没有包含在相应的搜索路径内，所以必须进行适当的设置之后编译器才能顺利地找到并使用它们。如果要想使用 GCC 4.7.4，可以将 ${destdir}/bin 放在环境变量 PATH 中，也可以用符号链接的方式实现，使用符号链接的方式的好处是仍然可以使用系统上原来的旧版本的 GCC 编译器。

使用 which 命令查看原来的 GCC 所在的路径。

```
#   which gcc
```

原来的 GCC 命令在/usr/bin 目录下，可以把 GCC 4.7.4 中的 gcc、g++ 和 gcj 等命令在/usr/bin 目录下分别做一个符号链接。通常可以另外取一个名字，不去覆盖原有的 gcc。

```
#   cd /usr/bin
#   ln -s ${destdir}/bin/gcc gcc47
#   ln -s ${destdir}/bin/g++ g++47
#   ln -s ${destdir}/bin/gcj gcj47
```

这样就可以分别使用 gcc47、g++47 和 gcj47 来调用 GCC 4.7.4 的 gcc、g++ 和 gcj 命令，完成对 C、C++、Java 程序的编译了。同时仍然能够使用旧版本的 GCC 编译器中的 gcc、g++ 等命令。在嵌入式开发中需要特别关注当前使用的 GCC 编译器版本，GCC 编译器版本必须与嵌入式系统提供的 Glibc 配套，否则编译的程序是无法运行的。

4.1.2 程序的编译过程

对于 GNU 编译器来说，程序的编译要经历预处理、编译、汇编和连接 4 个阶段，如图 4-1 所示。

从功能上分，预处理、编译和汇编是 3 个不同的阶段，但实际上 GCC 可以把这 3 个步骤合并为一个步骤来执行。下面以一个简单的 C 语言实例来演示 C 语言程序的编译过程。

```
/* hello.c   */
    #include <stdio.h>
    int main(void)
    {
    printf ("Hello world,Linux programming! \n");
    return 0;
    }
```

图 4-1 程序编译的 4 个阶段

在预处理阶段，输入的是 C 语言的源文件，通常为 *.c。这个阶段主要处理源文件中的 #ifdef、#include 和#define 命令。该阶段会生成一个中间文件 *.i，但实际工作中通常不用专门生成这种文件，若一定要生成这种文件，可以利用下面的示例命令。

```
#   gcc -E hello.c -o hello.i
```

预处理完成后进行编译，将预处理后的文件转换成汇编语言。在编译阶段输入的是中间文件 *.i，编译后生成汇编语言文件 *.s。在编译过程中，GCC 首先检查代码是否符合规范、是否有语法错误等，在检查无误后，把代码翻译成汇编语言。所用的命令如下。

```
# gcc -S hello. i -o hello. s
```

在汇编阶段将输入的汇编文件 *.s 转换成机器语言 *.o。汇编就是将汇编指令变成二进制的机器码，即生成扩展名为 .o 的目标文件。当程序由多个代码文件构成时，每个文件都要先完成汇编工作，生成 .o 目标文件后进入下一步链接工作。目标文件在链接之前还不能执行。

```
# gcc -c hello. s -o hello. o
```

链接是编译的最后一个阶段，将各个目标文件链接起来生成可执行程序。在链接阶段将输入的机器代码文件 *.s 汇集成一个可执行的二进制代码文件。GCC 通过调用 ld 完成链接。当程序执行过程中调用某些外部函数时，链接器需要找到这些函数的代码，把这些代码添加到可执行文件中。

```
# gcc hello. o -o hello
```

4.1.3　GCC 常用编译选项

GCC 有数百个选项可用，其中大多数选项可能永远都不会用上，但有的选项会频繁使用，下面对其中 4 类常用的选项进行介绍。

1. 总体选项

总体选项控制编译的流程，主要的选项如表 4-1 所示。

表 4-1　GCC 总体选项

选　项	作　用
-c	只是编译不链接，生成目标文件 .o
-S	只是编译不汇编，生成汇编代码
-E	只进行预编译，不做其他处理
-g	在可执行程序中包含标准调试信息
-o file	把输出文件输出到 file
-v	打印出编译器内部编译各过程的命令行信息和编译器的版本
-I dir	在头文件的搜索路径列表中添加 dir 目录
-L dir	在库文件的搜索路径列表中添加 dir 目录
-static	链接静态库
-llibrary	链接名为 library 的库文件

-I dir 选项可以在头文件的搜索路径列表中添加 dir 目录。由于 Linux 中的头文件都默认放到了 /usr/include/ 目录下，因此，当用户希望添加其他位置的头文件时，就可以通过 -I dir 选项来指定，这样，GCC 就会到相应的位置查找对应的目录。

选项 -L dir 的功能与 -I dir 类似，能够在库文件的搜索路径列表中添加 dir 目录。例如，有一个程序 hello_sq. c 需要用到目录 /root/workplace/Gcc/lib 下的一个动态库 libsunq. so，则只需输入以下命令即可。

```
#  gcc hello_sq.c  – L /root/workplace/Gcc/lib  – lsunq  – o hello_sq
```

需要注意的是，– I dir 和 – L dir 都只是指定了路径，而没有指定文件，因此不能在路径中包含文件名。

另外，值得详细解释一下的是 – l 选项，它指示 gcc 去链接库文件 libsunq. so。由于在 Linux 下的库文件命名时有一个规定：必须以 lib 这 3 个字母开头。因此在用 – l 选项指定链接的库文件名时可以省去 lib 这 3 个字母。也就是说 gcc 在对 – lsunq 进行处理时，会自动链接名为 libsunq. so 的文件。

2. 语言选项

语言选项控制编译器能接收 C 的方言。C 语言经过长时间的发展，形成了许多版本，特别是在编译一些特殊程序时会要求编译器具备一些特殊的功能，最明显的例子就是编译 Linux 的内核。这些选项如表4–2 所示。

表 4–2　GCC 语言选项

选　　项	作　　用
– ansi	支持符合 ANSI 标准的 C 程序
– ffreestanding	按独立环境编译：其隐含声明了 – fno – builtin 选项，而且对 main 函数没有特别要求

3. 警告选项

GCC 在编译过程中会产生大量的信息，这里就主要设置对这些信息的显示控制，主要选项如表4–3 所示。

表 4–3　GCC 警告选项

选　　项	作　　用
– W	屏蔽所有的警告信息
– Wall	打开所有类型的语法警告，建议养成使用该选项的习惯，不放过程序中的任何一个潜在问题
– fsyntax – only	检查程序中的语法错误，但是不产生输出信息
– pedantic	打开完全服从 ANSIC 标准所需的全部警告诊断，拒绝接受采用了被禁止的语法扩展程序
– pedantic – errors	该选项和 – pedantic 类似，但是即便是警告也作为错误显示
– Werror	视警告为错误，出现任何警告即放弃编译
– Wno – implicit	警告没有指定类型的声明

4. 调试选项

GCC 有许多特别选项，即可以调试用户的程序，也可以对 GCC 排错。GDB 将使用通过这些选项产生的信息对程序进行调试。主要选项如表4–4 所示。

表 4–4　GCC 调试选项

选　　项	作　　用
– g	以 ∗ 做系统的本地格式（stabs、COFF、XCOFF 或 DWARF）产生调试信息。GDB 能够使用这些调试信息
– pg	产生额外代 ∗，用于输出 profile 信息，供分析程序 gprof 使用
– p	产生额外代 ∗，用于输出 profile 信息，供分析程序 prof 使用

4.1.4 GCC 编译实例

初学时最好从命令行入手，这样可以熟悉从编写程序、编译、调试到执行的整个过程。编写程序可以用 vi 或其他编辑器编写，使用 GCC 命令编译程序。GCC 命令提供了非常多的命令选项，但并不是所有都要熟悉，初学时掌握几个常用的即可，到后面再慢慢学习其他选项。

1. 编译简单的 C 程序

使用 vi 编辑器编写以下程序，将文件命名为 test. c。

```
#include < stdio. h >
int main ( void )
{
    printf ( "Two plus two is % d\n" ,4 ) ;
    return 0 ;
}
```

用 GCC 编译该文件，使用以下命令。

```
#   gcc  - g  - Wall test. c  - o test
```

命令将文件 test. c 中的代码编译为机器码并存储在可执行文件 test 中。机器码的文件名是通过 - o 选项指定的。该选项通常作为命令行中的最后一个参数。如果被省略，输出文件默认为 a. out。注意，如果当前目录中与可执行文件重名的文件已经存在，它将被覆盖。

选项 - Wall 开启编译器几乎所有常用的警告。编译器有很多其他的警告选项，但 - Wall 是最常用的。默认情况下，GCC 不会产生任何警告信息。当编写 C 或 C ++ 程序时，编译器警告非常有助于检测程序存在的问题。

选项 - g 表示在生成的目标文件中带调试信息，调试信息可以在程序异常中止产生 core 后，帮助分析错误产生的源头，包括产生错误的文件名和行号等许多有用的信息。

2. 链接外部库

库是预编译的目标文件（object files）的集合，它们可被链接进程序。静态库以扩展名为 . a 的特殊的存档文件（archive file）存储。标准系统库可在目录 /usr/lib 与 /lib 中找到。UNIX 系统中 C 语言的数学库一般存储为文件 /usr/lib/libm. a。该库中函数的原型声明在头文件 /usr/include/math. h 中。C 标准库本身存储为 /usr/lib/libc. a，它包含 ANSI/ISO C 标准指定的函数，如 printf。对每一个 C 程序来说，libc. a 都默认被链接。

使用 vi 编辑器编写一个调用数学库 libm. a 中 sin 函数的程序，创建文件 calc. c。

```
#include < math. h >
#include < stdio. h >
  int main ( void )
{
    double x = 2.0 ;
    double y = sin ( x ) ;
    printf ( "The value of sin(2.0) is % f\n" ,y ) ;
    return 0 ;
}
```

如果单独从该文件生成一个可执行文件，将导致一个链接阶段的错误。

```
#   gcc  - Wall calc. c  - o calc
/tmp/ccbR6Ojm. o:In function 'main ':
/tmp/ccbR6Ojm. o(. text +0x19 ):undefined reference to 'sin '
```

函数 sin 未在本程序中定义，也不在默认库 libc. a 中；除非被指定，编译器也不会链接 libm. a。为使编译器能将 sin 链接进主程序 calc. c，需要提供数学库 libm. a。可以在命令行中显式地指定它。

```
#  gcc － Wall calc. c /usr/lib/libm. a － o calc
```

函数库 libm. a 包含所有数学函数的目标文件，如 sin、cos、exp、log 及 sqrt。链接器将搜索所有文件来找到包含 sin 的目标文件。一旦包含 sin 的目标文件被找到，主程序就能被链接，一个完整的可执行文件就可生成了。

```
#  . /calc
The value of sin(2. 0) is 0. 909297
```

可执行文件包含主程序的机器码，以及函数库 libm. a 中 sin 对应的机器码。为避免在命令行中指定长长的路径，编译器为链接函数库提供了快捷的选项 － l。

```
#  gcc － Wall calc. c － lm － o calc
```

它与上面指定库全路径/usr/lib/libm. a 的命令等价。一般来说，选项 － lNAME 使链接器尝试链接系统库目录中的函数库文件 libNAME. a。一个大型的程序通常要使用很多 － l 选项来指定要链接的数学库、图形库和网络库等。

3. 编译多个源文件

一个源程序可以分成几个文件。这样便于编辑与理解，尤其是程序非常大的时候。这也使各部分独立编译成为可能。下面的例子中将程序 calc 分割成 3 个文件：calc. c，calc ＿ fn. c 和头文件 calc. h。

```
/ ****** calc. c **********/
#include < stdio. h >
include " calc. h"
int main（void）
{
        double x = 2. 0;
        double y = calcsin（x）;
        printf（"The value of sin(2. 0) is % f\n", y）;
        return 0;
}
/ ****** calc. h **********/
double    calcsin（double x）;

/ ****** calc_fn. c **********/
#include < math. h >
#include < stdio. h >
include" calc. h"
double    calcsin（double x）
{
        double y = sin（x）;
        return y;
}
```

GCC 编译以上源文件，使用以下命令。

```
gcc － Wall calc. c calc ＿fn. c － o newcalc
```

使用选项 – o 为可执行文件指定了一个不同的名称 newcalc。注意到头文件 calc. h 并未在命令行中指定，源文件中的#include " calc. h"使得编译器自动将其包含到合适的位置。源程序各部分被编译为单一的可执行文件，它与先前的例子产生的结果相同。

4.2 任务：调试程序（GDB）

为了查看程序运行过程中的状态，就希望程序能在适当的位置或者在一定的条件下暂停运行，GDB 提供了断点、查看变量和显示程序栈等功能，可控制程序运行，提供断点、继续运行、单步运行和进入函数等功能。GDB 是 GNU 开源组织发布的一个强大的程序调试工具。在 Linux 平台下开发软件，会发现 GDB 具有比 VC、BCB 的图形化调试器更强大的功能。

GDB 主要完成以下 4 个方面的功能。

- 启动程序，可以按照用户自定义的要求随心所欲地运行程序。
- 可让被调试的程序在所指定的断点处停住（断点可以是条件表达式）。
- 当程序停住时，可以检查此时程序中所发生的事。
- 动态地改变程序的执行环境。

任务描述与要求：

1）安装 GDB 调试工具。
2）熟悉 GDB 常用命令。
3）GDBServer 远程调试。

4.2.1 GDB 的使用流程

GDB 的使用并不复杂，下面通过对程序的调试来展示 GDB 的常用功能。实例程序代码如下。

```
1   #include  < stdio. h >
2
3   int func( int n)
4   {
5          int sum = 0,i;
6          for( i = 0;i < n;i + + )
7          {
8                  sum += i;
9          }
10         return sum;
11  }
12
13
14  main( )
15  {
16         int i;
17         long result = 0;
18         for( i = 1;i < = 100;i + + )
19         {
20                 result  += i;
21         }
22
```

```
23          printf("result[1-100] = %d \n", result);
24          printf("result[1-250] = %d \n", func(250));
25  }
```

将该程序保存为 tstgdb. c，按照下面命令编译。

```
gcc  -g tstgdb. c  -o tstgdb
```

一般来说，GDB 主要调试的是 C/C++的程序。要调试 C/C++的程序，首先在编译时必须使用编译器（cc/gcc/g++）的 -g 参数，从而把调试信息加到可执行文件中。如果没有 -g，将看不见程序的函数名和变量名，所代替的全是运行时的内存地址。

测试程序准备好以后，可以启动 GDB 来调试程序。启动 GDB 的方法有以下几种。

1. gdb ＜program＞

program 也就是执行文件，一般在当前目录下。

2. gdb ＜program＞ core

用 gdb 同时调试一个运行程序和 core 文件，core 是程序非法执行后 core dump 产生的文件。

3. gdb ＜program＞ ＜PID＞

如果程序是一个服务程序，可以指定这个服务程序运行时的进程 ID。program 应该在 PATH 环境变量中搜索得到。

```
#     gdb tstgdb
(gdb) l        < --------------------- l命令相当于list,从第一行开始列出源代码
1         #include  < stdio. h >
2
3         int func(int n)
4         {
5                 int sum = 0,i;
6                 for(i = 0;i < n;i ++ )
7                 {
8                         sum += i;
9                 }
10                return sum;
(gdb)          < --------------------- 直接按〈Enter〉键表示,重复上一次命令
11        }
12
13
14        main( )
15        {
16                int i;
17                long result = 0;
18                for(i = 1;i <= 100;i ++ )
19                {
20                        result  += i;
(gdb) break 16        < --------------------- 设置断点,在源程序第16行处
Breakpoint 1 at 0x8048496:file tst. c,line 16.
(gdb) break func < --------------------- 设置断点,在函数func( )入口处
Breakpoint 2 at 0x8048456:file tst. c,line 5.
(gdb) info break < --------------------- 查看断点信息
Num Type            Disp Enb Address     What
1   breakpoint      keep y   0x08048496 in main at tst. c:16
2   breakpoint      keep y   0x08048456 in func at tst. c:5
```

```
(gdb) r                  <------------------------运行程序,run 命令简写
Starting program:/home/hchen/test/tst

Breakpoint 1,main () at tst.c:17   <----------在断点处停住
17              long result =0;
(gdb) n                  <------------------------单条语句执行,next 命令简写
18              for(i =1;i <=100;i ++)
(gdb) n
20                      result += i;
(gdb) n
18              for(i =1;i <=100;i ++)
(gdb) n
20                      result += i;
(gdb) c                  <------------------------继续运行程序,continue 命令简写
Continuing.
result[1 -100]=5050        <----------程序输出

Breakpoint 2,func (n =250) at tst.c:5
5                       int sum =0,i;
(gdb) n
6                       for(i =1;i <=n;i ++)
(gdb) p i                <---------------------打印变量 i 的值,print 命令简写
$1 =134513808
(gdb) n
8                              sum +=i;
(gdb) n
6                       for(i =1;i <=n;i ++)
(gdb) p sum
$2 =1
(gdb) n
8                              sum +=i;
(gdb) p i
$3 =2
(gdb) n
6                       for(i =1;i <=n;i ++)
(gdb) p sum
$4 =3
(gdb) bt                 <---------------------查看函数堆栈
#0 func (n =250) at tst.c:5
#1 0x080484e4 in main () at tst.c:24
#2 0x400409ed in __libc_start_main () from /lib/libc.so.6
(gdb) finish             <---------------------退出函数
Run till exit from #0 func (n =250) at tst.c:5
0x080484e4 in main () at tst.c:24
24                      printf("result[1 -250]=%d \n",func(250));
Value returned is $6 =31375
(gdb) c                  <---------------------继续运行
Continuing.
result[1 -250]=31375      <----------程序输出

Program exited with code 027.   <--------程序退出,调试结束
(gdb) q                  <---------------------退出 gdb
```

要退出 GDB 时,只需输入 q 命令即可。

在 GDB 环境中,可以执行 Linux 的 Shell 命令,使用 GDB 的 Shell 命令来完成。

97

```
shell  < command string >
```

以上命令调用 Linux 的 Shell 来执行 < command string >，环境变量 SHELL 中定义的 Linux 的 Shell 将会被用来执行 < command string >，如果 Shell 没有定义，那就使用 UNIX 的标准 shell:/bin/sh。

4.2.2　GDB 常用命令

启动 GDB 后，就进入 GDB 的调试环境中，可以使用 GDB 的命令调试程序，GDB 的命令可以使用 help 命令来查看。GDB 的命令很多，GDB 把其分成许多种类。help 命令用于列出 gdb 的命令种类，如果要查看种类中的命令，可以使用 help < class > 命令，如 help breakpoints，查看设置断点的所有命令。也可以直接用 help < command > 来查看命令的帮助。

```
#     gdb
GNU gdb ( Ubuntu/Linaro 7. 4 - 2012. 04 - 0ubuntu2. 1 ) 7. 4 - 2012. 04
Copyright ( C) 2012 Free Software Foundation,Inc.
License GPLv3 + :GNU GPL version 3 or later < http://gnu. org/licenses/gpl. html >
This is free software:you are free to change and redistribute it.
There is NO WARRANTY,to the extent permitted by law.    Type "show copying"
and "show warranty" for details.
This GDB was configured as "i686 - Linux - gnu".
For bug reporting instructions,please see:
< http://bugs. launchpad. net/gdb - linaro/ >.
(gdb) help
List of classes of commands:

aliases  -- Aliases of other commands
breakpoints -- Making program stop at certain points
data  -- Examining data
files  -- Specifying and examining files
internals -- Maintenance commands
obscure  -- Obscure features
running  -- Running the program
stack  -- Examining the stack
status  -- Status inquiries
support  -- Support facilities
tracepoints -- Tracing of program execution without stopping the program
user - defined  -- User - defined commands

Type "help" followed by a class name for a list of commands in that class.
Type "help all" for the list of all commands.
Type "help" followed by command name for full documentation.
Type "apropos word" to search for commands related to "word".
Command name abbreviations are allowed if unambiguous.
```

当以 GDB < program > 方式启动 GDB 后，GDB 会在 PATH 路径和当前目录中搜索 < program > 的源文件。如要确认 GDB 是否读到源文件，可使用 l 或 list 命令列出源代码。在 GDB 中，运行程序使用 r 或 run 命令。程序的运行需要设置以下 4 个方面。

1）程序运行参数。

set args 可指定运行时参数（如 set args 10 20 30 40 50）。

show args 命令可以查看设置好的运行参数。

2）运行环境。

path < dir > 可设定程序的运行路径。

show paths 可查看程序的运行路径。

set environment varname［= value］可设置环境变量（如 set env USER = hchen）。

show environment［varname］可查看环境变量。

3）工作目录。

cd ＜dir＞相当于 shell 的 cd 命令。

pwd 显示当前的所在目录。

4）程序的输入/输出。

info terminal 显示程序用到的终端的模式。

使用 run 重定向控制程序输出（如 run ＞outfile）。

tty 命令可以指定输入/输出的终端设备。（如 tty/dev/ttyb）。

1. 暂停/恢复程序运行

调试程序时的 GDB 可以方便地暂停程序的运行。可以设置程序在哪行停住，在什么条件下停住，以及在收到什么信号时停往等。以便查看运行时的变量，以及运行时的流程。当进程被 GDB 停住时，可以使用 info program 来查看程序是否在运行、进程号，以及被暂停的原因。在 GDB 中，可以有以下几种暂停方式：断点（BreakPoint）、观察点（WatchPoint）、捕捉点（CatchPoint）、信号（Signals）和线程停止（Thread Stops）。如果要恢复程序运行，可以使用 c 或 continue 命令。

（1）设置断点（BreakPoint）

可以使用 break 命令来设置断点，GDB 提供了几种设置断点的方法，见表4-5。

表4-5　GDB 设置断点

选　项	作　用
break ＜function＞	在进入指定函数时停住
break ＜linenum＞	在指定行号停住
break + offset/ − offset	在当前行号的前面或后面的 offset 行停住。offset 为自然数
break filename：linenum	在源文件 filename 的 linenum 行处停住
break filename：function	在源文件 filename 的 function 函数的入口处停住
break ∗ address	在程序运行的内存地址处停住
break	break 命令没有参数时，表示在下一条指令处停住

查看断点时，可使用 info 命令，如下所示。

```
    info breakpoints［n］
        info break［n］（n 表示断点号）
```

以下实例为在第16行处设置断点"16 int i；"，查看断点信息，然后运行调试程序。

```
    （gdb）break 16          //在第16行处设置断点
    Breakpoint 1 at 0x8048422：file tst. c，line 16.
    （gdb）info break          //查看断点信息
    Num        Type             Disp Enb Address        What
    1          breakpoint       keep y    0x08048422 in main at tst. c：16
    （gdb）r
    Starting program：/opt/tstgdb

    Breakpoint 1，main（）at tst. c：16
    16        int i；
```

（2）设置观察点

观察点一般用来观察某个表达式（变量也是一种表达式）的值是否发生了变化，如果有变化，马上停住程序。有几种方法可设置观察点，如表4-6所示。

表4-6　GDB 设置观察点

选　项	作　用
watch ＜ expr ＞	为表达式（变量）expr 设置一个观察点。一旦表达式值有变化时，马上停住程序
rwatch ＜ expr ＞	当表达式（变量）expr 被读时，停住程序
awatch ＜ expr ＞	当表达式（变量）的值被读或被写时，停住程序

可使用 info 命令查看观察点，如下所示。

```
info watchpoints
```

以下实例用于为 main 函数中的变量 i 设置观察点。

```
（gdb）break 14
Breakpoint 2 at 0x804841a：file tst. c，line 14.
（gdb）run
Starting program：/opt/tstgdb

Breakpoint 2，main（）at tst. c：15
15          long result = 0；
（gdb）watch i
Hardware watchpoint 3：i
（gdb）next

Breakpoint 1，main（）at tst. c：16
16          for（i = 1；i <= 100；i ++）
```

（3）设置捕捉点

可设置捕捉点来捕捉程序运行时的一些事件。例如，载入共享库（动态链接库）或 C ++ 的异常。设置捕捉点的格式如下。

```
catch ＜ event ＞
```

当 event 发生时，停住程序。event 的内容如表4-7所示。

表4-7　event 事件种类

关　键　字	作　用
throw	一个 C ++ 抛出的异常
catch	一个 C ++ 捕捉到的异常
exec	调用系统调用 exec 时
fork	调用系统调用 fork 时
vfork	调用系统调用 vfork 时
load	载入共享库（动态链接库）时
unload	卸载共享库（动态链接库）时

（4）维护停止点

前面介绍了如何设置程序的停止点，GDB 中的停止点也就是上述3类。在 GDB 中，如果觉得已定义好的停止点没有用了，可以使用 delete、clear、disable 和 enable 这几个命令来进行维护，如表4-8所示。

表4-8　维护停止点

关 键 字	作 用
clear	清除所有设置在函数上的停止点
clear ＜function＞	清除所有设置在函数上的停止点
clear ＜linenum＞	清除所有设置在指定行上的停止点
delete［breakpoints］［range...］	删除指定的断点，breakpoints 为断点号。如果不指定断点号，则表示删除所有的断点。range 表示断点号的范围（如3～7）
disable［breakpoints］［range...］	禁用所指定的停止点，breakpoints 为停止点号。如果什么都不指定，表示 disable 所有的停止点。disable 了的停止点，GDB 不会删除，当再次需要时，enable 即可，就好像回收站一样
enable［breakpoints］［range...］	启用所指定的停止点，breakpoints 为停止点号
enable［breakpoints］once range	启用所指定的停止点一次，当程序停止后，该停止点马上被 GDB 自动 disable
enable［breakpoints］delete range	启用所指定的停止点一次，当程序停止后，该停止点马上被 GDB 自动删除

（5）恢复程序运行和单步调试

程序暂停后可以使用 continue 命令恢复程序的运行，或者使用 step 或 next 命令单步跟踪程序。

continue 命令的功能是恢复程序运行，直到程序结束，或是下一个断点到来。ignore－count 表示忽略其后的断点次数。continue、c、fg 三个命令都是一样的意思。

```
continue ［ignore－count］
c ［ignore－count］
fg ［ignore－count］
```

step 命令的功能是单步跟踪，遇到子函数就进入并且继续单步执行。count 表示程序执行后面的 count 条指令后暂停。

```
step  ＜count＞
```

next 命令的功能同样为单步跟踪，如果有函数调用则不会进入该函数。count 表示程序执行后面的 count 条指令后暂停。

```
next  ＜count＞
```

2. 查看运行时数据

在调试程序时，当程序被停住时可以使用 print 命令（简写命令为 p），或是同义命令 inspect 来查看当前程序的运行数据。print 命令的格式如下。

```
print ＜expr＞
print／＜f＞ ＜expr＞
```

＜expr＞是表达式，是所调试的程序的语言的表达式（GDB 可以调试多种编程语言），＜f＞是输出的格式，比如，如果要把表达式按16进制的格式输出，那么就是/x。

（1）表达式

print 和许多 GDB 的命令一样，可以接受一个表达式，GDB 会根据当前的程序运行的数据来计算这个表达式，既然是表达式，那么就可以是当前程序运行中的 const 常量、变量或函数等内容。表达式的语法应该是当前所调试的语言的语法，有几种 GDB 所支持的操作符，它们可以用在任何一种语言中，如表4-9所示。

表4-9 GDB 支持的操作符

关 键 字	作 用
@	是一个和数组有关的操作符
::	指定一个在文件或一个函数中的变量
{<type>} <addr>	表示一个指向内存地址 <addr> 的类型为 type 的对象

（2）程序变量

在 GDB 中，可以随时查看全局变量（所有文件可见的）、静态全局变量（当前文件可见的）和局部变量（当前 Scope 可见的）。

如果局部变量和全局变量发生冲突，一般情况下局部变量会屏蔽全局变量。也就是说，当一个全局变量和一个函数中的局部变量同名时，如果当前停止点在函数中，用 print 显示出的变量的值会是函数中的局部变量的值。如果此时想查看全局变量的值时，可以使用::操作符。

```
file :: variable
function :: variable
```

可以通过这种形式指定想查看的变量是哪个文件中的或是哪个函数中的。例如，查看 main 函数中的局部变量 i 的值。

```
（gdb）p 'main'::i
    $3 = 1
```

（3）数组

调试程序时常常需要查看一段连续的内存空间的值，如数组的一段或动态分配的数据的大小。可以使用 GDB 的@操作符，@的左边是第一个内存的地址的值，@的右边则是想查看内存的长度。

在 tstgdb. c 程序的 main 函数中添加以下语句，定义一个整型数组 array。

```
main（）
{
    int i;
    long result = 0;
    int len = 100;
    int * array = ( int * ) malloc ( len * sizeof ( int ) );
    for( i = 1; i <= 100; i++ )
    {
        array[ i ] = i;
        result += i;
    }
    printf( "result[ 1 - 100 ] = % f \n", result );
    printf( "result[ 1 - 250 ] = % d \n", func( 250 ) );
}
```

在 GDB 调试过程中可以用以下命令显示这个动态数组的取值。

```
Breakpoint 1, main ( ) at tst. c:25
25          printf( "result[ 1 - 100 ] = % ld \n", result );
（gdb）p * array@ len
$1 = {0,1,2,3,4,5,6,7,8,9,10,11,12,13,14,15,16,17,18,19,
    20,21,22,23,24,25,26,27,28,29,30,31,32,33,34,35,36,37,38,
```

```
39,40,41,42,43,44,45,46,47,48,49,50,51,52,53,54,55,56,57,
58,59,60,61,62,63,64,65,66,67,68,69,70,71,72,73,74,75,76,
77,78,79,80,81,82,83,84,85,86,87,88,89,90,91,92,93,94,95,
96,97,98,99}
```

@ 的左边是数组的首地址的值，也就是变量 array 所指向的内容，右边则是数据的长度，其保存在变量 len 中。如果是静态数组，可以直接在 print 后面写上静态数组名。

（4）查看内存

可以使用 examine 命令（简写是 x）来查看内存地址中的值。x 命令的语法如下。

```
x/ < n/f/u >  < addr >
```

< n/f/u > 是可选的参数，< addr > 表示一个内存地址。

n 是一个正整数，表示显示内存的长度，也就是说从当前地址向后显示几个地址的内容。

f 表示显示的格式。GDB 会根据变量的类型输出变量的值，但也可以自定义 GDB 的输出格式。例如，要想输出一个整数的十六进制，或是二进制来查看这个整型变量中的每个位的情况。如果地址所指的是字符串，那么格式可以是 s。GDB 常用的输出格式如下。

- x 按十六进制格式显示变量。
- d 按十进制格式显示变量。
- u 按十六进制格式显示无符号整型。
- o 按八进制格式显示变量。
- t 按二进制格式显示变量。
- a 按十六进制格式显示变量。
- c 按字符格式显示变量。
- f 按浮点数格式显示变量。

u 表示从当前地址往后请求的字节数，如果不指定的话，GDB 默认是 4 B。u 参数可以用下面的字符来代替：b 表示单字节，h 表示双字节，w 表示四字节，g 表示八字节。当指定了字节长度后，GDB 会从指定内存的内存地址开始，读写指定字节，并把其当作一个值取出来。

在 GDB 调试过程中查看 array 数组的对应的内存值，先获取 array 数组的内存地址，然后使用 examine 命令显示内存值。

```
(gdb) p/a array
$4 = 0x804b008
(gdb) x /100   0x804b008
0x804b008 :0x0 0x0 0x1 0x0 0x2 0x0 0x3 0x0
0x804b018 :0x4 0x0 0x5 0x0 0x6 0x0 0x7 0x0
0x804b028 :0x8 0x0 0x9 0x0 0xa 0x0 0xb 0x0
0x804b038 :0xc 0x0 0xd 0x0 0xe 0x0 0xf 0x0
0x804b048 :0x10    0x0 0x11    0x0 0x12    0x0 0x13    0x0
0x804b058 :0x14    0x0 0x15    0x0 0x16    0x0 0x17    0x0
0x804b068 :0x18    0x0 0x19    0x0 0x1a    0x0 0x1b    0x0
0x804b078 :0x1c    0x0 0x1d    0x0 0x1e    0x0 0x1f    0x0
0x804b088 :0x20    0x0 0x21    0x0 0x22    0x0 0x23    0x0
0x804b098 :0x24    0x0 0x25    0x0 0x26    0x0 0x27    0x0
0x804b0a8 :0x28    0x0 0x29    0x0 0x2a    0x0 0x2b    0x0
0x804b0b8 :0x2c    0x0 0x2d    0x0 0x2e    0x0 0x2f    0x0
0x804b0c8 :0x30    0x0 0x31    0x0
```

3. 查看源程序

在程序编译时一定要加上 – g 参数，把源程序信息编译到执行文件中。由于程序中记录的调试信息告诉 GDB 程序是由哪些文件编译的，当程序中断时，GDB 会报告程序停在了哪个文件的第几行上，可以用 list 命令来打印程序的源代码。

（1）打印源代码行

要打印源文件里的代码行，可以用 list 命令，list 默认一次打印 10 行代码。有几种方式用于指定打印文件的哪部分代码，也可指定打印的行数，如表 4–10 所示。

表 4–10　指定显示位置

关 键 字	作 用
list < linenum >	显示程序第 linenum 行的周围的源程序
list < function >	显示函数名为 function 的函数的源程序
list < first > , < last >	显示从 first 行到 last 行之间的源代码
list < last >	显示从当前行到 last 行之间的源代码
list < + offset >	当前行号的正偏移量
list < – offset >	当前行号的负偏移量
list	显示当前行后面的源程序
list +	显示往后显示源代码
list –	显示当前行前面的源程序

由于 GDB 是源代码级的调试器，位置通常是指源代码里的某一行。< linenum > 指当前源文件的行数。< + offset > 指定从当前行偏移的行数，当前行是最近打印过的代码。

一般打印当前行的上 5 行和下 5 行，如果显示函数是上 2 行下 8 行，默认是 10 行，当然也可以定制显示的范围，使用表 4–11 中所示的命令可以设置一次显示源程序的行数。

表 4–11　显示源程序的行数

关 键 字	作 用
set listsize < count >	设置一次显示源代码的行数
show listsize	查看当前 listsize 的设置

（2）搜索源文件

GDB 提供了两个源代码搜索的命令，与正则表达式配合在当前文件中搜索需要的代码行。搜索命令如下。

```
//向前面搜索
forward – search  < regexp >
search  < regexp >
//全部搜索
reverse – search  < regexp >
```

forward – search < regexp > 命令从最近列出的行开始检查每一行，查找正则表达式 < regexp > 的匹配项。search < regexp > 与缩写命令 fo 的作用相同。

reverse – search < regexp > 命令从最近列出的行往后查找每一行，缩写命令为 rev。

4.2.3　GDBServer 远程调试

当调试嵌入式程序和内核等特殊程序时，GDB 就不适用了，需要用远程调试的方法来调试这类程序。远程调试环境由宿主机 GDB 和目标机插桩共同组成，两者通过串口或者 TCP 连接。使用 GDB 标准串行协议协同工作，实现对目标机上的系统内核和上层应用的监控和调试功能。GDBstub 是调试器的核心，它处理来自主机上 GDB 的请求。

GDB 调试器提供了两种调试代理用于支持远程调试，即 gdbserver 方式和 stub（插桩）方式。这两种远程调试方式是有区别的。gdbserver 本身的体积很小，能够在具有很少存储容量的目标系统上独立运行，因而非常适合于嵌入式环境；而 stub 方式则需要通过链接器把调试代理和要调试的程序链接成一个可执行的应用程序文件，如果程序运行在没有操作系统的计算机上，那么 stub 需要提供异常和中断处理序，以及串口驱动程序，如果程序运行在有操作系统的嵌入式平台上，那么 stub 需要修改串口驱动程序和操作系统异常处理。显然，对于在有嵌入式操作系统支持下的开发而言，gdbserver 比 stub 程序更容易使用。下面将介绍使用 GDB + gdbserver 的方式建立远程调试的环境。

gdbserver 是一个可以独立运行的控制程序，它可以运行在类 UNIX 操作系统上，当然，也可以运行在 Linux 的诸多变种上。gdbserver 允许远程 GDB 调试器通过 target remote 命令与运行在目标板上的程序建立连接。GDB 和 gdbserver 之间可以通过串口线或 TCP/IP 网络连接通信，采用的通信协议是标准的 GDB 远程串行协议（Remote Serial Protocol RSP）。

使用 gdbserver 调试方式时，在目标机端需要一份要调试的程序的副本，这通常是通过 FTP 或 NFS 下载到目标机上的，宿主机端也需要这样一份副本。由于 gdbserver 不处理程序符号表，所以如果有必要，可以用 strip 工具将要复制到目标机上的程序中的符号表去掉以节省空间。符号表是由运行在主机端的 GDB 调试器处理的，不能将主机端的程序中的符号表去掉。

虽然大部分 Linux 发行版都已经安装了 GDB，但是那都是基于 PC 平台的，这里要使用的是在 ARM 平台上，所以要重新下载 GDB 的源代码，并修改以适应自己的目标平台。可以从 http://www.gnu.org/software/gdb/download，获得。这里使用的是 GDB 的版本 7.2。首先将下载到的 gdb-7.2a.tar.bz2 文件复制到/opt/work 目录下。

1. 解压 GDB 源代码包

```
tar  -jxvf gdb-7.2a.tar.bz2
```

解压之后会生成 gdb-7.2/目录，所有的源代码都在这个目录下，在 work 目录下新建立一个目录 arm-Linux-gdb，生成的可执行文件将放在这个目录下。

2. 配置编译 GDB

```
#    ./configure  --target = arm-Linux  --prefix =/opt/work/arm-Linux-gdb  --program-pre-
     fix = arm-Linux-
......
checking whether to enable maintainer-specific portions of Makefiles... no
checking whether  -fkeep-inline-functions is supported... yes
configure:creating ./config.status
config.status:creating Makefile
```

其中，--target = arm-Linux 选项表示针对的目标平台是运行 Linux 内核的 ARM 体系结构的平台，后面的选项 --prefix =/home/frank/gdb 则是指定编译完成后的安装目录，最后一个选项 --program-prefix = arm-Linux- 用来指定在编译生成的二进制可执行文件名之前加上前缀，这里加上的前缀是 arm-Linux-，以与宿主机上的调试文件相区别。

```
#     make
…
make[3]:正在进入目录'/opt/work/gdb-7.2/gdb'
make[4]:正在进入目录'/opt/work/gdb-7.2/gdb/doc'
make[4]:没有什么可以做的为'all'。
make[4]:正在离开目录'/opt/work/gdb-7.2/gdb/doc'
make[3]:正在离开目录'/opt/work/gdb-7.2/gdb'
make[2]:正在离开目录'/opt/work/gdb-7.2/gdb'
make[1]:没有什么可以做的为'all-target'。
make[1]:正在离开目录'/opt/work/gdb-7.2'
```

把源文件编译成相应的目标文件，并链接成可执行的二进制文件。

```
#     make install
```

执行完该命令后，就会在刚才建立的 arm-Linux-gdb 目录下生成 bin、lib 和 share 这几个子目录，其中在 bin 下有 3 个可执行文件，分别为 arm-Linux-run、arm-Linux-gdbui 和 arm-Linux-gdb，就是需要的调试器。

```
#     cd arm-Linux-gdb/
#     ls
 bin   lib   share
#     cd bin
#     ls
 arm-Linux-gdb   arm-Linux-gdbtui   arm-Linux-run
```

3. 配置编译 gdbserver

编译完 arm-Linux-gdb 之后，就需要编译在目标板上运行的 gdbserver 了，在 gdb7.2/gdb 下有一个 gdbserver 的子目录，这个目录包括了编译 gdbserver 所需要的所有东西。进入 gdbserver 目录，配置 gdbserver。

```
#     ./configure -- target = arm-Linux -- host = arm-Linux
```

配置完成后需编译 gdbserver，如果提示 make：arm-Linux-gcc：Command not found 则要指定 arm-Linux-gcc 的绝对位置，也可直接赋值 arm-Linux-gcc，可在运行 make 时传递参数，也可以直接修改 gdbserver 目录下的 Makefile 文件中的环境变量 CC。

```
#     make CC = /opt/FriendlyARM/toolchain/4.3.3/bin/arm-Linux-gcc
arm-Linux-gcc -Wall -g -O2     -I. -I. -I./../common -I./../regformats -I./../../
include   -Wl,--dynamic-list=./proc-service.list -o gdbserver inferiors.o regcache.o remote-
utils.o server.o signals.o target.o utils.o version.o mem-break.o hostio.o event-loop.o tracepoint.o
xml-builtin.o reg-arm.o arm-with-iwmmxt.o arm-with-vfpv2.o arm-with-vfpv3.o arm-with
-neon.o Linux-low.o Linux-arm-low.o hostio-errno.o thread-db.o proc-service.o   \ -ldl
arm-Linux-gcc -c -Wall -g -O2     -I. -I. -I./../common -I./../regformats -I./..
../include gdbreplay.c
rm -f gdbreplay
arm-Linux-gcc -Wall -g -O2     -I. -I. -I./../common -I./../regformats -I./../../
include   -Wl,--dynamic-list=./proc-service.list -o gdbreplay gdbreplay.o version.o \
```

如果编译正确，系统会在 gdbserver 目录下生成 gdbserver 可执行文件。使用 arm-Linux-strip 命令处理一下 gdbserver，将多余的符号信息删除，可让 elf 文件更精简，通常在应用程序的最后发布时使用；然后把它烧写到 Flash 的根文件系统分区的/usr/bin 中（在此目录下，系统可以自动找到应用程序，否则必须到 gdbserver 所在目录下运行），或通过 nfs mount 的方式也可。只要保证 gdbserver 能在开发板上运行即可。

4. 远程调试程序

1）交叉编译 tstgdb。

```
#      arm - Linux - gcc  - g tstgdb. c  - o tstgdb - arm
```

2）利用 tftp 或者 nfs 将编译好的程序下载到目标机中，与 gdbserver 放在同一目录下，执行以下命令。

```
#      . /gdbserver 192. 168. 2. 100 :2345 tstgdb - arm
Process /tmp/ tstgdb - arm created :pid = 80
Listening on port 2345
```

192. 168. 2. 100 为主机 IP，在目标系统的 2345 端口（也可以设置其他可用的值，当然必须跟主机的 GDB 一致）开启了一个调试进程，tstgdb - arm 为要调试的程序。

3）回到主机，运行以下命令。

```
#      arm - Linux - gdbtstgdb - arm
（gdb）target remote 192. 168. 2. 223 :2345
Listening on port 2345
Remote debugging using 192. 168. 2. 223 :2345
[ New thread 80 ]
[ Switching to thread 80 ]
      0x40002a90 in ?? ( )
```

此时在目标机端提示以下信息。

```
Remote debugging from host 192. 168. 2. 100
（gdb）
```

使用的端口号必须与 gdbserver 开启的端口号一致，这样才能进行通信。建立链接后，就可以进行调试了。调试在 Host 端，与 GDB 调试方法相同。注意要用 c 来执行命令，不能用 r。因为程序已经在 Target Board 上面由 gdbserver 启动了。结果输出是在 Target Board 端，用超级终端查看。连接成功，这时就可以输入各种 GDB 命令，如 list、run、next、step 和 break 等，进行程序调试了。

4.3 任务：工程管理（Makefile）

一个软件项目通常会包含几十个甚至上百个文件，如果每次编译都通过手工命令行编译，会很麻烦且效率低。Linux 中有一个功能强大、使用方便的工程管理工具——Make。Linux 环境下的程序员如果不会使用 GNU make 来构建和管理自己的工程，应该不能算是一个合格的程序员。在 Linux 环境下使用 GNU 的 make 工具能够比较容易地构建一个属于自己的工程，整个工程只需要一个命令就可以完成编译和连接，以至于最后的执行。不过这需要投入一些时间去完成一个或者多个 Makefile 文件的编写。此文件正是 make 正常工作的基础。在 Linux 下进行软件编译，必须自己写 Makefile 了，会不会写 Makefile，从一个侧面反映了一个人是否具备完成大型工程的能力。

所要完成的 Makefile 文件描述了整个工程的编译、链接等规则。其中包括：工程中的哪些源文件需要编译及如何编译、需要创建哪些库文件及如何创建这些库文件，以及如何最后产生想要的可执行文件。尽管看起来可能是很复杂的事情，但是为工程编写 Makefile 的好处是能够使用一行命令来完成"自动化编译"，一旦提供一个（通常对于一个工程来说会是多个）正确的 Makefile。编译整个工程所要做的唯一的一件事就是在 Shell 提示符下输入 make 命令。整个工程完全自动编译，极大地提高了效率。

make 是一个命令工具，它解释 Makefile 中的指令（应该说是规则）。在 Makefile 文件中描述了整个工程所有文件的编译顺序和编译规则。Makefile 有自己的书写格式、关键字和函数，像 C 语言有自己的格式、关键字和函数一样。而且在 Makefile 中可以使用系统 Shell 所提供的任何命令来完成想要的工作。Makefile（在其他的系统上可能是另外的文件名）在 Linux 的绝大多数 IDE 开发环境中都在使用，已经成为一种工程的编译方法。

任务描述与要求：

1）编写 Makefile 文件。

2）了解 Makefile 规则。

3）使用 Makefile 的变量。

4）使用规则的命令。

4.3.1 Makefile 文件

Make 程序需要 Makefile 文件来告诉它做什么，Makefile 文件是 make 读入的唯一的配置文件。当使用 make 工具进行编译时，工程中的以下几种文件在执行 make 时将会被编译（重新编译）。

- 所有的源文件没有被编译过，则对各个 C 源文件进行编译并链接，生成最后的可执行程序。
- 每一个在上次执行 make 之后修改过的 C 源代码文件，在本次执行 make 时将会被重新编译。
- 头文件在上一次执行 make 之后被修改，则所有包含此头文件的 C 源文件在本次执行 make 时将会被重新编译。

针对后两种情况，make 只将修改过的 C 源文件重新编译生成 .o 文件，对没有修改的文件不进行任何工作。重新编译过程中，任何一个源文件的修改都将产生新的对应的 .o 文件，新的 .o 文件将和以前的已经存在、此次没有重新编译的 .o 文件重新链接生成最后的可执行程序。

下面将讨论 edit 项目的 Makefile 文件，学习 Makefile 的基本规则和 make 程序如何处理 Makefile。编写一个简单的 Makefile 来描述如何创建最终的可执行文件 edit，此可执行文件依赖于 8 个 C 源文件和 3 个头文件。Makefile 文件的内容如下。

```
#sample Makefile
edit:main. o kbd. o command. o display. o \
insert. o search. o files. o utils. o
cc – o edit main. o kbd. o command. o display. o \
insert. o search. o files. o utils. o
main. o:main. c defs. h
cc – c main. c
kbd. o:kbd. c defs. h command. h
cc – c kbd. c
command. o:command. c defs. h command. h
cc – c command. c
display. o:display. c defs. h buffer. h
cc – c display. c
```

```
insert. o:insert. c defs. h buffer. h
    cc  – c insert. c
search. o:search. c defs. h buffer. h
    cc  – c search. c
files. o:files. c defs. h buffer. h command. h
    cc  – c files. c
utils. o:utils. c defs. h
    cc  – c utils. c
clean:
    rm edit main. o kbd. o command. o display. o \
    insert. o search. o files. o utils. o
```

Makefile 中主要包含了 5 个内容：显式规则、隐含规则、变量定义、文件指示和注释。

- 显式规则。显式规则说明了如何生成一个或多个目标文件。这是由 Makefile 的书写者明确指出的，包括要生成的文件、文件的依赖文件和生成的命令。
- 隐含规则。由于 make 有自动推导的功能，所以隐含规则可以让用户比较粗糙、简略地书写 Makefile，这是由 make 所支持的。
- 变量的定义。在 Makefile 中要定义一系列的变量，变量一般都是字符串，这类似 C 语言中的宏，当 Makefile 被执行时，其中的变量都会被扩展到相应的引用位置上。
- 文件指示。其包括了 3 个部分，一个是在一个 Makefile 中引用另一个 Makefile，就像 C 语言中的 include 一样；另一个是指根据某些情况指定 Makefile 中的有效部分，就像 C 语言中的预编译#if 一样；还有就是定义一个多行的命令。
- 注释。Makefile 中只有行注释，和 Shell 脚本一样，其注释是用#字符。如果在 Makefile 中使用#字符，可以用反斜框进行转义，如 \ #。

书写时可以将一个较长行使用反斜线（\）分解为多行，这样可以使 Makefile 文件书写清晰，容易阅读理解。但需要注意，反斜线之后不能有空格。

在完成了这个 Makefile 以后，需要创建可执行程序 edit，在包含此 Makefile 的目录下输入命令 make。要删除已经在此目录下使用 make 生成的文件（包括那些中间过程的 . o 文件），只需要输入命令 make clean 就可以了。

当在 Shell 提示符下输入 make 命令以后。make 读取当前目录下的 Makefile 文件，并将 Makefile 文件中的第一个目标作为其执行的"终极目标"，开始处理第一个规则（终极目标所在的规则）。在本例中，第一个规则就是目标 edit 所在的规则。规则描述了 edit 的依赖关系，并定义了链接 . o 文件生成目标 edit 的命令；make 在执行这个规则所定义的命令之前，首先处理目标 edit 的所有的依赖文件（例子中的那些 . o 文件）的更新规则（以这些 . o 文件为目标的规则）。对这些以 . o 文件为目标的规则处理有下列三种情况。

- 目标 . o 文件不存在，使用其描述规则创建它。
- 目标 . o 文件存在，目标 . o 文件所依赖的 . c 源文件、. h 文件中的任何一个比目标 . o 文件"更新"（在上一次 make 之后被修改），则根据规则重新编译生成它。
- 目标 . o 文件存在，目标 . o 文件比它的任何一个依赖文件（如 . c 源文件、. h 文件）"更新"（它的依赖文件在上一次 make 之后没有被修改），则什么也不做。

这些 . o 文件所在的规则之所以会被执行，是因为这些 . o 文件出现在"终极目标"的依赖列表中。在 Makefile 中，一个规则的目标如果不是"终极目标"所依赖的（或者"终极目标"的依赖文件所依赖的），那么这个规则将不会被执行，除非明确指定执行这个规则（可以通过

make 的命令行指定重建目标，那么这个目标所在的规则就会被执行，如 make clean）。在编译或者重新编译生成一个 .o 文件时，make 同样会寻找它的依赖文件的重建规则（是这样一个规则：这个依赖文件在规则中作为目标出现），在这里就是 .c 和 .h 文件的重建规则。在上例的 Makefile 中没有哪个规则的目标是 .c 或者 .h 文件，所以没有重建 .c 和 .h 文件的规则。

完成了对 .o 文件的创建（第一次编译）或者更新之后，make 程序将处理终极目标 edit 所在的规则，分为以下 3 种情况。

- 目标文件 edit 不存在，则执行规则以创建目标 edit。
- 目标文件 edit 存在，其依赖文件中有一个或者多个文件比它"更新"，则根据规则重新链接生成 edit。
- 目标文件 edit 存在，它比它的任何一个依赖文件都"更新"，则什么也不做。

上例中，如果更改了源文件 insert.c 后执行 make，insert.o 将被更新，之后终极目标 edit 将会被重生成；如果修改了头文件 command.h 之后运行 make，那么 kbd.o、command.o 和 files.o 将会被重新编译，之后同样重生成终极目标 edit。

在这个 Makefile 中的目标（target）是可执行文件 edit 和 .o 文件（main.o，kbd.o……）；依赖（prerequisites）就是冒号后面的那些 .c 文件和 .h 文件。所有的 .o 文件既是依赖（相对于可执行程序 edit）又是目标（相对于 .c 和 .h 文件）。命令包括 cc -c maic.c、cc -c kbd.c……

当规则的目标是一个文件时，在它的任何一个依赖文件被修改以后，在执行 make 时这个目标文件将会被重新编译或者重新链接。当然，此目标的任何一个依赖文件如果有必要，则首先会被重新编译。在这个例子中，edit 的依赖为 8 个 .o 文件；而 main.o 的依赖文件为 main.c 和 defs.h。当 main.c 或者 defs.h 被修改以后，再次执行 make，main.o 就会被更新（其他的 .o 文件不会被更新），同时 main.o 的更新将会导致 edit 被更新。

在描述依赖关系行之下通常就是规则的命令行（有些规则没有命令行），命令行定义了规则的动作（如何根据依赖文件来更新目标文件）。命令行必须以〈Tab〉键开始，以便和 Makefile 其他行区别。就是说所有的命令行必须以［Tab］字符开始，但并不是所有的以〈Tab〉键出现的行都是命令行。但 make 程序会把出现在第一条规则之后的所有以［Tab］字符开始的行都作为命令行来处理。

目标 clean 不是一个文件，它仅仅代表执行一个动作的标识。正常情况下，不需要执行这个规则所定义的动作，所以目标 clean 没有出现在其他任何规则的依赖列表中。因此在执行 make 时，它所指定的动作不会被执行。除非在执行 make 时明确地指定它。而且目标 clean 没有任何依赖文件，它只有一个目的，就是通过这个目标名来执行它所定义的命令。Makefile 中把那些没有任何依赖只有执行动作的目标称为"伪目标"（phony targets）。需要执行 clean 目标所定义的命令，可在 Shell 下输入 make clean。

4.3.2 Makefile 的规则

Makefile 的基本规则虽然简单但变化丰富，手工书写较大工程的 Makefile 并不容易，所幸有 Autoconf 和 Automake 工具可以自动生成 Makefile 文件。通常只需要能读懂 Makefile 文件内容或者能简单修改就可以。下面介绍 Makefile 的规则，详细内容可参考 man 手册。

Makefile 内容的核心是一系列的规则，规则告诉了 Make 程序要做的事情，以及做这件事情依赖的条件，目标文件的内容由依赖文件决定，依赖文件的任何一处改动，将导致目前已经存在的目标文件的内容过期。基本格式如下。

```
TARGETS:PREREQUISITES
COMMAND
```

TARGETS（目标）：通常是要产生的文件的名称，也可以是一个执行的动作名称。

一个规则告诉 make 两件事：①目标在什么情况下已经过期；②如果需要重建目标，如何去重建这个目标。目标是否过期是由那些使用空格分隔的规则的依赖文件所决定的。当目标文件不存在或者目标文件的最后修改时间比依赖文件中的任何一个晚时，目标就会被创建或者重建。也就是说，执行规则命令行的前提条件是以下两者之一：①目标文件不存在；②目标文件存在，但是规则的依赖文件中存在一个依赖的最后修改时间比目标的最后修改时间晚。

PREREQUISITES 也就是目标所依赖的文件（或依赖目标）。如果其中的某个文件比目标文件要新，那么，目标就被认为是"过时的"，需要重生成。

COMMAND 是命令行，Make 执行的动作，一个规则可以含有几个命令，每个命令占一行，如果其不与 target：prerequisites 在一行，那么，必须以〈Tab〉键开头，如果和 prerequisites 在一行，那么可以用分号作为分隔。

4.3.3　Makefile 的变量

变量是在 Makefile 中定义的名称，用来代替一个文本字符串，该文本字符串称为该变量的值，这些值代替目标、依赖、命令，以及 Makefile 文件中的其他部分。

在 Makefile 中变量有以下几个特征。

- Makefile 中变量和函数的展开（除规则命令行中的变量和函数以外），是在 make 读取 makefile 文件时进行的，这里的变量包括了使用 = 定义的和使用指示符 define 定义的。

- 变量可以用来代表一个文件名列表、编译选项列表、程序运行的选项参数列表、搜索源文件的目录列表、编译输出的目录列表，以及所有能够想到的事物。

- 变量名是不包括：、#、=、前置空白和尾空白的任何字符串。需要注意的是，尽管在 GNU make 中没有对变量的命名有其他限制，但定义一个包含除字母、数字和下画线以外的变量的做法也是不可取的，因为除字母、数字和下画线以外的其他字符可能会在 make 的后续版本中被赋予特殊含义，并且这样命名的变量对于一些 Shell 来说是不能被作为环境变量来使用的。

- 变量名是大小写敏感的。变量 foo、Foo 和 FOO 指的是 3 个不同的变量。Makefile 的传统做法是变量名是全采用大写的方式。推荐的做法是在对于内部定义的一般变量（如目标文件列表 objects）时使用小写方式，而对于一些参数列表（如编译选项 CFLAGS）则采用大写方式，但这并不是要求的。

- 另外，有一些变量名只包含了一个或者很少的几个特殊的字符（符号），称它们为自动化变量。如 $ < 、$@ 、$? 和 $ * 等。

下面将使用变量修改完善 edit 项目的 Makefile 文件。

```
edit:main. o kbd. o command. o display. o \
    insert. o search. o files. o utils. o
cc  - o edit main. o kbd. o command. o display. o \
    insert. o search. o files. o utils. o
```

在这个规则中，. o 文件列表出现了两次；第一次是作为目标 edit 的依赖文件列表出现，第二次是规则命令行中作为 cc 的参数列表。如果需要为目标 edit 增加一个依赖文件，就需要在两个地方添加文件名（依赖文件列表和规则的命令中）。添加时可能在 edit 的依赖列表中加入了，但忘记了给命令行中添加，或者相反。这就给后期的维护和修改带来了很多不便。为了避免这个问题，在实际工作中大家都比较认同的方法是，使用一个变量 objects、OBJECTS、objs、OBJS、obj 或者 OBJ 来作为所有的 .o 文件的列表的替代。在使用到这些文件列表的地方，使用此变量来代替。在上例的 Makefile 中可以添加下面这样一行命令。

```
objects = main. o kbd. o command. o display. o \
insert. o search. o files. o utils. o
```

objects 作为一个变量，它代表所有的 .o 文件的列表。在定义了此变量后，就可以在需要使用这些 .o 文件列表的地方使用 $(objects)，而不需要罗列所有的 .o 文件列表。因此上例的规则就可以写成以下格式

```
objects = main. o kbd. o command. o display. o \
insert. o search. o files. o utils. o
edit：$(objects)
cc – o edit  $(objects)
…
…
clean：
rm edit  $(objects)
```

在使用 make 编译 .c 源文件时，编译 .c 源文件规则的命令不必明确给出。这是因为 make 本身存在一个默认的规则，能够自动完成对 .c 文件的编译并生成对应的 .o 文件。它执行命令 cc – c 来编译 .c 源文件。在 Makefile 中只需要给出需要重建的目标文件名（一个 .o 文件），make 会自动为这个 .o 文件寻找合适的依赖文件（对应的 .c 文件。对应是指：文件名除扩展名外，其余都相同的两个文件），而且使用正确的命令来重建这个目标文件。对于上边的例子，此默认规则就使用命令 cc – c main. c – o main. o 来创建文件 main. o。对于一个目标文件是 N. o、依赖文件是 N. c 的规则，完全可以省略其规则的命令行，而由 make 自身决定使用默认命令。此默认规则称为 make 的隐含规则。

因此在书写 Makefile 时可以省略描述 .c 文件和 .o 依赖关系的规则，而只需要给出那些特定的规则描述（.o 目标所需要的 .h 文件）。因此上边的例子就可以以更加简单的方式来书写，同样使用变量 objects。Makefile 的内容如下。

```
#      sample Makefile
objects = main. o kbd. o command. o display. o \
          insert. o search. o files. o utils. o

edit：$(objects)
cc – o edit  $(objects)

main. o：defs. h
kbd. o：defs. h command. h
command. o：defs. h command. h
display. o：defs. h buffer. h
insert. o：defs. h buffer. h
search. o：defs. h buffer. h
files. o：defs. h buffer. h command. h
utils. o：defs. h

. PHONY：clean
```

```
clean:
    rm edit  $(objects)
```

  Makefile 文件的书写规则建议的方式是：单目标，多依赖。也就是说，尽量要做到一个规则中只存在一个目标文件，可有多个依赖文件。尽量避免多目标、单依赖的方式。这种格式的 Makefile 更接近于实际应用。make 的隐含规则在实际工程的 make 中会经常使用，它使得编译过程变得方便。几乎在所有的 Makefile 中都用到了 make 的隐含规则，make 的隐含规则是非常重要的一个概念。

  隐含规则为 make 提供了重建一类目标文件的通用方法，不需要在 Makefile 中明确地给出重建特定目标文件所需要的细节描述。例如，make 对 C 文件的编译过程是由 .c 源文件编译生成 .o 目标文件。当 Makefile 中出现一个 .o 文件目标时，make 会使用这个通用的方式将扩展名为 .c 的文件编译成目标的 .o 文件。

  另外，在 make 执行时根据需要也可能使用多个隐含规则。比如，make 将从一个 .y 文件生成对应的 .c 文件，最后再生成最终的 .o 文件。也就是说，只要目标文件名中除扩展名以外其他部分相同，make 都能够使用若干个隐含规则来最终产生这个目标文件（当然最原始的那个文件必须存在）。例如；可以在 Makefile 中这样来实现一个规则：foo：foo.h，只要在当前目录下存在 foo.c 这个文件，就可以生成 foo 可执行文件。

  内嵌的隐含规则在其所定义的命令行中，会用到一些变量（通常也是内嵌变量）。可以通过改变这些变量的值来控制隐含规则命令的执行情况。例如，内嵌变量 CFLAGS 代表了 GCC 编译器编译源文件的编译选项，就可以在 Makefile 中重新定义它，来改变编译源文件所要使用的参数。

4.3.4　规则的命令

  规则的命令由一些 Shell 命令行组成，它们被一条一条地执行。规则中除了第一条紧跟在依赖列表之后使用分号隔开的命令以外，其他的每一行命令行必须以［Tab］字符开始。多个命令行之间可以有空行和注释行（所谓空行，就是不包含任何字符的一行。以〈Tab〉键开始而其后没有命令的行，不是空行，是空命令行），在执行规则时空行被忽略。

  通常系统中可能存在多个不同的 Shell。但在 make 处理 Makefile 过程时，如果没有明确指定，那么对所有规则中命令行的解析使用/bin/sh 来完成。

  执行过程所使用的 Shell 决定了规则中的命令的语法和处理机制。当使用默认的/bin/sh 时，命令中出现的字符 # 到行末的内容被认为是注释。当然，# 也可以不在此行的行首，此时 # 之前的内容不会被作为注释处理。在用 make 解析 makefile 文件时，对待注释也是采用同样的处理方式。

  make 在执行命令行之前会把要执行的命令行输出到标准输出设备，即"回显"，就好像在 Shell 环境下输入命令执行时一样。如果规则的命令行以字符"@"开始，则 make 在执行这个命令时就不会回显这个将要被执行的命令。典型的用法是在使用 echo 命令输出一些信息时，如：@echo 开始编译 XXX 模块。

  如果使用 make 的命令行参数 - n 或 - - just - print，那么 make 执行时只显示所要执行的命令，但不会真正执行这些命令。只有在这种情况下，make 才会打印出所有 make 需要执行的命令，其中也包括使用 @ 字符开始的命令。这个选项对于调试 Makefile 非常有用，使用这个选项可以按执行顺序打印出 Makefile 中需要执行的所有命令。

而 make 参数 – s 或 – – slient 则是禁止所有执行命令的显示，就好像所有的命令行均使用 @ 开始一样。在 Makefile 中使用没有依赖的特殊目标 . SILENT 也可以禁止命令的回显，但是它不如使用@ 灵活，推荐使用@ 来控制命令的回显。

在 Shell 提示符下输入 make 命令后，make 将读取当前目录下的 Makefile 文件，并将 Makefile 文件中的第一个目标作为其终极目标，开始处理第一个规则。规则除了完成源代码编译之外，也可以完成其他任务。例如前边提到的为了实现清除当前目录中编译过程中产生的临时文件（edit 和 . o 文件）的规则：

```
clean:
rm edit  $(objects)
```

这样的一个目标在 Makefile 中，不能将其作为终极目标（Makefile 的第一个目标）。因为这里的初衷并不是在命令行上输入 make 以后执行删除动作，而是在输入 make 以后需要对目标 edit 进行创建或者重建。因为目标 clean 没有出现在终极目标 edit 的依赖关系中，所以执行 make 时，目标 clean 所在的规则将不会被处理。当需要执行此规则时，要在 make 的命令行选项中明确指定这个目标（执行 make clean）。

在实际应用时，需要修改这个规则，以防止出现始料未及的情况。

```
. PHONY：clean
clean：
 – rm edit  $(objects)
```

这两个实现有两点不同：①通过 . PHONY 将 clean 目标声明为伪目标，避免当磁盘上存在一个名为 clean 的文件时，目标 clean 所在规则的命令无法执行。②在命令行之前使用 – ，意思是忽略命令 rm 的执行错误。规则中的命令在运行结束后，make 会检测命令执行的返回状态，如果返回成功，那么就启动另外一个子 Shell 来执行下一条命令。规则中的所有命令执行完成之后，这个规则就执行完成了。如果一个规则中的某一个命令出错（返回非 0 状态），make 就会放弃对当前规则后续命令的执行，也有可能会终止所有规则的执行。

一般情况下，规则中一个命令的执行失败并不代表规则执行的错误。例如，使用 mkdir 命令来确保存在一个目录。当此目录不存在时就建立这个目录，当此目录存在时 mkdir 就会执行失败。其实并不希望 mkdir 在执行失败后终止规则的执行。为了忽略一些无关命令执行失败的情况，可以在命令之前加一个减号 – （在［Tab］字符之后），来告诉 make 忽略此命令的执行失败。命令中的 – 号会在 Shell 解析并执行此命令之前被去掉，Shell 所解释的只是纯粹的命令，– 字符是由 make 来处理的。

4.4 综合实践：编译调试 NTP 协议程序

项目分析：

NTP（Network Time Protocol，网络时间协议）用于时间同步，它可以提供高精准度的时间校正（LAN 上与标准时间差小于 1 毫秒，WAN 上为几十毫秒），且可通过加密确认的方式来防止恶意攻击。

NTP 通过交换时间服务器和客户端的时间戳计算出客户端相对于服务器的时延和偏差，从而实现时间的同步。计算机主机一般同多个时间服务器连接，利用统计学的算法过滤来自不同服务器的时间，以选择最佳的路径和来源来校正主机时间。即使主机在长时间无法与某一时间服务器相联系的情况下，NTP 服务依然可以有效运转。

时间信息的传输都使用 UDP 协议。

```
NTP 协议格式:

NTP packet = NTP header + Four TimeStamps = 48byte
NTP header:16byte

+-+-+-+-+-+-+-+-+-+-+-+-+-+-+-+-+-+-+-+-+-+-+-+-+-+-+-+-+-+-+-+-
| LI  |  VN | Mode | Stratum | Poll | Precision |
+-+-+-+-+-+-+-+-+-+-+-+-+-+-+-+-+-+-+-+-+-+-+-+-+-+-+-+-+-+-+-+-
LeapYearIndicator:2bit
VersionNumber:3bit
Stratum:8bit
Mode:3 bit
PollInterval:8 bit
Percision:8bit
| Root Delay |
+-+-+-+-+-+-+-+-+-+-+-+-+-+-+-+-+-+-+-+-+-+-+-+-+-+-+-+-+-+-+-+-
Root delay:32bit
| Root Dispersion |
+-+-+-+-+-+-+-+-+-+-+-+-+-+-+-+-+-+-+-+-+-+-+-+-+-+-+-+-+-+-+-+-
Root Dispersion:32bit
| Reference Identifier |
+-+-+-+-+-+-+-+-+-+-+-+-+-+-+-+-+-+-+-+-+-+-+-+-+-+-+-+-+-+-+-+-
Reference Identifier:32bit
Four TimeStamps:32byte
+-+-+-+-+-+-+-+-+-+-+-+-+-+-+-+-+-+-+-+-+-+-+-+-+-+-+-+-+-+-+-+-
| Reference Timestamp |
+-+-+-+-+-+-+-+-+-+-+-+-+-+-+-+-+-+-+-+-+-+-+-+-+-+-+-+-+-+-+-+-
Reference Timestamp:64bit
| Originate Timestamp |
+-+-+-+-+-+-+-+-+-+-+-+-+-+-+-+-+-+-+-+-+-+-+-+-+-+-+-+-+-+-+-+-
Originate Timestamp:64bit
| Receive Timestamp |
+-+-+-+-+-+-+-+-+-+-+-+-+-+-+-+-+-+-+-+-+-+-+-+-+-+-+-+-+-+-+-+-
Receive Timestamp:64bit
| Transmit Timestamp |
+-+-+-+-+-+-+-+-+-+-+-+-+-+-+-+-+-+-+-+-+-+-+-+-+-+-+-+-+-+-+-+-
Transmit Timestamp:64bit
| Authenticator（optional）(96) |
+-+-+-+-+-+-+-+-+-+-+-+-+-+-+-+-+-+-+-+-+-+-+-+-+-+-+-+-+-+-+-+-
```

SNTP 是 NTP 的一个子集，它不像 NTP 那样可以同时和多个时间服务器校时，一般在 Client 端下使用。NTP 相关资料如下。

1）http://www.ntp.org/。

2）http://archive.ntp.org/ntp4/。

项目实施步骤如下。

1）下载 ntp－4.2.8p4。

2）编译 ntp。

3）调试 ntp 客户端。

4.4.1　获取源代码

可以通过两个途径获取源代码，一是直接登录官方网址下载源代码包，二是通过 SVN 获取源代码。SVN 是 Subversion 的简称，是一个开源的版本控制系统。可以使用命令 apt – get in-stall subversion 安装 SVN。

将源代码文件下载到本地目录使用 checkout 命令。

```
svn checkout path(path 是服务器上的目录)
例如：
#   svn checkout http:// archive. ntp. org/ntp4
#   svn checkout svn://192. 168. 1. 1/pro/domain
```

4.4.2　编译 NTP

获取源代码后解压，并查看目录中的文件内容。

```
#   tar zxf ntp – 4. 2. 8p4. tar. gz
#   ls
aclocal. m4          configure. ac    libparse          README. bk
adjtimed             COPYRIGHT        ltmain. sh            README. hackers
bincheck. mf         depcomp          Makefile. am      README. leapsmear
bootstrap            deps – ver       Makefile. in       README. patches
build                depsver. mf      missing            README. refclocks
ChangeLog            dot. emacs       NEWS                README. versions
check – libopts. mf  flock – build    NOTES. y2kfixes    readme. y2kfixes
clockstuff           html             ntpd              results. y2kfixes
CommitLog            include          ntpdate            scripts
CommitLog – 4. 1. 0  includes. mf     ntpdc             sntp
compile              INSTALL          ntpq              tests
conf                 install – sh     ntpsnmpd           TODO
config. guess        kernel           packageinfo. sh   util
config. h. in        lib              parseutil         WHERE – TO – START
config. sub          libjsmn          ports             ylwrap
configure            libntp           README
```

Linux 是开源系统，几乎所有的软件都可以获取源代码并通过源代码进行安装。下载源代码后首先应该查看 INSTALL 与 READM 文件。READM 文件介绍项目的基本情况，以及源代码目录与文件。INSTALL 文件介绍如何编译与安装软件。在本例中，INSTALL 文件如下。

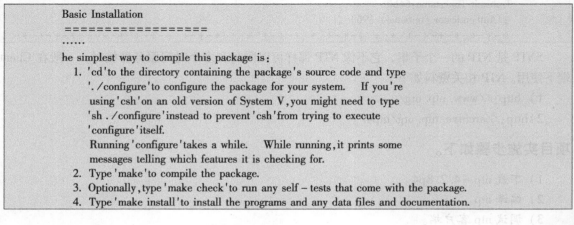

```
Basic Installation
====================
……
he simplest way to compile this package is：
    1. 'cd'to the directory containing the package's source code and type
       '. /configure'to configure the package for your system.    If you're
       using 'csh'on an old version of System V, you might need to type
       'sh . /configure'instead to prevent 'csh'from trying to execute
       'configure'itself.
       Running 'configure'takes a while.    While running, it prints some
       messages telling which features it is checking for.
    2. Type 'make'to compile the package.
    3. Optionally, type 'make check'to run any self – tests that come with the package.
    4. Type 'make install'to install the programs and any data files and documentation.
```

Linux 系统中软件通常以源代码或者预编译包的形式提供。源代码需要编译后能够使用，安装比较耗时。一般先运行脚本 configure，然后用 make 来编译源程序，再运行 make install，最后运行 make clean 删除一些临时文件。

1. /configure

这是源代码安装的第一步，主要作用是对即将安装的软件进行配置，检查当前的环境是否满足所要安装软件的依赖关系。第二个作用是生成 Makefile，为下一步的编译做准备，可以通过在 configure 后加上参数来对安装进行控制。

例如，./configure - prefix =/usr 的意思是将该软件安装到/usr 下面，执行文件就会安装在/usr/bin，而不是默认的/usr/local/bin。同时一些软件的配置文件可以通过指定 - sys - config = 参数进行设定。有一些软件还可以加上 - with、- enable、- without 和 - disable 等参数对编译加以控制，可以通过 ./configure - help 查看详细的说明帮助。

当运行 ./configure 后，会在源代码目录下创建 Makefile 文件。

```
#  . / configure
...
    configure:creating . / config. status
    config. status:creating libevent. pc
    config. status:creating libevent_openssl. pc
    config. status:creating libevent_pthreads. pc
    config. status:creating Makefile
    config. status:creating config. h
    config. status:config. h is unchanged
    config. status:creating evconfig - private. h
    config. status:evconfig - private. h is unchanged
```

```
config. status:executing depfiles commands
config. status:executing libtool commands
```

2. make

第二步就是编译，大多数源代码包都经过这一步进行编译（当然，有些 perl 或 python 编写的软件需要调用 perl 或 python 来进行编译）。如果在 make 过程中出现错误（error），就要记下错误代码，然后可以向开发者提交 bugreport。出错原因也可能是系统少了一些依赖库等，这些需要自己仔细研究错误代码。

```
#   make
…
        Version  < ntp – keygen 4. 2. 8p4@ 1. 3265 Thu Dec 24 08 :24 :04 UTC 2015 (1) >
        env CCACHE_DISABLE = 1 gcc  – DHAVE_CONFIG_H  – I.  – I.   – I. . /include – I. . /lib/
        isc/include  – I. . /lib/isc/pthreads/include  – I. . /lib/isc/unix/include  – I. . /sntp/libopts   –
        ffunction – sections  – fdata – sections  – Wall  – Wcast – align  – Wcast – qual  – Wmissing – proto-
        types  – Wpointer – arith  – Wshadow  – Winit – self  – Wstrict – overflow    – Wstrict – prototypes
        – g  – O2  – c version. c  – o version. o
CCLD        ntp – keygen
CC          ntptime. o
CCLD        ntptime
CC          tickadj. o
CCLD        tickadj
        . . /config. status  – – file = ntp – keygen. 1 + :. /ntp – keygen. man. in
        config. status:creating ntp – keygen. 1 +
…
```

3. make install

第三步是进行安装（当然有些软件需要先运行 make check 或 make test 来进行一些测试）。因为要向系统写入文件，所以这一步一般需要 root 权限。

4. 4. 3   调试 NTP

进行时间同步时，通常选择几个主要主机（Primary Server）调校时间，让这些 Primary Servers 的时间同步之后，再开放网络服务来让 Client 端联机，并且提供 Client 端调整自己的时间。NTP 有两个重要的程序，一个是提供 NTP 服务的程序 ntpd，配置文件为/etc/ntp. conf。另一个是用于客户端的时间校正的 ntpdate。NTP 服务的程序 ntpd 通过以下操作来让 Server 与 Client 同步它们的时间。

1）Client 会向 NTP Server 发送出调校时间的 message。

2）然后，NTP Server 会送出目前的标准时间给 Client。

3）Client 接收了来自 Server 的时间后，会据以调整自己的时间，就达成了网络校时。

如果需要调试程序，则要在编译时添加调试选项，CXXFLAGS = " – g2 – O0 – DDEBUG – Wall"。通常项目都会有 – – enable – debug 选项，可以 . /configure – help 查看。

```
#   . /configure  – help  │  grep enable – debug
        – – enable – debugging        + include ntpd debugging code
        – – enable – debug – timing    – include processing time debugging code（costs
```

可以看出 ntp 项目需要调试代码的选项是 – – enable – debugging。重新运行 . /configure – – enable – debugging，然后编译程序。

```
#   . /configure  – – enable – debugging
#   make
```

运行客户端的时间校正的 ntpdate，链接 stdtime. gov. hk 服务器进行时间校准。

```
#   ./ntpdate stdtime. gov. hk
24 Dec 17:08:24 ntpdate[26815]:adjust time server 223. 255. 185. 2 offset − 0. 087884 sec
```

通过 GDB 调试 ntpdate 程序。在 ntpdate 目录下运行 gdb ntpdate。

```
#   gdb ntpdate
GNU gdb (Ubuntu/Linaro 7. 4 − 2012. 04 − 0ubuntu2. 1) 7. 4 − 2012. 04
Copyright (C) 2012 Free Software Foundation,Inc.
License GPLv3 + :GNU GPL version 3 or later < http://gnu. org/licenses/gpl. html >
This is free software:you are free to change and redistribute it.
There is NO WARRANTY,to the extent permitted by law.    Type "show copying"
and "show warranty" for details.
This GDB was configured as "i686 − Linux − gnu".
For bug reporting instructions,please see:
< http://bugs. launchpad. net/gdb − linaro/ >...
Reading symbols from /opt/ntp − 4. 2. 8p4/ntpdate/ntpdate... done.
(gdb)
```

通过 set args 设置 stdtime. gov. hk 启动参数，然后就可以开始调试程序了。

```
(gdb) set args stdtime. gov. hk
(gdb) l
292      * Main program.    Initialize us and loop waiting for I/O and/or
293      * timer expires.
294      */
295      #ifndef NO_MAIN_ALLOWED
296      int
297      main(
298          int argc,
299          char * argv[ ]
300          )
301      {
```

第 5 章　构建嵌入式 Linux 开发环境

学习目标：

- 熟悉目标板硬件资源
- 熟悉目标板软件资源
- 安装与体验 Linux + Qt 系统
- 使用 Linux 下的 minicom 仿真终端
- ARM 虚拟机配置
- 配置嵌入式开发环境

5.1　熟悉目标板硬件资源

嵌入式系统开发需要选择一款满足要求的开发板（也称为目标板）作为开发和测试的原型系统。目前市场上 ARM9 的开发板很多，如天嵌、友善之臂等，它们都以 S3C2440 为核心，加上对片上资源的外设设计，其结构和配置基本类似。本书目标板采用友善之臂的 Micro2440。Micro2440 开发板由核心板 Micro2440 和底板 Micro2440SDK 组成，Micro2440 开发板硬件结构图如图 5-1 所示。

图 5-1　Micro2440 开发板硬件结构图

图 5-2 所示为 Micro2440 核心板布局图，Micro2440 其实是一个最小的系统板，它包含最基本的电源电路（5 V 供电）、复位电路、标准 JTAG 调试口、用户调试指示灯，以及核心的 CPU 和存储单元等。Micro2440 硬件资源配置如下。

- CPU Samsung S3C2440A，主频为 400 MHz，最高为 533 Mhz。
- SDRAM 在板 64M SDRAM，32 bit 数据总线，SDRAM 时钟频率高达 100 MHz。
- Flash Memory 在板 64M Nand Flash，掉电非易失；在板 2M Nor Flash，掉电非易失，已经安装 BIOS（用户可自行更换为其他 bootloader）。
- 接口和资源。

1 个 56 Pin 2.0 mm 间距 GPIO 接口 PA。

1 个 50 Pin 2.0 mm 间距 LCD & CMOS CAMERA 接口 PB。

1 个 56 Pin 2.0 mm 间距系统总线接口 PC。

在板复位电路。

在板 10 Pin 2.0 mm 间距 JTAG 接口。

4 个用户调试灯。

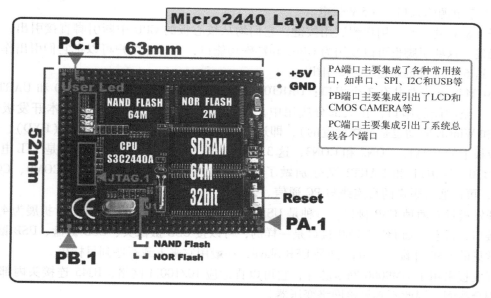

图 5-2　Micro2440 核心板布局图

Micro2440 具备两种 Flash，一种是 NOR Flash，型号为 SST39VF1601，大小为 2 MB；另一种是 Nand Flash，型号为 K9F2G08，大小为 256 MB（可兼容最大 1 GB Nand Flash），通过跳线 J1 可以选择从 NAND 或 NOR 启动系统。一般 NOR Flash 里面放置的是不经常更改的 BIOS（如 supervivi），NAND Flash 里面则烧写完整的系统程序（bootloader、内核和文件系统等）。实际的产品中大都使用一片 Nand Flash 就够了，为了方便开发学习还保留了 Nor Flash。Nand Flash 不具有地址线，它有专门的控制接口与 CPU 相连，数据总线为 8 bit，但这并不意味着 Nand Flash 读写数据会很慢。大部分的 U 盘或 SD 卡都是 Nand Flash 制成的设备。

Micro2440 SDK 底板布局及接口资源如图 5-1 所示，它是一个双层电路板，为了方便用户学习开发参考使用，上面引出了常见的各种接口。

- 1 个 100M 网络 RJ-45 接口，采用 DM9000 网卡芯片。

- 3 个串口接口，分别有 RS232 接口和 TTL 接口引出。
- 4 个 USB Host（使用 USB 1.1 协议），通过 USB HUB 芯片扩展。
- 1 个 USB Slave（使用 USB 1.1 协议）。
- 标准音频输出接口，在板麦克风（MIC）。
- 1 个 PWM 控制蜂鸣器。
- 1 个可调电阻接 W1，用于 AD 转换测试。
- 6 个用户按键，并通过排针座引出，可作为其他用途。
- 1 个标准 SD 卡座。
- 2 个 LCD 接口座，其中 LCD1 为 41Pin 0.5 mm 间距贴片接口，可真彩屏显示模块或者 VGA 转接板，另一个 LCD 接口适合直接连接群创 7″ LCD。
- 2 个触摸屏接口，分别有 2.0 mm 和 2.54 mm 间距两种，实际上它们的定义是相同的。
- 1 个 CMOS 摄像头接口（CON4），为 20 Pin 2.0 mm 间距插针，可直接连接 CAM130 摄像头模块。
- 在板 RTC 备份电池。
- 1 个电源输入口，+5 V 供电。

开发板总共有 6 个用户测试用按键，它们均从核心板的 CPU 中断引脚直接引出，属于低电平触发，这些引脚也可以复用为 GPIO 和特殊功能口，为了让用户可以把它们引出作为其他用途，这 6 个引脚也通过 CON8 引出。

S3C2440 本身总共有 3 个串口：UART0、UART1 和 UART2，其中 UART0 和 UART1 可组合为一个全功能的串口，在大部分应用中，只用到 3 个简单的串口功能（本开发板提供的 Linux 和 WinCE 驱动也是这样设置的），即通常所说的发送（TXD）和接收（RXD），它们分别对应板上的 CON1、CON2 和 CON3，这 3 个接口都是从 CPU 直接引出的，是 TTL 电平。其中 UART0、UART1 和 UART2 又分别做了 RS232 电平转换，它们对应于 COM0、COM1 和 COM3，可以通过附带的直连线与 PC 通信。

开发板具有两种 USB 接口，一种是 USB Host，它通过一个 USB HUB 芯片扩展为 4 个 USB Host 接口，这和普通 PC 的 USB 接口是一样的，可以接 USB 摄像头、USB 键盘、USB 鼠标及 U 盘等常见的 USB 外设，另外一种是 USB Slave，一般用它来下载程序到目标板。

开发板采用了 DM9000 网卡芯片，它可以自适应 10/100M 网络，RJ45 连接头内部已经包含了耦合线圈，因此不必另接网络变压器。

S3C2440 带有 CMOS 摄像头接口，在开发板上通过 CON4 接口引出，它是一个 20 脚 2.0 mm 间距的针座，可以直接使用 CAM130 摄像头模块。

5.2 熟悉目标板软件资源

在了解了开发板的硬件资源后，还需要了解与开发板配套提供的软件资源。可以在友善之臂官网下载 Micro2440 - dvd - image. iso 镜像光盘，以后的学习过程中经常需要使用光盘的内容。下面介绍与 Linux 嵌入式项目开发有关的目录下的资源。

1. Images

烧写文件映像目录，该目录中存放了可直接烧写到开发板的所有文件，均为二进制可执行文件，其中包括 Linux、Windows CE 5.0、uCos2 和裸机测试程序等，如表 5-1 所示。

表 5-1　Images 目录内容

目　录	文　件
Linux	supervivi_mini2440，zImage_n35，root_default. img，root_qtopia_mouse. img，root_qtopia_tp. img，root_mizi. img
Win CE 5.0	supervivi_mini2440，EBOOT_2440. nb0，NK_ce5_N35. bin，NK_ce5_N35. nb0
其他目录	myled. bin，2440ucos2_N35. bin，？2440uCos2_A70. bin，2440uCos2_VGA1024x768. bin　2440test_N35. bin，2440test_A70. bin，2440test_VGA1024x768. bin

2. Linux

Linux 开发包目录，该文件夹中包含了开发 Linux 所用到的交叉编译链工具、内核源代码（内含各种驱动程序源代码）、应用程序示例程序、文件系统制作工具和文件系统源目录包等资料，表 5-2 所示是简要说明。

表 5-2　Linux 目录内容

目　录	文　件
arm – Linux – gcc – 2. 95. 3. tgz	2.95.3 版本的 arm – Linux 交叉编译工具链，主要用来编译 bootloader – vivi
arm – Linux – gcc – 3. 3. 2. tgz	3.3.2 版本的 arm – Linux 交叉编译工具链，主要用来编译 arm – qtopia 和 ipaq – qtopia
arm – Linux – gcc – 3. 4. 1. tgz	3.4.1 版本的 arm – Linux 交叉编译工具链，主要用来编译内核和常见的应用程序
Linux – 2. 6. 13 – mini2440 – 20080910. tgz	内核源代码包，其中包含外设的各种驱动源代码
busybox – 1. 2. 0. tgz	Linux 命令工具集源代码包
arm – qtopia. tgz	ARM 版本的嵌入式图形界面 qtopia 的源代码包
x86 – qtopia. tgz	PC 版本的嵌入式图形界面 qtopia 的源代码包
mkYAFFSimage. tgz	制作 YAFFS 文件系统所使用的工具
examples. tgz	Linux 应用开发示例，包括如何操作驱动设备：LED，按键，网络编程，数学函数调用，C ++ 示例，以及线程编程示例等
jflash2440. tgz	Linux 下使用 JTAG 板烧写 NAND Flash 的工具，很少用到
root_default. tgz	root_default. img 对应的文件系统包
root_mizi. tgz	root_mizi. img 对应的文件系统包
root_nfs. tgz	通过 NFS 启动时需要的文件系统目录
root_qtopia_mouse. tgz	root_qtopia_mouse. img 对应的文件系统包
root_qtopia_tp. tgz	root_qtopia_tp. img 对应的文件系统包
vivi. tgz	bootloader – vivi 源代码包
其他文件	porting sample\ 目录中是命令行的 MP3 播放器 madplay 的源代码及移植脚本

3. OpenSourceBootLoader

基于 S3C2440 系统有很多常见的 bootloader，它们的功能和性能根据目的各有侧重，如表 5-3 所示。

表 5-3　OpenSourceBootLoader 目录内容

目　录	文　件
u – boot – 1. 1. 6 – FA24x0. tar. gz	u – boot – 1. 1. 6 源代码包

目　录	文　件
vivi. tgz	基于三星 vivi 的适用于本开发板的 vivi 源代码包，可支持 NOR 或者 NAND 启动
YL2440A_MON. rar	深圳优龙公司基于三星 2440mons USB 下载监控程序修改而来的 bootloader 源代码

4. Windows 平台工具

学习开发本开发板一般基于 Windows XP 系统就可以了，无须单独安装 Linux 系统，使用该目录里面的 vmware 可以完成手册中提到的所有操作和步骤。除此之外，该文件夹中还包含以下常用工具，如表 5-4 所示。

表 5-4　Windows 平台工具目录内容

目　录	文　件
ActiveSync	开发 Windows CE 时所用到的同步程序安装文件，下载自微软网站，为免费软件
ADS1. 2	常见的 ARM 开发工具，配合 H - JTAG 可以编译和单步调试裸机程序，如光盘里的 2440test、myled 和 uCos2 等
bmp2T	用于制作 Windows CE 开机画面的小工具，输入为 bmp 格式的图片，输出是一个 C 语言数组
CE 用同步 USB 驱动	安装完 ActiveSync 后，接上运行了 Windows CE 的开发板，还需要安装此驱动才能正常使用同步功能
dnw	使用 USB 下载、更新和备份开发板系统所用到的工具程序，由三星原厂提供，友善之臂进行了改进，增加了备份功能
GIVEIO	使用 sjf2440 通过并口烧写 Flash 时要安装此驱动
H - JTAG	非常好用的 JTAG 代理软件，配合此软件，可使用随机附带的 JTAG 小板进行单步调试、仿真等。 安装使用 H - JTAG 烧写 NOR Flash，见手册 2.6 节 使用 H - JTAG + ADS 进行单步调试，见手册第 4 章 使用 H - JTAG 可以快速烧写 NOR Flash，并且支持的型号众多，有的厂家开发板为了节省成本，去掉了 NOR Flash，但 H - JTAG 无法直接烧写 NAND FLash，没有 NOR Flash 的板是十分不利于批量生产和维护的
j2sdk - 1_4_1_02 - windows - i586	Java 组件安装程序，通过网络监控摄像头时，使用的是一个 Java 程序，需要用到此 Java 组件
LCD 彩色图片转换工具 BMP_to_H	在 uCos2 和 2440test 中，有时要在 LCD 上显示一幅图片，需要首先把它转化为数组，就需要用到这个程序
SJF2440	通过命令行烧写 Flash 的工具，必须安装 GIVEIO 才能使用，速度慢，没有校验功能。该程序由三星提供，有源代码，有的人进行了改进，以支持更多型号的 NOR Flash，但远不如 H - JTAG 支持的型号多
tftpboot	一个简洁的 tftp 服务器程序，一般配合 u - boot 使用
usb 驱动	使用 supervivi 通过 USB 安装时，首先要安装此驱动程序，安装步骤见手册 2.2.2，该驱动有源代码，位于"三星原官方网站 S3C2440 资料 \ firmware_BSP \ 2440_usb_driver. zip"中。
Vmware	虚拟机软件 vmware 的安装程序

在使用新的嵌入式开发板之前仔细阅读开发手册并浏览提供的光盘资源是非常必要的。

5.3　任务：安装与体验 Linux + Qt 系统

开发 Windows 应用程序时可以直接在 PC 上编辑、编译和调试所编写的软件，只需一台计算机就可以完成所有的开发过程。对于嵌入式系统而言，其本身是一个硬件系统，包括由 ARM 芯片、Flash、电源和通信接口等一系列外设组成一台与 PC 类似的系统。初始的嵌入式系统是一个空白的系统，就如同没有安装操作系统的 PC 一样，需要通过主机为它构建基本的软件系统并烧制到嵌入式设备中。

嵌入式系统开发一般都采用如图 5-3 所示的"宿主机/目标板"开发模式，即利用宿主机（PC 机）上丰富的软硬件资源及良好的开发环境和调试工具，来开发目标板上的软件，然后通过交叉编译环境生成目标代码和可执行文件，通过串口、USB 或以太网等方式下载到目标板上，利用交叉调试器监控程序运行，实时分析，最后，将程序下载、固化到目标机上，完成整个开发过程。

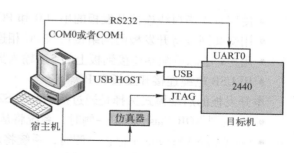

图 5-3　开发板与 PC 连接方式

在了解开发板的基本结构后，下面将介绍如何利用开发板搭建嵌入式系统的开发环境。

嵌入式系统通常需要以下几个部分。

1. BootLoader

PC 启动时首先执行 BIOS 中的代码进行系统自检，当系统自检通过之后，会将控制权交给位于磁道 0 扇区 0 磁道的 MBR，由 MBR 引导操作系统。嵌入式设备使用 BootLoader 来实现系统内核的引导。BootLoader 的主要任务是将内核映像从存储介质上读到 RAM 中，然后跳转到内核的入口点去运行，即开始启动操作系统。

2. 内核

内核是系统的核心，嵌入式 Linux 内核一般由标准 Linux 内核裁剪而来，用户可根据需求配置系统，剔除不需要的服务功能、文件系统和设备驱动。内核启动的参数可以是默认的，也可以由 BootLoader 传递而来。

3. 文件系统

文件系统包括根文件系统和建立在 Flash 内存设备之上的文件系统。通常用 ramdisk 来作为 rootfs。文件系统提供管理系统的各种配置文件和系统运行所需要的各种应用程序和库。例如，为用户提供 Linux 控制界面的 Shell 程序、动态链接程序等。

4. 系统应用与图形界面系统

特定的系统应用和用户应用程序也存储于文件系统中。在应用程序和内核之间可以加入嵌入式图形界面系统，如 Qt/Embedded 和 MiniGUI 等。

任务描述与要求：

1）外部接口连接。

2）下载 BootLoader。

3）下载 Linux 内核。

4）下载文件系统。

5）开机初始化 Qt 图形界面。

下面将使用已有的 BootLoader、内核、文件系统来安装与使用体验 Linux + Qt 嵌入式系统，

第 1 步外部接口连接，第 2 步下载 BootLoader，第 3 步下载 Linux 内核，第 4 步下载文件系统，第 5 步开机初始化 Qt 图形界面。

5.3.1　外部接口连接

- 使用直连串口线连接开发板的串口 0 和 PC 的串口。
- 用交叉网线将开发板的网络接口与 PC 相连。
- 用 5 V 电源适配器连接到板上的 5 V 输入插座。
- 用 USB 电缆连接开发板和 PC。

本开发板的启动模式选择是通过拨动开关 S2 来决定的。

- S2 接到 NOR Flash 标识一侧时，系统将从 NOR Flash 启动。
- S2 接到 NAND Flash 标识一侧时，系统将从 NAND Flash 启动。

5.3.2　超级终端配置

为了通过串口连接开发板，必须使用一个模拟终端程序，通常使用 Windows 自带的超级终端，桌面版 Linux 系统也自带了类似的串口终端软件（minicom），它是基于命令行的程序，使用起比较复杂。

超级终端程序通常位于"开始"→"程序"→"附件"→"通信"命令中，选择运行该程序，会打开窗口询问是否要将超级终端作为默认的 telnet 程序。

超级终端会要求为新的连接取一个名称，如图 5-4 所示，输入名称 ttyS0，Windows 系统会禁止使用类似 COM1 这样的名称，因为这个名称已被系统占用了。

当命名完以后，需要选择连接开发板的串口，这里选择 COM1，如图 5-5 所示。如果使用 USB 转串口线，串口通常是 COM4。

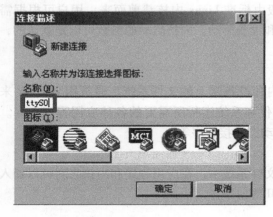

图 5-4　连接描述

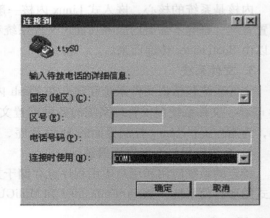

图 5-5　选择串口

接下来设置串口，注意必须选择"无"流控制，否则只能看到输出而不能输入，另外目标板的串口波特率是 115200，如图 5-6 所示。

当所有的连接参数都设置好以后，打开目标板电源开关，系统会出现 vivi 启动界面，如图 5-7 所示。

选择超级终端中的"文件"→"另存为"命令，保存该连接设置，以后再连接时就不必重新执行以上设置了。

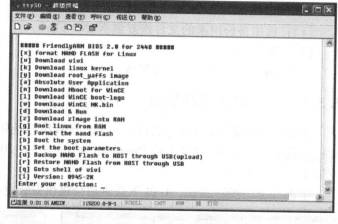

图 5-6　串口参数配置　　　　　　　　　图 5-7　vivi 启动界面

Micro2440 开发板所附光盘提供了两个 supervivi 文件：supervivi－64M 和 supervivi－128M。supervivi－64M 适用于 64 MB NAND Flash 版 mini2440/mini2440，supervivi－128M 适用于 128 MB/256 MB/512 MB/1 GB 版本的 NAND Flash 版 mini2440/mini2440。supervivi 在出厂时已经预装入板子的 NOR Flash 中，设置拨动开关 S2 为 NOR Flash 启动，即可进入 BIOS 模式，此时开发板上的绿色 LED1 会呈现闪烁状态。

supervivi 功能菜单说明如下。

［x］：对 NAND Flash 进行默认分区。

［v］：通过 USB 下载 Linux BootLoader 到 Nand Flash 的 BootLoader 分区。

［k］：通过 USB 下载 Linux 内核到 Nand Flash 的 kernel 分区。

［y］：通过 USB 下载 yaffs 文件系统映像到 Nand Flash 的 root 分区。

［a］：通过 USB 下载用户程序到 Nand Flash 中，一般这样的用户程序为 bin 可执行文件，如 2440test（需要支持超过 4 KB 限制）、uCos2（开发板中自带的 uCos2 支持 Nand Flash 启动）和 U－Boot 等；当然也可以是其他任意大小的 bin 程序。

［n］：通过 USB 下载 WinCE 启动程序 Nboot 到 NAND Flash 的 Block0。

［l］：通过 USB 下载 WinCE 启动时的开机 Logo（.bmp 格式的图片）。

［w］：通过 USB 下载 WinCE 发行映像 NK.bin 到 Nand Flash。

［d］：通过 USB 下载程序到指定内存地址（通过 DNW 的 Configuration→Option 命令指定运行地址），并运行。对于本开发板，SDRAM 的物理起始地址是 0x30000000，结束地址是 0x34000000，大小为 64 Mbytes，另外 BIOS 本身占用了 0x33DE8000 以上的空间，因此在用 BIOS 的 USB 下载功能时应指定地址在 0x30000000 ～ 0x33DE8000 之间。

［z］：通过 USB 下载 Linux 内核映像文件 zImage 到内存中，下载地址为 0x30008000。

［g］：运行内存中的 Linux 内核映像，该功能一般配合功能［z］一起使用。

［f］：擦除 NAND Flash，执行此功能将会擦除整片 NAND Flash 中的数据（如果是第一次使用本开发板，请不必担心误操作，可以恢复到出厂状态）。

［b］：启动系统，如果烧入了 Linux 或者 WinCE，执行该命令将自动辨认识别启动系统。

［s］：设置 Linux 启动参数，详见子菜单说明。

［u］：备份整个 NAND Flash 中的内容，通过 USB 上传到 PC 存储为一个文件，该功能类似

于 PC 系统中经常用的 Ghost 工具。

[r]: 使用备份出来的文件恢复到 NAND Flash。

[i]: 版本信息。

[q]: 返回 vivi 的命令交互模式。

5.3.3 安装 USB 下载驱动

下载程序需要使用 DNW 软件，与 supervivi 配合使用通过 USB 下载内核与文件系统。双击运行光盘中的 FriendlyARM USB Download Driver Setup_20090421. exe 安装程序，如图 5-8 所示，安装 USB 下载驱动。

单击"下一步"按钮，USB 下载驱动会很快安装完毕，如图 5-9 所示。

图 5-8　安装 FriendlyARM USB Download Driver

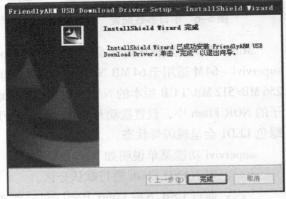

图 5-9　安装完成

驱动安装完成后，需要检测一下 USB 驱动。首先设置开发板的拨动开关 S2 为 NOR Flash 启动，连接好附带的 USB 线和电源。打开电源开关 S1，如果是第一次使用，Windows XP 系统会提示发现了新的 USB 设备，并出现如图 5-10 所示的对话框，在此选择"否，暂时不"单选按钮，单击"下一步"按钮继续。

出现如图 5-11 所示的提示，选择"自动安装软件"单选按钮，单击"下一步"按钮继续。

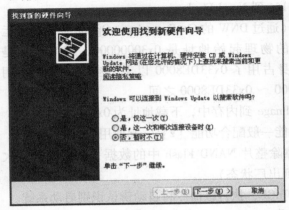

图 5-10　发现新 USB 设备

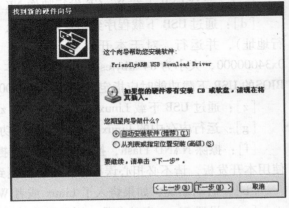

图 5-11　自动安装软件

出现如图5-12所示的对话框，单击"仍然继续"按钮。

至此，第一次使用USB下载驱动的步骤就结束了。在计算机设备管理器中，可以看到相关的USB下载驱动信息，如图5-13所示。

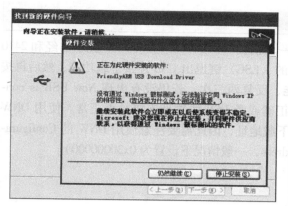

图5-12　警告界面

图5-13　设备管理器查看设备信息

此时打开光盘中的dnw.exe下载软件，可以看到USB连接成功，如图5-14所示。

DNW是三星公司开发的串口小工具，相当于Windows XP自带的超级终端，不过有了一些超级终端没有的功能，如用USB传输文件等。在使用2440开发板进行开发的过程中，DNW可以实现上传/下载文件、烧写文件和运行映像等功能。

DNW可以通过USB接口把文件下载到板子上，但是第一次使用时，必须在PC上安装与2440 USB HOST进行通信的USB驱动。首先需要使用一条串口线连接PC与2440开发板，使用一条USB连接线将PC机和2410的USB口（方形连接口）进行连接，然后运行DNW程序，选择Configuration→Option命令，将波特率设为115200，串口设为PC机上的连接了串口线的那个COM口如图5-15所示；然后选择Serial Port→Connect命令，可以看到DNW窗口的标题栏提示连接好串口后，就按一下2440的复位键，这时BIOS的选项出现了。

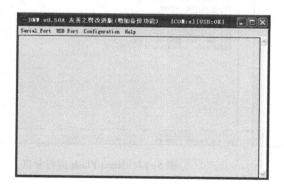

图5-14　vivi启动界面

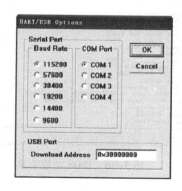

图5-15　DNW配置串口信息

BIOS选项如下所示。

```
Please select function：
0：USB download file
1：Uart download file
```

```
2 : Write Nand flash with download file
3 : Load Pragram from Nand flash and run
4 : Erase Nand flash regions
5 : Write NOR flash with download file
6 : Set boot params
7 : Test Power off
```

进入 USB 下载功能后，DNW 的窗口会出现一段话：Now USB is connected. 提示已经和 2410 建立 USB 连接，如果没有提示，请先按 PC 键盘的〈ESC〉键退出 USB 连接下载功能，然后再按数字〈0〉键，再次尝试进入 USB 连接下载功能，反复两三次，若仍没有出现 Now USB is connected. 的提示，那么请检查 USB 驱动安装是否正确或者 USB 线物理连接是否正常。使用 DNW 烧写/运行二进制映像文件，会用到不同的 USB 下载地址，因此需要注意使用 DNW 的 Configuration→Option 命令配置好下载地址（Download Address，一般情况下设置为 0x30000000）。

5.3.4 下载文件系统

下载文件是通过 DNW 与友善之臂提供的功能菜单配合完成的，安装 Linux 所需要的二进制文件位于光盘的 images\Linux 目录中。安装 Linux 系统主要有以下几个步骤：①对 NAND Flash 进行分区；②安装 BootLoader；③安装内核文件；④安装文件系统。

1. 对 NAND Flash 进行分区

连接好串口，打开超级终端，启动开发板，进入 BIOS 功能菜单，如图 5-16 所示。

选择功能号〔f〕开始对 NAND Flash 进行分区，如图 5-17 所示。有的 NAND Flash 分区时会出现坏区报告提示。supervivi 会对坏区做检测记录，因此这将不会影响板子的正常使用。普通的 NAND Flash 并不能保证所有扇区都是完好的，如果有坏区，系统软件会对它们做检测处理，而不会影响整个软件系统的使用。

图 5-16 BIOS 功能菜单

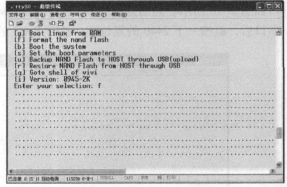

图 5-17 Nand Flash 进行分区

2. 安装 BootLoader

打开 DNW 程序，接上 USB 电缆，如果 DNW 标题栏提示〔USB：OK〕，说明 USB 连接成功，这时根据菜单选择功能号〔v〕开始下载 supervivi，如图 5-18 所示。

在 DNW 中选择 USB Port→Transmit/Restore 命令，并选择打开文件 supervivi（该文件位于光盘的 images/Linux/目录）开始下载，如图 5-19 所示。

图 5-18　下载 supervivi　　　　　　　　　　　图 5-19　选择 supervivi

下载完毕，BIOS 会自动烧写 supervivi 到 NAND Flash 分区中，并返回到主菜单。

3. 安装内核文件

在 BIOS 主菜单中选择功能号［k］，开始下载 Linux 内核 zImage，如图 5-20 所示。

在 DNW 中选择 USB Port→Transmit 命令，并选择打开相应的内核文件 zImage（该文件位于光盘的 images\Linux\目录）开始下载。

下载完毕后，BIOS 会自动烧写内核到 Nand Flash 分区中，并返回到主菜单，如图 5-21 所示。

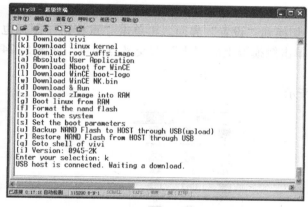

图 5-20　下载 Linux 内核　　　　　　　　　图 5-21　烧写内核到 NAND Flash

4. 安装文件系统

在 BIOS 主菜单中选择功能号［y］，开始下载 yaffs 根文件系统映像文件，如图 5-22 所示。

在 DNW 中选择 USB Port→Transmit/Restore 命令，并选择打开相应的文件系统映像文件 root_qtopia. img（该文件位于光盘的 images\Linux 目录）开始下载，如图 5-23 所示。

下载完毕，拔下 USB 连接线，如果不取下来，有可能在复位或者启动系统时导致计算机死机。

在 BIOS 主菜单中选择功能号［b］，将会启动系统。

如果把开发板的启动模式设置为 NAND Flash 启动，则系统会在上电后自动启动。

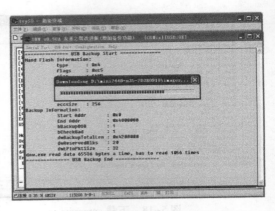

图 5-22 下载 yaffs 根文件系统　　　　图 5-23 选择相应的文件系统映像

5.3.5 初始化 Qt 图形界面

Qtopia 2.2.0 是 Qt 公司基于 Qt/Embedded 2.3 库开发的 PDA 版图形界面系统。最新版的 Qtopia 只有手机版本，而且 Qt 公司自从 2009 年 3 月开始已经停止了所有 Qtopia PDA 版和手机版图形系统的授权，但继续开发 Qt/Embedded 库系统。新安装 Qtopia 系统后，重启系统时首先出现触摸校正界面，按屏幕提示单击屏幕任何地方开始进行校正，然后依照屏幕提示，逐步单击触摸屏上的"十"型交叉点即可。

进入系统后，选择"开始"→"设置"切换到"设置"界面，再单击"重校正"图标也会出现校正界面；然后依照屏幕提示，逐步单击触摸屏上的"十"型交叉点即可，如图 5-24 所示。

进入 Qtopia 系统后的主界面如图 5-25 所示。

图 5-24 触摸校正界面　　　　图 5-25 Qtopia 系统主界面

Qtopia 系统界面上方有 5 个图标，它们代表了 5 类程序/文档，单击任何一个图标都可以进入相应的子类界面，它们都是类似的。另外，单击系统界面左下角的"开始"图标，也可以出现 5 个子类选择菜单，它们和系统界面上方的图标是对应的。

学习了 Linux 的嵌入式开发后，应该可以熟练使用终端控制台进行操作，通过串口终端显示的 Linux 登录界面，根据提示按〈Enter〉键，就可以开始使用 Linux 终端控制台，如图 5-26 所示。

图 5-26　Linux 终端控制台

5.4　任务：Linux 下的 minicom 仿真终端

嵌入式系统开发的程序的运行环境是在硬件开发板上，需要将开发板上的信息显示给用户。对开发板的控制和显示是通过串口线连接 PC 和开发板的，开发板的信息通过串口显示在 Windows 超级终端中。在 Windows 和 Linux 中有不少串口通信软件，可以方便地对串口进行配置，主要设置的参数包括数据传输率、数据位、停止位、奇偶校验位和数据流控制位，Windows 下的串口通信软件有前面介绍过的超级终端、串口调试助手、Putty 和 SecureCRT 等。Linux 下的串口通信软件使用最广泛的是 minicom。

minicom 是一个串口通信工具，就像 Windows 下的超级终端，可用来与串口设备通信。minicom 具有很强的功能，下面主要介绍它的常用功能。

任务描述与要求：

1）安装 minicom。
2）虚拟机串口的设置。
3）配置 Minicom。
4）使用 Minicom。

5.4.1　安装 minicom

可以使用 apt-get 安装 minicom，也可以下载源代码包 minicom-2.4.tar.gz 来安装。

```
#     apt-get install minicom
```

通过源代码包方式进行安装的代码如下。

```
#     tar -zxvf minicom-2.4.tar.gz      //解压 minicom 安装包
#     cd minicom-2.4                    //切换到解压 minicom-2.4 目录
#     ./configure                       //执行 ./configure 检测编译所需的库函数及头文件,可
以指定安装目录,如果不指定则采用默认安装包安装目录。最后产生 Makefile 文件
#     make                              //编译源代码
#     make install                      //安装编译后的软件
```

5.4.2　虚拟机串口的设置

要关闭虚拟机的电源，可以在虚拟机的超级终端中输入 poweroff 命令，然后按〈Enter〉

键进行关闭，也可以在主菜单中选择"关闭"→"关闭电源"命令。关闭电源后，给虚拟机添加一个串口。在虚拟机菜单栏中选择"虚拟机"→"设置"命令（或选中 Ubuntu–vmware Workstation——按〈Ctrl＋D〉组合键），就会弹出"虚拟机设置"对话框，如图 5-27 所示。

选择"硬件"选项卡，然后单击"添加"按钮，弹出"添加硬件向导"对话框，选择"串行端口"选项，单击"继续"按钮，如图 5-28 所示。

图 5-27 "虚拟机设置"对话框

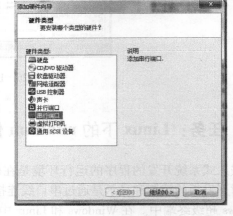

图 5-28 添加串口

进入添加硬件向导第二步，选择串行端口的类型。选择"使用主机的物理串行端口"单选按钮，这是默认设置，然后单击"继续"按钮，如图 5-29 所示。

进入添加硬件向导第三步，选择物理串行端口。设置"物理串行端口"为"自动检测"，"设备状态"为"默认打开电源时链接"。设置完以后单击"完成"按钮。完成添加硬件向导后，在"硬件"选项卡中多了一个"串行端口"硬件设备，然后单击"确定"按钮完成设置。

图 5-29 串行端口类型的选择

5.4.3 minicom 的配置

第一次运行 minicom，启动 minicom 要以 root 权限登录系统，需要进行 minicom 的设置，输入下列命令#minicom－s，显示的屏幕如下所示，按上下光标键进行上下移动选择。这里要对串行端口进行设置，因此选择 Serial port setup 选项，然后按〈Enter〉键。

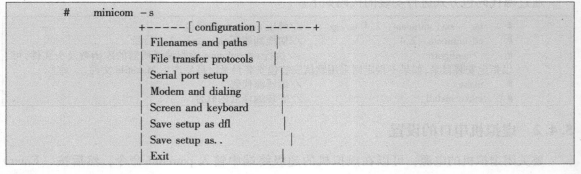

```
                        |  Exit from Minicom      |
            +--------------------------------+
```

选中设置串行端口，按〈Enter〉键后，打开设置的界面如下。

```
+--------------------------------------------------------------+
|  A -     Serial Device        :/dev/ttyS1       |
|  B - Lockfile Location        :/var/lock        |
|  C -     Callin Program       :                 |
|  D -     Callout Program      :                 |
|  E -     Bps/Par/Bits         :115200 8N1       |
|  F - Hardware Flow Control :Yes                  |
|  G - Software Flow Control :No                   |
|                                                 |
|      Change which setting?                      |
+--------------------------------------------------------------+
```

按〈A〉键，设置串行设置为/dev/ttyS0，这表示使用串口 1（com1），如果是/dev/ttyS1则表示使用串口 2（com 2）。按〈E〉键进入设置 Bps/Par/Bits（波特率）界面。再按〈I〉以设置波特率为 115200，按〈F〉键，将硬件流控制设置为 NO，按〈Enter〉键，最终的设置结果如下。然后按〈Enter〉键返回到串口设置主菜单中。如果不能确定串口设备，可以使用dmesg 查看。

```
#     dmesg | grep tty
[     0.000000] console [tty0] enabled
[     2.083439] 00:09:ttyS0 at I/O 0x3f8 (irq=4) is a 16550A
[     2.155188] 00:0a:ttyS1 at I/O 0x2f8 (irq=3) is a 16550A
```

然后选择 Save setup as dfl 选项，按〈Enter〉键保存刚才的设置。再选择 Exit 选项，退出设置模式，刚才的设置被保存到/etc/minirc. dfl 目录下，接着进入初始化模式。重启 minicom后，刚才的配置生效，在连上开发板的串口线后，就可在 minicom 中打印正确的串口信息了。

5.4.4 minicom 的使用

minicom 是基于窗口的。要弹出所需功能的窗口需按下〈Ctrl + A〉组合键，然后再按各功能键。例如先按〈Ctrl + A〉键，再按〈Z〉键，则打开帮助窗口，提供了所有命令的简述。下面介绍 minicom 命令功能键。

```
〈D〉键:拨号目录
〈S〉键:发送文件,上传文件有几种方式:zmodem、ymodem、xmodem、kermit 和 ascii
〈P〉键:通信参数。对波特率进行设置
〈L〉键:捕捉开关
〈F〉键:发送中断
〈T〉键:终端设置。A - 终端仿真:VT102 终端 B - Backspace 键发送:DEL 键 C - 状态一致:启动 D
    - 换行延迟(毫秒):0
〈W〉键:换行开关
〈G〉键:运行脚本
〈R〉键:接收文件
〈A〉键:添加一个换行符
〈H〉键:挂断
〈M〉键:初始化调制解调器
〈K〉键:运行 kermit 进行刷屏
```

```
〈E〉键:切换本地回显开关
〈C〉键:清除屏幕
〈O〉键:配置 minicom
〈J〉键:暂停 minicom
〈X〉键:退出和复位
〈Q〉键:退出没有复位
〈I〉键:光标模式
〈Z〉键:帮助屏幕
〈B〉键:滚动返回
```

如果需要 PC 与开发板传输文件,首先要设置文件目录。

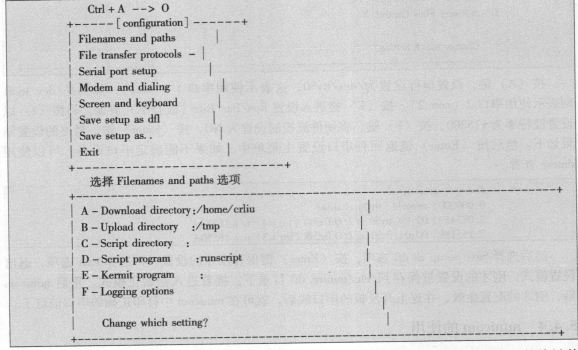

A – Download directory 表示下载文件的存放位置(开发板→PC),开发板上的文件将被传输到 PC 上的/home/crliu 目录下。B – Upload directory 表示从此处读取上传的文件(PC→开发板),PC 向开发板发送文件,需要发送的文件在/tmp 目录下(PC 上的目录)。做了此项配置后,每次向开发板发送文件时,只需输入文件名即可,无须输入文件所在目录的绝对路径。

5.5 任务:ARM 虚拟机配置

在嵌入式开发过程中,可以直接在硬件板上调试程序,也可以使用虚拟机仿真 ARM 主机。下面将介绍使用 QEMU 仿真 ARM 开发主机。在 QEMU 上可以实现所有在真实硬件开发板上的功能,可以为其写 bootloader,移植操作系统,调试驱动,以及编写应用程序等,所有在开发板上做的事情都可以在 QEMU 上完成。而且它还有下面两个好处。

1)速度更快,QEMU 利用主机的处理能力来模拟目标平台,可以加快一些大型应用的启动开发,如 Android,openmoko 推出的 QEMU 已经能够支持 Android 了。

2)调试更方便,所有的程序都在主机端,无须程序下载的过程。

QEMU 是一套在 PC 上模拟计算机的工具，不仅可以模拟传统的像 ARM、x86、PPC 和 MIPS 这样的处理器架构，也能模拟开发板，在完成对其的配置编译后，它所展现出来的就是一块真实的开发板，功能和真实的开发板一样强大，不同的是它呈现为 PC 上的一个程序。

QEMU 支持两种操作模式：用户模式仿真和系统模式仿真。用户模式仿真允许一个 CPU 构建的进程在另一个 CPU 上执行（执行主机 CPU 指令的动态翻译并相应地转换 Linux 系统调用）。系统模式仿真允许对整个系统进行仿真，包括处理器和配套的外围设备。

任务描述与要求：

1）ARM 虚拟机资源下载。
2）编译 QEMU 程序。
3）配置系统脚本。
4）加载 NFS 文件系统。

5.5.1 ARM 虚拟机资源下载

下载 qemu for mini2440、U－BOOT for mini2440 和 Linux kernel for mini2440。将 QEMU 程序、U－BOOT 和 Linux Kernel 下载到 opt 目录下的 qemu、U－BOOT 和 kernel 目录中。

```
git clone git://repo. or. cz/qemu/mini2440. git   qemu
git clone git://repo. or. cz/w/u － boot － openmoko/mini2440. git   uboot
git clone git://repo. or. cz/Linux － 2. 6/mini2440. git kernel
```

如果使用 git 下载速度慢，也可以直接通过网页下载，mini2440 项目源代码信息如下。

```
description Samsung s3c2440 and arm920t support for the mini2440 dev board
homepage URL http://code. google. com/p/mini2440/
owner buserror@ gmail. com
last change Thu,13 Oct 2011 11:24:48 ＋0000
URL git://repo. or. cz/qemu/mini2440. git
http://repo. or. cz/r/qemu/mini2440. git
Push URL ssh://repo. or. cz/srv/git/qemu/mini2440. git
readme
MINI2440 u － boot,kernel & distro project
This tree is part of a project to get up － to － date u － boot/kernel for the Samsung S3C2440 based board
known as "MINI2440".
Available git trees：
    http://repo. or. cz/w/u － boot － openmoko/mini2440. git
    More modern u － boot,based on openmoko's fork,with mcc support,usb etc
    http://repo. or. cz/w/Linux － 2. 6/mini2440. git
    Bleeding edge Modern Kernel board support（based on Linus's）
    Kernel is now stable,and supports pretty much all the peripherals
    http://repo. or. cz/w/openembedded/mini2440. git
    Openembedded fork with support for mini2440
    Contains enough to build a toolchain and a flash image.
    http://repo. or. cz/w/qemu/mini2440. git
A QEMU fork that emulates most of a mini2440！
Supports bootingNAND,SD,NFS etc. LCD is recognized etc. .
You need a valid u － boot. bin to start,and a kernel uImage as parameter
http://repo. or. cz/w/mini2440 － tools. git
Various tools & Scripts for the mini.
Feel free to email me to get push access to these trees
```

5.5.2 编译 QEMU 程序

下载完成后需要编译 QEMU 程序、U–BOOT 和 Linux Kernel。

1. 编译 QEMU

```
cd qemu
./configure  – – target – list = arm – softmmu
make
```

2. 编译 U – BOOT

解压后，配置 Makefile 文件，打开 Makefile 文件，给 CROSS_COMPILE 变量赋值，即自己所使用的交叉编译工具链，如 arm – Linux – ，保存退出。

```
make mini2440_config
make  – j4
```

如果想在之后使用 u – boot 的 NFS 下载文件功能，则需要修改代码中的一部分，将 net/nfs. c 文件中的 NFS_TIMEOUT = 2UL 修改为 NFS_TIMEOUT = 20000UL，否则会造成 NFS 文件下载失败。编译完成后在当前目录下生成名为 u – boot. bin 的文件，将 u – boot. bin 文件复制到 /opt/mini2440 文件夹中。

3. 编译内核

在编译内核之前首先安装 uImage 工具。

```
apt – get install uboot – mkimage
```

进入内核目录。

```
make ARCH = arm mini2440_defconfig
make ARCH = arm menuconfig
```

需要修改 Memory split 选项，如果这些选项不打开，会造成有些旧的文件系统和操作系统不兼容。NFS 加载这些文件系统后启动时出现问题：Kernel panic – not syncing：No init found.

```
kernel Features – –>
Memory split (3G/1G user/kernel split) – – – >
[  ] Preemptible Kernel (EXPERIMENTAL)
[ * ] Use the ARM EABI to compile the kernel
[ * ] Allow old ABI binaries to run with this kernel (EXPERIMENTAL)
[  ] High Memory Support (EXPERIMENTAL)
     Memory model (Flat Memory) – – – >
[  ] Add LRU list to track non – evictable pages
(4096) Low address space to protect from user allocation
```

完成配置后保存，开始编译内核。

```
make ARCH = arm CROSS_COMPILE = arm – Linux – uImage
```

之后会在 arch/arm/boot/目录下生成 uImage 文件，将此文件复制到 qemu 目录下的 mini2440 文件夹下。

5.5.3 配置系统脚本

1. 修改启动文件 mini2440_start. sh

QEMU 的程序是 arm – softmmu 目录中的 qemu – system – arm，由于启动参数设置比较复杂，所以编写 mini2440_start 启动脚本。

```
#! /bin/bash
#
#   Run with script with
#   - sd < SD card image file > to have a SD card loaded
#   - kernel < kernel uImage file > to have a kernel preloaded in RAM
#
base = $ ( dirname  $ 0 )
echo Starting in  $ base
name_nand = " $ base/mini2440_nand128. bin"
if [  !  - f " $ name_nand" ] ;then
        echo $ 0 :creating NAND empty image:" $ name_nand"
#       dd if = /dev/zero of = " $ name_nand" bs = 528 count = 131072
        dd if = /dev/zero of = " $ name_nand" bs = 2112 count = 65536
        echo " * * NAND file created - make sure to 'nand scrub 'in u - boot"
fi
cmd = " $ base/. . /arm - softmmu/qemu - system - arm\
        - M mini2440 $ * \
        - serial stdio\
        - mtdblock " $ name_nand" \
        - show - cursor\
        - usb - usbdevice keyboard - usbdevice mouse\
        - kernel/tftpboot/uImage\
        - net nic , vlan = 0 - net tap , vlan = 0 , ifname = tap0 , script = $ base/qemu - ifup , downscript =
$ base/qemu - ifdown \
        - monitor telnet: :5555 , server , nowait"
echo $ cmd
  $ cmd
```

QEMU 参数说明见表 5-5。

表 5-5 QEMU 参数

启动参数	作 用
- M machine	选择模拟的计算机
- cdrom file	使用文件作为 CD - ROM 镜像，可以通过使用/dev/cdrom 作为文件名来使用主机的 CD - ROM
- boot [a｜c｜d]	由软盘（a）、硬盘（c）或 CD - ROM(d) 启动。在默认的情况下由硬盘启动
- snapshot	写入临时文件而不是写入磁盘镜像文件。在这种情况下，并没有写回所使用的磁盘镜像文件。然而却可以通过按下 C - a s 来强制写回磁盘镜像文件
- m megs	设置虚拟内存尺寸为兆字节，在默认的情况下为 128 M
- smp n	模拟一个有 n 个 CPU 的 SMP 系统。最多可以支持 255 个 CPU
- usb	允许 USB 驱动
- usbdevice devname	添加 USB 设备名。可以查看监视器命令 usb_add 来得到更为详细的信息
- net nic[, vlan = n] [, macaddr = addr]	创建一个新的网卡并与 VLAN n（在默认的情况下 n = 0）进行连接。在 PC 上，NIC 当前为 NE2000，作为可选项的项目，MAC 地址可以进行改变，如果没有指定 - net 选项，则会创建一个单一的 NIC
- net user[, vlan = n]	使用用户模式网络堆栈，这样就不需要管理员权限来运行. 如果没有指定 - net 选项，这将是默认的情况
- net tap[, vlan = n] [, fd = h] [, ifname = name] [, script = file]	将 TAP 网络接口 name 与 VLANn 进行连接，并使用网络配置脚本 file 进行配置。默认的网络配置脚本为/etc/qemu - ifup。如果没有指定 name，OS 将会自动指定一个。fd = h 可以用来指定一个已经打开的 TAP 主机接口的句柄
- monitor dev	重定向监视器到主机的设备 dev（与串口相同的设备）。在图形模式下的默认设备为 vc，而在非图形模式下为 stdio

2. 修改网络配置脚本

tap/tun network 方式在设置上类似 vmware 的 host – only，qemu 使用 tun/tap 设备在主机上增加一块虚拟网络设备（tun0），然后就可以像真实网卡一样配置它。修改 qemu – ifup 脚本如下。

```
#! /bin/sh
#tunctl – u root
ifconfig $ 1 10. 0. 0. 1 promisc up
```

修改 qemu – ifdown 脚本如下。

```
#! /bin/sh
ifconfig tap0 10. 0. 0. 1 down
```

两个网络配置文件存放在 qemu 目录下的 mini2440 文件夹下。

5. 5. 4 加载 NFS 文件系统

可以使用 BusyBox 搭建文件系统，现在使用友善之臂提供的文件系统。文件系统存放在 /opt/root_qtopia 目录中。

1. 配置 NFS 服务器

因为是从 NFS 上加载根文件系统，如果使用的是现成的根文件目录，需要禁止系统启动时重新配置网卡，需要检查 $NFS_ROOT/etc/init. d 下的文件，注释掉 ifconfig 相关命令。

```
#/sbin/ifconfig lo 127. 0. 0. 1
#/etc/init. d/ifconfig – eth0
```

修改 NFS 配置文件 exports。

```
/opt/root_qtopia * ( rw,sync,no_subtree_check,no_root_squash)
```

重启服务，检查 NFS 是否配置正确。

```
/etc/init. d/nfs – kernel – server restart
mkdir/mnt/nfs
mount – t nfs localhost:/opt/root_qtopia/mnt/nfs
```

检查/mnt/nfs 目录中的内容是否正确。

2. 启动虚拟机

在 QEMU 的目录中输入以下命令。

```
. /mini2440/mini2440_start. sh
```

U – BOOT 启动成功后输入设置 Linux kernel 的引导参数。

```
set bootargs noinitrd root =/dev/nfs rw nfsroot = 10. 0. 0. 1:/opt/root _ qtopia ip = 10. 0. 0. 10:
10. 0. 0. 1 : ;255. 255. 255. 0 console = ttySAC0 ,115200
```

再输入以下命令。

```
bootm
```

Kernel 就开始加载了，文件系统加载成功后，就可以进行各种仿真工作了，加载的由友善之臂提供的 mini2440 的 Qtopia 文件系统的界面如图 5–30 所示。

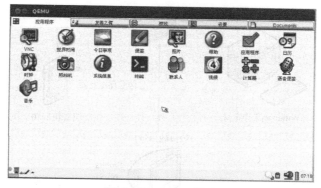

图 5-30　Qtopia 界面

5.6　任务：嵌入式开发环境配置

由于嵌入式系统是专用的计算机系统，处理能力和存储能力较弱，无法直接在嵌入式系统中安装开发环境。因此在进行嵌入式系统开发时，通常需要搭建嵌入式开发环境，采取交叉编译的方式。

在一种计算机环境中运行的编译程序，如果能编译出在另外一种环境下运行的代码，就称这种编译过程为交叉编译，也就是在一个平台上生成另一个平台上的可执行代码。

使用交叉编译的原因是：有时是因为目的平台上不允许或不能够安装所需要的编译器，但又需要这个编译器的某些特征；有时是因为目的平台上的资源贫乏，无法运行所需要的编译器；有时又是因为目的平台还没有建立，连操作系统都没有，根本谈不上运行什么编译器。

交叉开发环境是指实现编译、链接和调试应用程序代码的环境。与运行应用程序的环境不同，它分散在有通信连接的宿主机与目标机环境之中。

- 宿主机（Host）：是一台通用计算机，它通过串口或网口与目标机通信。宿主机的软硬件资源比较丰富，包括功能强大的操作系统和各种辅助开发工具。
- 目标机（Target）：经常在嵌入式软件开发期间使用，目标机可以是嵌入式应用软件的实际运行环境，也可以是能替代实际环境的仿真系统。目标机体积较小，集成度高，外围设备丰富多样，且软硬件资源配置都恰到好处。缺点是硬件资源有限，因此目标机上运行的软件需要经过裁剪和配置，并且应用软件需要与操作系统绑定运行。
- 交叉软件开发工具：包括交叉编译器、交叉调试器和模拟软件等。交叉编译器允许应用程序开发者在宿主机上生成能在目标机上运行的代码。交叉调试器和模拟调试软件用于完成宿主机与目标机应用程序代码的调试。

如图 5-31 所示，通常嵌入式开发需要 Windows 工作主机、Linux 宿主机和目标机。由于大多数开发人员都习惯使用 Windows 系统，因此在 Windows 工作主机上完成代码编辑的工作，然后将代码传送到 Linux 宿主机上进行交叉编译，最后将可执行程序下载到目标机上运行并调试。Windows 工作主机及 Linux 宿主机也称为开发主机，在开发主机上安装开发工具，编辑和编译目标系统的 BootLoader、Kernel 和文件系统，然后在目标机上运行。在这种开发环境下，开发主机不仅为开发人员提供各种开发工具，同时也作为目标板的服务器提供各种外围环境的支持。目标板必须依赖开发主机才能正常运行，只有当开发过程结束后才能解除这种依赖关系。

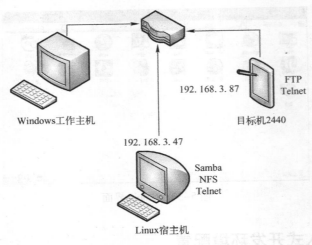

图 5-31　嵌入式开发硬件环境

Windows 工作主机、Linux 宿主机和目标机之间需要进行文件的传输，例如，Windows 工作主机编辑好代码后需要传到 Linux 宿主机进行编译，Linux 宿主机编译的 Linux 内核映像必须有至少一种方式下载到目标板上执行。根据不同的连接方式，可以有多种文件传输方式，通常有以下几种方式。

1. 串口传输方式

主机端通过 kermit、minicom 或者 Windows 超级终端等工具都可以通过串口发送文件。当然，发送之前需要配置好数据传输率和传输协议，目标板端也要做好接收准备。通常波特率可以配置成 115200 bit/s，8 位数据位，不带校验位。传输协议可以是 Kermit、Xmodem、Ymodem 和 Zmodem 等。

2. 网络传输方式

网络传输方式一般采用 TFTP（Trivial File Transport Protocol）。TFTP 是一种简单的网络传输协议，是基于 UDP 传输的，没有传输控制，所以对于大文件的传输是不可靠的。不过正好适合目标板的引导程序，因为协议简单，功能容易实现。

3. USB 接口传输方式

通常分为主从设备端，主机端为主设备端，目标板端为从设备端。主机端需要安装驱动程序，识别从设备后，可以传输数据。USB 2.0 标准的数据传输速率非常快。

4. JTAG 接口传输方式

JTAG 仿真器与主机之间的连接通常是串口、并口、以太网接口或者 USB 接口。传输速率也受到主机连接方式的限制，这取决于仿真器硬件的接口配置。

采用并口连接方式的仿真器最简单，也称为 JTAG 电缆（CABLE），价格也最便宜。性能好的仿真器一般会采用以太网接口或者 USB 接口通信。

5. 移动存储设备

如果目标板上有软盘、CDROM 和 USB 盘等移动存储介质，就可以制作启动盘或者复制到目标板上，从而引导启动。移动存储设备一般在 x86 平台上比较普遍。

6. 网络文件系统

Linux 系统支持 NFS，并且可以配置启动 NFS 网络服务。

NFS 文件系统的优点如下。

1）本地工作站使用更少的磁盘空间，因为常用的数据可以存放在一台计算机上，通过网络访问。

2）用户可以通过网络访问共享目录，而不必在计算机上为每个用户都创建工作目录。

3）软驱、CDROM 等存储设备可以在网络上共享。这可以减少整个网络上的移动介质设备的数量。

4）NFS 至少有一台服务器和一台（或者更多）客户机两个主要部分。客户机远程访问存放在服务器上的数据。需要配置启动 NFS 等相关服务。

网络文件系统的优点正好适合嵌入式 Linux 系统开发。目标板的存储空间较小，Linux 内核挂接网络根文件系统可以避免使用本地存储介质，快速建立 Linux 系统。这样可以方便地运行和调试应用程序。

Windows 工作主机和 Linux 宿主机之间可以通过 Samba、FTP 和 SSH 进行文件的传出，Windows 工作主机可以通过 Telnet 登录 Linux 宿主机及目标机进行远程管理。Windows 工作主机可以通过串口下载 BootLoader、内核、文件系统到目标机，可以通过 FTP 下载应用程序到目标机。

Linux 宿主机可以通过 NFS 与目标机建立共享目录传输文件，也可以通过 FTP 或者 minicom 传送文件。使用 Telnet 登录目标机进行远程管理。

任务描述与要求：

1）交叉编译工具配置。

2）ARM Linux 环境 C 程序设计。

5.6.1　交叉编译工具配置

Linux 使用 GNU 的工具，已经编译出了常用体系结构的工具链，可以从网上下载这些工具，建立交叉开发环境，也可以自己动手编译新的工具链。对于 ARM 体系结构的编译器，也有不少站点提供下载。免费提供的工具链包括 binutils 和 GCC，但是都不提供 GDB 交叉调试器。社区主要维护 Linux 内核的发布，文件系统也很少。这里介绍几个 ARM Linux 的免费站点。

1. http：//arm. Linux. org. uk

这个站点是 ARM Linux 的官方站点，Linux 2.4 内核发布过很多针对 ARM 平台的补丁。有许多 ARM/XSCALE 开发者维护这个站点，也可以下载 ARM/XSCALE 开发常用的工具链。

ARM Linux 工具链下载的 HTTP 和 FTP 地址如下。

● http：//ftp. arm. Linux. org. uk/pub/armLinux/toolchain/。

● ftp：//ftp. arm. Linux. org. uk/pub/Linux/arm/toolchain/。

2. http：//www. handhelds. org

HANDHELDS 是手持设备的开发网站。因为 ARM/XSCALE 处理器在手持设备上应用广泛，所以也有很多 ARM Linux 开发的资源。

这里的 ARM Linux 工具链版本比其他网站高一些，下载链接地址为：http：//www. handhelds. org/download/projects/toolchain/。

3. http：//Linux. omap. com

这是 OMAP Linux 网站，从 TI 公司网站可以链接过来。TI 公司基于 ARM 926E 核发布了一系列 OMAP 处理器，具有低功耗、智能电源管理的特点，适合移动手持设备的应用。这个站点专门为 OMAP 平台提供 Linux BSP。

这里的 ARM 工具链下载链接地址为：http://Linux. omap. com/pub/toolchain。

4. http://www. mvista. com

Montavista Linux 能够支持各种体系结构的开发板，只对部分硬件平台提供预览版。预览版是 Montavista 免费提供给客户的软件，包括交叉编译器、内核，以及一个很小的文件系统，可以用来学习建立嵌入式 Linux 交叉开发环境。Montavista Linux 的发行版包含完整的交叉开发工具链、内核和文件系统，还有集成开发环境。Montavista Linux 发行版对内核、应用程序和库，以及工具都已经做过完整的测试，对产品提供技术支持等。另外，还有其他 Linux 发行商的开发包。有些半导体商也会为他们的处理器提供板级开发包（Board Support Packages，BSP）。

交叉编译工具链一般不需要自己打造，开发板厂商都提供了完整的工具。友善之臂 micro2240 使用的是的 Linux – 2. 6. 13 + Qtopia – 2. 2. 0 系统，它具有更好的特性和功能，并使用符合 EABI 标准的新型编译器 arm – Linux – gcc – 4. 3. 2。该编译器的下载链接地址为：http://www. arm9. net/download. asp

Mentor 公司提供的免费编译器是最核心最基本的功能，有时移植其他开源软件，还需要其他的依赖库，如 png、zlib 等，其实这些也是比较常用的库，因此也已经把它们移植好放在其中。

要安装交叉编译器，首先将镜像光盘目录/Linux 中的 arm – Linux – gcc – 4. 4. 3. tgz 复制到/opt 目录下，如图 5–32 所示。

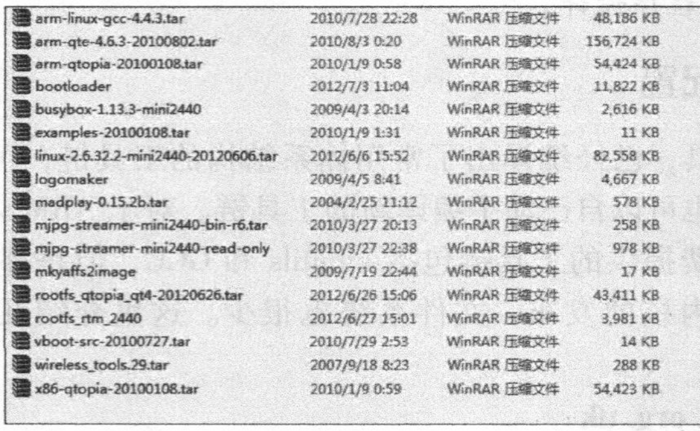

图 5–32　复制文件到/opt 目录下

然后进入该目录，执行解压命令。

```
#   tar xvxf arm – Linux – gcc – 4. 4. 3. tar. gz – C/
```

解压后将交叉工具安装在/opt/FriendlyARM/toolschain/4. 4. 3 目录下，进入该目录查看文件如下。

```
root/opt/FriendlyARM/toolschain/4. 4. 3# ls
arm – none – Linux – gnueabi   bin   include   lib   libexec   share
```

编辑 root 目录下的 . bashrc 文件，配置环境变量，把编译器路径加入系统环境变量。

```
#   vi/root/. bashrc
在最后一行加入
export PATH = $ PATH:/opt/FriendlyARM/toolschain/4. 4. 3/bin
```

把编译器路径加入系统环境变量后，打开一个新的终端，检查交叉编译器版本。在命令行输入 arm – Linux – gcc – v，若出现如下信息，说明交叉编译环境已经成功安装。

```
#  arm – Linux – gcc – v
Using built – in specs.
Target：arm – none – Linux – gnueabi
Configured with：/opt/FriendlyARM/mini2440/build – toolchain/working/src/gcc – 4. 4. 3/configure
   – – build = i386 – build_redhat – Linux – gnu – – host = i386 – build_redhat – Linux – gnu – – target
   = arm – none – Linux – gnueabi – – prefix = /opt/FriendlyARM/toolchain/4. 4. 3 – – with – sysroot
   = /opt/FriendlyARM/toolchain/4. 4. 3/arm – none – Linux – gnueabi//sys – root – – enable – lan-
   guages = c,c + + – – disable – multilib – – with – arch = armv4t – – with – cpu = arm920t – – with –
   tune = arm920t – – with – float = soft – – with – pkgversion = ctng – 1. 6. 1 – – disable – sjlj – excep-
   tions – – enable – __cxa_atexit – – with – gmp = /opt/FriendlyARM/toolchain/4. 4. 3 – – with – mpfr
   = /opt/FriendlyARM/toolchain/4. 4. 3 – – with – ppl = /opt/FriendlyARM/toolchain/4. 4. 3 – –
   with – cloog = /opt/FriendlyARM/toolchain/4. 4. 3 – – with – mpc = /opt/FriendlyARM/toolchain/
   4. 4. 3 – – with – local – prefix = /opt/FriendlyARM/toolchain/4. 4. 3/arm – none – Linux – gnuea-
   bi//sys – root – – disable – nls – – enable – threads = posix – – enable – symvers = gnu – – enable –
   c99 – – enable – long – long – – enable – target – optspace
Thread model：posix
gcc version4. 4. 3( ctng – 1. 6. 1)
```

5. 6. 2　ARM Linux 环境 C 程序设计

"工欲善其事，必先利其器"，前面章节介绍了在嵌入式开发中常用的服务配置，如 Sam-ba、TFTP 和 NFS 等，介绍了常用的嵌入式开发工具，如 GCC、GDB、Make 和 vi 等，本节将完整地讲述 ARM Linux 环境 C 程序设计的过程。

开发环境 IP 地址配置如下。

Windows 工作主机 IP 地址为 192. 168. 1. 101，Linux 宿主机 eth0 IP 地址为 192. 168. 1. 102，tap0 IP 地址 10. 0. 0. 1，ARM 虚拟机 IP 地址为 10. 0. 0. 10。

1. 编辑源代码

在 Windows 工作主机上编辑以下 C 源代码。

```
#include < stdio. h >
int func( int n)
{
int sum = 0,i;
for( i = 0;i < n;i + + )
{
sum += i;
}
return sum;
}

main( )
{
int i;
long result = 0;
for( i = 1;i < = 100;i + + )
{
result += i;
}

printf( "result[ 1 – 100 ] = % d\n",result) ;
```

```
        printf("result[1 - 250] = % d\n", func(250));
    }
```

保存文件名为 test. c，通过 Samba 服务将文件复制到 Linux 宿主机中。设置/opt/work 目录为共享目录，编辑/etc/samba/smb. conf 配置文件，在最后加入以下内容。

```
        [root]
        path = /opt/work
        valid users = root
        writable = yes
```

添加 root 登录用户。

```
        smbpasswd - a root
        New SMB password:
        Retype new SMB password:
```

修改好配置文件后重启服务，在 Windows 工作主机上访问共享目录，如图 5-33 所示。

可以设置映射网络驱动器，这样就可以像访问本地磁盘一样访问共享目录了，如图 5-34 所示。

图 5-33　访问共享目录

图 5-34　映射网络驱动器

2. 交叉编译

源程序 test. c 已经编辑完成并复制到 Linux 宿主机的/opt/work 目录中，下面进行交叉编译。

```
        #   arm - Linux - gcc - g test. c - o test
```

在编译之前需要检查 GCC 版本。

3. 下载程序到 ARM 虚拟机中

交叉编译完成后需要将 test 程序复制到 ARM 虚拟机中，打开 ARM 虚拟机，使用 FTP 登录到 ARM 虚拟机上。

```
        #   ftp 10. 0. 0. 10
        Connected to10. 0. 0. 10.
        220 FriendlyARM FTP server( Version 6. 4/OpenBSD/Linux - ftpd - 0. 17) ready.
        Name( 10. 0. 0. 10:root):plg
        331 Password required for plg.
```

```
Password:
230 User plg logged in.
Remote system type is UNIX.
Using binary mode to transfer files.
ftp >
```

登录用户名，密码为 plg，使用 put 命令上传文件。

```
ftp > put
(local – file)/opt/work/test
(remote – file)test
local:/opt/work/test remote:test
200 PORT command successful.
150 Opening BINARY mode data connection for 'test'.
226 Transfer complete.
9250 bytes sent in 0. 00 secs(19057. 4 kB/s)
```

上传的文件在 ARM 虚拟机的/home/plg 目录下。

4. 使用 GDB 进行远程调试

修改 test 程序属性。

```
[root@ FriendlyARM/opt]# chmod a + x test
```

在 ARM 虚拟机中运行 gdbserver，设置调试端口 9000。

```
#  ./gdbserver 10. 0. 0. 1 :9000 test
Process test created;pid = 792
Listening on port 9000
```

在 Linux 宿主机上运行 GDB，连接在 ARM 虚拟机中的 gdbserver 进行远程调试。

```
#  ./arm – Linux – gdb/opt/work/test
GNU gdb(GDB)7. 2
Copyright(C)2010 Free Software Foundation,Inc.
License GPLv3 + :GNU GPL version 3 or later < http://gnu. org/licenses/gpl. html >
This is free software:you are free to change and redistribute it.
There is NO WARRANTY,to the extent permitted by law. Type "show copying"
and "show warranty" for details.
This GDB was configured as " – – host = i686 – pc – Linux – gnu – – target = arm – Linux".
For bug reporting instructions,please see:
< http://www. gnu. org/software/gdb/bugs/ >...
Reading symbols from/opt/work/test. . . done.
(gdb) target remote10. 0. 0. 10 :9000
Remote debugging using10. 0. 0. 10 :9000
warning:Can not parse XML target description;XML support was disabled at compile time
warning:Unable to find dynamic linker breakpoint function.
GDB will be unable to debug shared library initializers
and track explicitly loaded dynamic code.
0x400007b0 in ?? ()
(gdb)l
Cannot access memory at address 0x0
6    {
7    sum += i;
8    }
9    return sum;
10 }
11
```

```
12  main( )
13  {
14  int i;
15  int result = 0;
    ( gdb)
```

在 ARM 虚拟机中将显示连接成功。

```
#  ./gdbserver 10. 0. 0. 1 :9000 test
Process test created; pid = 792
Listening on port 9000
Remote debugging from host10. 0. 0. 1
```

5.7 综合实践：SQLite 嵌入式数据库的移植和使用

项目分析：

SQLite 是 D. Richard Hipp 用 C 语言编写的开源嵌入式数据库引擎。它是完全独立的，没有外部依赖性。占用资源非常低，在嵌入式设备中，只需要几百 KB 的内存。它能够支持 Windows、Linux 等主流操作系统，可与 Tcl、PHP 和 Java 等程序语言结合，提供 ODBC 接口，其处理速度甚至令开源世界著名的数据库管理系统 MySQL 和 PostgreSQL 望尘莫及。

SQLite 对 SQL92 标准的支持包括索引、限制、触发和查看，支持原子的、一致的、独立的和持久（ACID）的事务。在内部，SQLite 由 SQL 编译器、内核、后端以及附件几个组件组成。SQLite 通过利用虚拟机和虚拟数据库引擎（VDBE），使调试、修改和扩展 SQLite 的内核变得更加方便。所有 SQL 语句都被编译成易读的、可以在 SQLite 虚拟机中执行的程序集。

现在项目需要使用 SQLite 数据库，需要将 SQLite 移植到 ARM 2440 嵌入式主机中，并编写一个简单的测试程序。

项目实施步骤：

1）下载并编译 SQLite。

2）下载到 ARM 虚拟机并使用 SQLite。

5.7.1 下载并编译 SQLite

从 http://www. sqlite. org/download. html 下载 SQLite 文件，当前版本是 3.9.2，文件名为 sqlite – autoconf – 3090200. tar. gz。

解压并查看文件目录及 INSTALL 文件。

```
#  tar zxf sqlite – autoconf – 3090200. tar. gz
#  ls
aclocal. m4     configure. ac   #  ltmain. sh    #  README     #  sqlite3ext. h
config. guess   depcomp         Makefile. am    shell. c      sqlite3. h
config. sub     INSTALL         Makefile. in    sqlite3. 1    sqlite3. pc. in
configure       install – sh    missing         sqlite3. c    tea
```

创建一个目录 build 并进入该目录，在这个目录中将进行交叉编译。在 build 目录中运行 sqlite – autoconf – 3090200 中的 configure 脚本，生成 Makefile 文件，代码如下。../configure ––

host = arm − Linux − − prefix = /opt/sqlite − autoconf − 3090200/build。选项 host 指定的是用 arm 交叉编译器进行编译，选项 prefix 后面的路径是编译安装后目标存放的目录，可以任意设置。

```
#   mkdir build
#   cd mkdir
#   ../configure    − − host = arm − Linux − − prefix = /opt/sqlite − autoconf − 3090200/build
#   ls
#   config. log   config. status   libtool   Makefile   sqlite3. pc
#   make
#   make install
#   ls
bin               include           libtool      sqlite3        sqlite3. pc
config. log       lib               Makefile     sqlite3. lo    sqlite3 − shell. o
config. status    libsqlite3. la    share        sqlite3. o     sqlite3 − sqlite3. o
```

编译和安装完以后，在/root/sqlite − autoconf − 3090200/build 目录中会生成 3 个目标文件夹，分别是 bin、include 和 lib。

5.7.2　下载到 ARM 虚拟机并使用 SQLite

分别将 bin 下的文件下载到开发板的/usr/bin 目录中，lib 下的所有文件下载到开发板的/lib 目录中即可。include 目录下是 SQLite 的 C 语言 API 的头文件，编程时会用到。

下面示例在 ARM 虚拟机中测试，将 root/sqlite − autoconf − 3090200/build 目录中的 bin 和 lib 分别复制到/opt/root_qtopia/usr/bin 与/opt/root_qtopia/lib/目录中。

```
#   cd   /opt/sqlite − autoconf − 3090200/build
#   cd bin
#   cp * . * /opt/root_qtopia/usr/bin
#   cd ..
#   cd lib
#   cp * . * /opt/root_qtopia/lib/
```

启动 ARM 虚拟机，在 ARM 虚拟机终端中运行 sqlite3 tst. db，测试是否正常。

```
#   sqlite3 tst. db
SQLite version 3. 9. 2 2015 − 11 − 02 18:31:45
Enter ". help" for usage hints.
sqlite >. help
. backup ? DB? FILE          Backup DB( default "main") to FILE
. bail on|off                Stop after hitting an error.    Default OFF
. binary on|off              Turn binary output on or off.    Default OFF
. clone NEWDB                Clone data into NEWDB from the existing database
. databases                  List names and files of attached databases
. dbinfo ? DB?               Show status information about the database
. dump ? TABLE?...           Dump the database in an SQL text format
                             If TABLE specified,only dump tables matching
                             LIKE pattern TABLE.
. echo on|off                Turn command echo on or off
. eqp on|off                 Enable or disable automatic EXPLAIN QUERY PLAN
. exit                       Exit this program
. explain ? on|off?          Turn output mode suitable for EXPLAIN on or off.
                             With no args, it turns EXPLAIN on.
. fullschema                 Show schema and the content of sqlite_stat tables
. headers on|off             Turn display of headers on or off
```

```
. help                          Show this message
. import FILE TABLE              Import data from FILE into TABLE
. indexes ? TABLE?              Show names of all indexes
                                If TABLE specified, only show indexes for tables
                                matching LIKE pattern TABLE.
. limit ? LIMIT? ? VAL?         Display or change the value of an SQLITE_LIMIT
. load FILE ? ENTRY?            Load an extension library
. log FILE|off                  Turn logging on or off.    FILE can be stderr/stdout
. mode MODE ? TABLE?            Set output mode where MODE is one of:
                                ascii      Columns/rows delimited by 0x1F and 0x1E
                                csv        Comma – separated values
                                column     Left – aligned columns.    (See . width)
                                html       HTML < table > code
                                insert     SQL insert statements for TABLE
                                line       One value per line
                                list       Values delimited by . separator strings
                                tabs       Tab – separated values
                                tcl        TCL list elements
. nullvalue STRING              Use STRING in place of NULL values
. once FILENAME                 Output for the next SQL command only to FILENAME
. open ? FILENAME?              Close existing database and reopen FILENAME
. output ? FILENAME?            Send output to FILENAME or stdout
. print STRING. . .             Print literal STRING
. prompt MAIN CONTINUE          Replace the standard prompts
. quit                          Exit this program
. read FILENAME                 Execute SQL in FILENAME
. restore ? DB? FILE            Restore content of DB( default " main" )from FILE
. save FILE                     Write in – memory database into FILE
. scanstats on|off              Turn sqlite3_stmt_scanstatus( )metrics on or off
. schema ? TABLE?               Show the CREATE statements
                                If TABLE specified, only show tables matching
                                LIKE pattern TABLE.
. separator COL ? ROW?          Change the column separator and optionally the row
                                separator for both the output mode and . import
. shell CMD ARGS. . .           Run CMD ARGS. . . in a system shell
. show                          Show the current values for various settings
. stats on|off                  Turn stats on or off
. system CMD ARGS. . .          Run CMD ARGS. . . in a system shell
. tables ? TABLE?               List names of tables
                                If TABLE specified, only list tables matching
                                LIKE pattern TABLE.
. timeout MS                    Try opening locked tables for MS milliseconds
. timer on|off                  Turn SQL timer on or off
. trace FILE|off                Output each SQL statement as it is run
. vfsname ? AUX?                Print the name of the VFS stack
. width NUM1 NUM2 . . .         Set column widths for " column" mode
                                Negative values right – justify
```

　　SQLite 使用命令行管理数据库，运行 . help 会列出常用命令的说明，也可以查看官网中的相关文档。

第6章 嵌入式 Linux C 开发

学习目标：

- Glibc 库文件
- 文件 I/O 编程
- 标准 I/O 编程
- 串口通信编程
- 网络通信编程

在搭建起嵌入式开发环境之后，下面开始真正学习嵌入式 Linux C 语言应用开发。C 语言的功能非常强大，它的简单和兼容性使得它的应用非常广泛。嵌入式 Linux 是经 Linux 裁剪而来的，它的系统调用及用户编程接口 API 与 Linux 基本一致。本章将首先介绍 Linux 中的基本编程开发，包括管理 Glibc 库文件、文件 I/O、串口通信和 Socket 通信，然后将程序移植到嵌入式的开发板上运行。

6.1 任务：Glibc 库文件

Glibc（GNU C Library）是 GNU 发布的 C 标准库，即 C 的运行库，是 Linux 系统中最底层的应用程序接口。Glibc 包括了几乎所有的 UNIX 通行的标准，不仅封装了操作系统提供的各种服务，而且也提供了一些其他的功能实现，Glibc 主要包含以下内容。

1. 动态库与静态库

动态库是 Glibc 的主体，分布在/lib 与/usr/lib 中，包括 libc 标准 C 函数库、libm 数学函数库、libcrypt 加密与编码函数库、libdb 资料库函数库、libpthread 多线程函数库和 libnss 网络服务函数库等。

2. 函数库头文件

头文件文件名都以 . h 为扩展名，全部在/usr/include/底下，其内容为函数库中各函数的定义等。

3. 函数库说明文件

说明文件是放在/usr/man 或/usr/share/man 底下，统称为 man pages，其底下还分若干章节，man3 是 libc 标准函数库，这些都是系统开发者重要的参考资料。

4. 字符集转换模组与本地化资料库

程序国际化与本地化相关的库文件主要可分成四大块：第一块是/usr/lib/gconv/，内含大量的字符集转换模块，大部分是各种字符集及编码方式与系统的基本字符集之间的转换；第二块是/usr/lib/locale，内含以系统基本字符集写成的本地化资料库（locale），如 LC_CTYPE、LC_TIME 等；第三块是/usr/share/locale/，内含可跨平台使用的本地化资料，主要是各应用程序的信息翻译部分；最后一块是/usr/share/i18n/，其内容是各本地化资料库的源代码，以及系统支持的内码对应表等。

5. 时区资料库

在/usr/share/zoneinfo 目录下包含世界各地时区与格林尼治时间的转换资料。

Glibc 是 Linux 平台 C 程序运行的基础，提供一组头文件和一组库文件，最基本、最常用的 C 标准库函数和系统函数在 libc.so 库文件中，几乎所有 C 程序的运行都依赖于 libc.so，有些做数学计算的 C 程序依赖于 libm.so，多线程的 C 程序依赖于 libpthread.so。Glibc 的常用库库见表 6-1 所示。

表 6-1　Glibc 的常用库

库　名	说　明
ld.so	动态链接器的工具，动态链接是由动态链接工具完成的
libBrokenLocale	用来修复程序破损现场
libSegFault	处理段错误信号
libanl	异步名称查询库
libbsd – compat	为了在 Linux 下执行一些 BSD 程序，libbsd – compat 提供了必要的可移植性
libc	是主要的 C 库，常用函数的集成
libcrypt	加密编码库
libdl	动态链接接口
libg	G++ 的运行库
libieee IEEE	浮点运算库
libm	数学函数库
libmcheck	包括启动时需要的代码
libmemusage	搜集程序运行时内存占用的信息
libnsl	网络服务库
libnss *	名称服务切换库，包含解释主机名、用户名、组名、别名、服务和协议等的函数
libpcprofile	帮助内核跟踪函数，以及源代码行和命令中的 CPU 使用时间
libpthread	POSIX 线程库
libresolv	创建、发送及解析因特网域名服务器的数据包
librpcsvc	提供 RPC 的其他服务
libr	提供了大部分的 POSIX.1b 实时扩展的接口
libthread_db	对建立多线程程序的调试很有用
libutil	包含在很多 UNIX 程序中使用的"标准"函数

Glibc 的库有静态库和动态库两个版本，都位于/lib 和/usr/lib 目录中，静态库的文件以 .a 为扩展名，动态库以 .so 为扩展名。两者的差别仅在程序执行时所需的代码是在运行时动态加载还是在编译时静态加载。GCC 默认使用动态链接库，当动态链接库不存在时才考虑使用静态链接库。如果需要强制使用静态库链接，可以在编译时加上 – static 选项。静态库在编译时，把库文件的代码都加入到可执行程序中，所以产生的文件较大，但在运行时不再需要动态库。

任务描述与要求：

1）使用 ldd 查看库文件。

2）使用 ldconfig 管理库文件。

6.1.1　使用 ldd 查看库文件

Linux 库操作可以使用 ldd 和 ldconfig。ldd 的作用是显示一个程序必须使用的动态库。查看 qemu - system - arm 程序使用的动态库情况如下所示。

```
#ldd qemu - system - arm
Linux - gate. so. 1 = >    (0xb778d000)
libz. so. 1 = >/lib/i386 - Linux - gnu/libz. so. 1(0xb7762000)
libpthread. so. 0 = >/lib/i386 - Linux - gnu/libpthread. so. 0(0xb7747000)
librt. so. 1 = >/lib/i386 - Linux - gnu/librt. so. 1(0xb773d000)
libutil. so. 1 = >/lib/i386 - Linux - gnu/libutil. so. 1(0xb7739000)
libSDL - 1. 2. so. 0 = >/usr/lib/i386 - Linux - gnu/libSDL - 1. 2. so. 0(0xb769e000)
libX11. so. 6 = >/usr/lib/i386 - Linux - gnu/libX11. so. 6(0xb756a000)
libncurses. so. 5 = >/lib/i386 - Linux - gnu/libncurses. so. 5(0xb7548000)
libtinfo. so. 5 = >/lib/i386 - Linux - gnu/libtinfo. so. 5(0xb7528000)
libc. so. 6 = >/lib/i386 - Linux - gnu/libc. so. 6(0xb737f000)
/lib/ld - Linux. so. 2(0xb778e000)
libasound. so. 2 = >/usr/lib/i386 - Linux - gnu/libasound. so. 2(0xb728d000)
libm. so. 6 = >/lib/i386 - Linux - gnu/libm. so. 6(0xb7261000)
libdl. so. 2 = >/lib/i386 - Linux - gnu/libdl. so. 2(0xb725c000)
libpulse - simple. so. 0 = >/usr/lib/i386 - Linux - gnu/libpulse - simple. so. 0(0xb7256000)
libpulse. so. 0 = >/usr/lib/i386 - Linux - gnu/libpulse. so. 0(0xb7208000)
……
```

在 ldd 命令打印的结果中，=>左边表示该程序需要链接的共享库的 . so 文件名称，右边表示由 Linux 的共享库系统找到的对应的共享库在文件系统中的具体位置。默认情况下，/etc/ld. so. conf 文件中包含默认的共享库搜索路径。如果使用 ldd 命令没有找到对应的共享库文件和其具体位置，可能是两种情况引起的：一是共享库没有安装在该系统中；二是共享库保存在/etc/ld. so. conf 文件列出的搜索路径之外的位置。

6.1.2　ldconfig

ldconfig 是动态链接库管理命令，可以在默认搜寻目录（/lib 和/usr/lib）及动态库配置文件/etc/ld. so. conf 内所列的目录下，搜索出可共享的动态链接库（格式如前所示，lib * . so * ），进而创建出动态装入程序（ld. so）所需的链接和缓存文件。缓存文件默认为/etc/ld. so. cache，此文件保存已排好序的动态链接库名称列表。

许多开放源代码的程序或函数库都会默认将自己安装到/usr/local 目录下的相应位置（如/usr/local/bin 或/usr/local/lib），以便与系统自身的程序或函数库相区别。但许多 Linux 系统的/etc/ld. so. conf 文件中默认不包含/usr/local/lib。因此，往往会出现已经安装了共享库，但是无法找到共享库的情况。具体解决办法如下。

检查/etc/ld. so. conf 文件，如果其中缺少/usr/local/lib 目录，就添加进去。在修改了/etc/ld. so. conf 文件或者在系统中安装了新的函数库之后，需要运行 ldconfig 命令，该命令用来刷新系统的共享库缓存，即/etc/ld. so. cache 文件。为了减少共享库系统的库搜索时间，共享库系统维护了一个共享库 so 名称的缓存文件/etc/ld. so. cache。因此，在安装新的共享库之后，一定要运行 ldconfig 刷新该缓存。

需要修改/etc/ld. so. conf，然后再调用 ldconfig，不然也会找不到所需的动态库。比如安装了一个 mysql 到/usr/local/mysql，mysql 的 library 存放在/usr/local/mysql/lib 下面，这时就需要在/etc/ld. so. conf 文件最后加一行/usr/local/mysql/lib，保存之后运行 ldconfig，新的 library

才能在程序运行时被找到。

如果想在这两个目录以外存放 lib，但是又不想修改/etc/ld. so. conf（或者没有权限修改）。可以使用 export 添加一个全局变量 LD_LIBRARY_PATH，然后运行程序时就会去这个目录中找 library。

使用 GCC 编译器可以将库与自己开发的程序链接起来，例如，libc. so. 6 中包含了标准的输入/输出函数，当链接程序进行目标代码链接时，会自动搜索该程序并将其链接到生成的可执行文件中。与 libc. so. 6 不同，大部分系统库需要在编译时指明所使用的库名。

GCC 编译器动态库的搜索路径搜索的先后顺序如下。

- 编译目标代码时指定的动态库搜索路径。
- 环境变量 LD_LIBRARY_PATH 指定的动态库搜索路径。
- 配置文件/etc/ld. so. conf 中指定的动态库搜索路径。
- 默认的动态库搜索路径/lib。
- 默认的动态库搜索路径/usr/lib。

在 GCC 编译器中引用可搜索到的目录中的库文件时，需要使用 -l 选项和库名。/lib/i386 - Linux - gnu/libpthread. so. 0 是线程库，如果程序中调用了多线程函数，则需要使用 -lpthread。

```
#   gcc tstthread. c - o tstthread - lpthread
```

6.2　任务：文件 I/O 编程

操作系统为了更好地为应用程序服务，提供了一类特殊的接口——系统调用。通过这组接口，用户程序可以使用操作系统内核提供的各种功能，如分配内存、创建进程和实现进程间通信等功能。

Linux 用户编程接口（API）遵循 POSIX 应用编程界面标准，POSIX 标准是由 IEEE 和 ISO/IEC 共同开发的标准系统。该标准基于当时的 UNIX 实践和经验，描述了操作系统的系统调用编程接口（实际上就是 API），用于保证应用程序可以在源代码级别上在多种操作系统上移植运行。这些系统调用编程接口主要是通过 C 库（libc）实现的。

Linux 系统调用部分是非常精简的系统调用，它继承了 UNIX 系统调用中最基本、最有用的部分。这些系统调用按照功能逻辑大致可分为进程控制、进程间通信、文件系统控制、系统控制、存储管理、网络管理、socket 和用户管理等几类。

任务描述与要求：

1）理解文件的基本概念。

2）熟悉文件 I/O 相关函数。

3）使用文件 I/O 函数编程。

6.2.1　文件的基本概念

在 Linux 中对目录和设备的操作都等同于文件的操作，简化了系统对不同设备的处理，提高了效率。Linux 中的文件主要分为普通文件、目录文件、链接文件、设备文件、套接字文件和符号链接文件。

- 普通文件：普通计算机用户看到的文件，即常用的磁盘文件由字节组成，磁盘文件中的字节数就是文件大小，通常驻留在磁盘上。普通文件可以分为文本文件和二进制文件。

- 目录文件：目录也是一个文件，其中存放着文件名和文件索引结点之间的关联关系。目录是目录项组成的一个表。其中每个表项下面对应目录下的一个文件。
- 设备文件：Linux 中的设备有两种类型，分别为字符设备（无缓冲且只能顺序存取）和块设备（有缓冲且可以随机存取）。每个字符设备和块设备都必须有主、次设备号，主设备号相同的设备是同类设备（使用同一个驱动程序）。这些设备中，有些设备是对实际存在的物理硬件的抽象，而有些设备则是内核自身提供的功能。每个设备在/dev 目录下都有一个对应的文件（结点）。可以通过 cat/proc/devices 命令查看当前已经加载的设备驱动程序的主设备号。内核能够识别的所有设备都记录在源代码树下的 Documentation/devices. txt 文件中。在/dev 目录下除了字符设备和块设备结点之外，通常还会存在 FIFO 管道、Socket、软/硬链接和目录，它们没有主/次设备号。
- 管道文件：主要用于在进程间传递数据。
- 套接字文件：类似于管道文件。管道文件用于本地通信，而套接字允许网络上通信。
- 符号链接文件：包含另一个文件的路径名。

对于 Linux 而言，所有对设备和文件的操作都是使用文件描述符来进行的。文件描述符是一个非负的整数，它是一个索引值，并指向在内核中每个进程打开文件的记录表。当打开一个现存文件或创建一个新文件时，内核就向进程返回一个文件描述符；当需要读写文件时，也需要把文件描述符作为参数传递给相应的函数。

Linux 读写文件的方式有两类：标准 I/O 和文件 I/O。

6.2.2　文件 I/O 函数编程

Linux 针对输入/输出的函数很直观，可以分为打开（open）、读取（read）、写入（write）和关闭（close）四个操作。

1. 打开文件

创建一个新文件或者打开一个已经存在的文件，函数原型如下。

```
#include < sys/types. h >
#include < sys/stat. h >
#include < fcntl. h >
int open( const char * pathname,int flags) ;
int open( const char * pathname,int flags,mode_t mode) ;
int creat( const char * pathname,mode_t mode) ;
```

参数含义如下。

- pathname：为 C 字符串，表示打开的文件名。
- flags：为一个或多个表示。
- mode：被打开文件的存取权限，可以用一组宏定义：S_I(R/W/X)(USR/GRP/OTH)，其中 R/W/X 分别表示读/写/执行权限，USR/GRP/OTH 分别表示文件所有者/文件所属组/其他用户。例如，S_IRUSR | S_IWUSR 表示设置文件所有者的可读可写属性。八进制表示法中 600 也表示同样的权限

函数成功返回文件描述符，否则返回 -1。

flag 参数可通过 | 组合构成，但前 3 个标志常量（O_RDONLY、O_WRONLY 和 O_RDWR）不能相互组合。perms 是文件的存取权限，既可以用宏定义表示法，也可以用八进制表示法，

如表 6-2 所示。

表 6-2　flag 标志

标　志　名	说　　　明
O_RDONLY	以只读方式打开文件
O_WRONLY	以只写方式打开文件
O_RDWR	以读写方式打开文件
O_CREAT	如果该文件不存在，就创建一个新的文件，并用第 3 个参数为其设置权限
O_EXCL	如果使用 O_CREAT 时文件存在，则可返回错误消息。这一参数可测试文件是否存在。此时 open 是原子操作，防止多个进程同时创建同一个文件
O_NOCTTY	使用本参数时，若文件为终端，那么该终端不会成为调用 open() 的那个进程的控制终端
O_TRUNC	若文件已经存在，那么会删除文件中的全部原有数据，并且设置文件大小为 0
O_APPEND	以添加方式打开文件，在打开文件时，文件指针指向文件的末尾，即将写入的数据添加到文件的末尾

2. 文件读写

输入/输出的操作最终通过 read 和 write 函数来完成，函数原型如下。

```
#include < unistd. h >
ssize_t read( int fd,void * buf,size_t count);
ssize_t write( int fd,const void * buf,size_t count);
```

参数含义如下。

- fd：已经打开的文件描述符。
- buf：指定存储器写入数据的缓冲区。
- count：指定读出或写入的字节数。

如果发生错误，返回 -1，同时置 errno 变量为错误代码。如果操作成功，则返回值是实际读取或者写入的字节数。在读普通文件时，若读到要求的字节数之前已到达文件的尾部，则返回的字节数会小于希望读出的字节数。

3. 文件随机存取

文件随机存取通过 lseek 函数来完成，函数原型如下。

```
#include < sys/types. h >
#include < unistd. h >
off_t lseek( intfd,off_t offset,int whence);
```

参数含义如下。

- fd：已经打开的文件描述符。
- offset：偏移量，每一读写操作所需要移动的距离，单位是字节，可正可负（向前移，向后移）。
- whence：当前位置的基点。

SEEK_SET：当前位置为文件的开头，新位置为偏移量的大小。

SEEK_CUR：当前位置为文件指针的位置，新位置为当前位置加上偏移量。

SEEK_END：当前位置为文件的结尾，新位置为文件的大小加上偏移量的大小。

4. 文件访问权限

fcntl 函数具有很丰富的功能，可以对已经打开的文件描述符进行各种操作，包括管理文件锁、获得设置文件的描述符和文件描述标志。

```
#include < unistd. h >
#include < fcntl. h >
int fcntl( int fd, int cmd);
int fcntl( int fd, int cmd, long arg)
int fcntl( int fd, int cmd, struct flock * lock)
```

参数含义如下。

- fd：已经打开的文件描述符。
- cmd：参数说明如表 6-3 所示。
- lock：结构为 flock，设置记录锁的具体状态。

表 6-3　cmd 参数取值

标　志　名	说　　明
F_DUPFD	复制文件描述符
F_GETFD	获得 fd 的 close - on - exec 标志，若标志未设置，则文件经过 exec( )函数之后仍保持打开状态
F_SETFD	设置 close - on - exec 标志，该标志由参数 arg 的 FD_CLOEXEC 位决定
F_GETFL	得到 open 设置的标志
F_SETFL	改变 open 设置的标志
F_GETLK	根据 lock 参数值，决定是否上文件锁
F_SETLK	设置 lock 参数值的文件锁
F_SETLKW	这是 F_SETLK 的阻塞版本（命令名中的 W 表示等待（wait））。在无法获取锁时，会进入睡眠状态；如果可以获取锁或者捕捉到信号，则会返回

lock 的结构如下。

```
struct flock
{
    short l_type;
    off_t l_start;
    short l_whence;
    off_t l_len;
    pid_t l_pid;
}
```

lock 结构中每个变量的取值含义见表 6-4。

表 6-4　lock 结构取值

标　志　名	说　　明
l_type	F_RDLCK：读取锁（共享锁）
	F_WRLCK：写入锁（排斥锁）
	F_UNLCK：解锁
l_stat	相对位移量（字节）
l_whence	SEEK_SET：当前位置为文件的开头，新位置为偏移量的大小
	SEEK_CUR：当前位置为文件指针的位置，新位置为当前位置加上偏移量
	SEEK_END：当前位置为文件的结尾，新位置为文件的大小加上偏移量的大小
l_len	加锁区域的长度

在文件已经共享的情况下，Linux 通常采用的方法是给文件上锁避免共享的资源产生竞争。文件锁包括建议性锁和强制性锁。建议性锁要求每个上锁文件的进程都要检查是否有锁存在，并且尊重已有的锁。在一般情况下，内核和系统都不使用建议性锁。强制性锁是由内核执行的锁，当一个文件被上锁进行写入操作时，内核将阻止其他任何文件对其进行读写操作。采用强制性锁对性能的影响很大，每次读写操作都必须检查是否有锁存在。在 Linux 中，实现文件上锁的函数有 lockf( ) 和 fcntl( )，其中 lockf( ) 用于对文件施加建议性锁，而 fcntl( ) 不仅可以施加建议性锁，还可以施加强制锁。同时，fcntl( ) 还能对文件的某一记录上锁，也就是记录锁。记录锁又可分为读取锁和写入锁，其中读取锁又称为共享锁，它能够使多个进程都能在文件的同一部分建立读取锁。而写入锁又称为排斥锁，在任何时刻只能有一个进程在文件的某个部分上建立写入锁。当然，在文件的同一部分不能同时建立读取锁和写入锁。

5. 多路复用

I/O 处理的模型有以下 5 种。

（1）阻塞 I/O 模型

在这种模型下，若所调用的 I/O 函数没有完成相关的功能，则会使进程挂起，直到相关数据到达才会返回。对管道设备、终端设备和网络设备进行读写时经常会出现这种情况。

（2）非阻塞模型

在这种模型下，当请求的 I/O 操作不能完成时，则不让进程睡眠，而且立即返回。非阻塞 I/O 使用户可以调用不会阻塞的 I/O 操作，如 open( )、write( ) 和 read( )。如果该操作不能完成，则会立即返回出错（如 打不开文件）或者返回 0（例如，在缓冲区中没有数据可以读取或者没有空间可以写入数据）。

（3）I/O 多路转接模型

在这种模型下，如果请求的 I/O 操作阻塞，且它不是真正阻塞 I/O，而是让其中的一个函数等待，在这期间，I/O 还能进行其他操作。select 和 poll 就属于这种模型。

（4）信号驱动 I/O 模型

在这种模型下，通过安装一个信号处理程序，系统可以自动捕获特定信号的到来，从而启动 I/O。进程预先告知内核，如果某个描述上发送事件时，内核就使用信号通知相关进程。

（5）异步 I/O 模型

在这种模型下，当一个描述符已准备好，可以启动 I/O 时，进程会通知内核。现在，并不是所有的系统都支持这种模型。

select 和 poll 的 I/O 多路转接模型是处理 I/O 复用的一个高效的方法。它可以具体设置程序中每一个所关心的文件描述符的条件、希望等待的时间等，从 select 和 poll 函数返回时，内核会通知用户已准备好的文件描述符的数量、已准备好的条件等。通过使用 select 和 poll 函数的返回结果，就可以调用相应的 I/O 处理函数。函数原型如下。

```
#include < sys/time. h >
#include < sys/types. h >
#include < unistd. h >
int select( int nfds, fd_set * readfds, fd_set * writefds,
        fd_set * exceptfds, struct timeval * timeout) ;
#include < poll. h >
int poll( struct pollfd * fds, nfds_t nfds, int timeout) ;
```

```
        void FD_CLR(int fd,fd_set * set);
        int  FD_ISSET(int fd,fd_set * set);
        void FD_SET(int fd,fd_set * set);
        void FD_ZERO(fd_set * set);
```

参数含义如下。

- nfds：该参数值为需要监视的文件描述符的最大值加 1。
- readfds：由 select( ) 监视的读文件描述符集合。
- writefds：由 select( ) 监视的写文件描述符集合。
- exceptfds：由 select( ) 监视的异常处理文件描述符集合。
- timeout：值为 NULL 时，永远等待，直到捕捉到信号或文件描述符已准备好为止；为具体值时，表示 struct timeval 类型的指针，若等待了 timeout 时间还没有检测到任何文件描述符准备好，就立即返回；为 0 时，从不等待，测试所有指定的描述符并立即返回。

select( ) 函数根据文件操作对文件描述符进行了分类处理，对文件描述符的处理主要涉及4 个宏函数；FD_CLR( )，将一个文件描述符从文件描述符集中清除；FD_ISSET( )，如果文件描述符 fd 为 fd_set 集中的一个元素，则返回非零值，可以用于调用 select( )之后测试文件描述符集中的文件描述符是否有变化；FD_ZERO( )，清除一个文件描述符集；FD_SET( )，将一个文件描述符加入到文件描述符集中。在使用 select( ) 函数之前，首先使用 FD_ZERO( ) 和 FD_SET( )来初始化文件描述符集，在使用了 select( )函数时，可循环使用 FD_ISSET( )来测试描述符集，在执行完对相关文件描述符的操作之后，使用 FD_CLR( )来清除描述符集。

select( )函数中的 timeout 是一个 struct timeval 类型的指针，这个时间结构体的精确度可以设置到微秒级，这对于大多数的应用而言已经足够了。该结构体如下。

```
struct timeval
{
    long tv_sec;/ * 秒 * /
    long tv_unsec;/ * 微秒 * /
}
```

6.2.3　文件 I/O 函数实例

下面看一个实例：从一个文件（源文件）中读取最后 10 KB 数据到另一个文件（目标文件）中。在实例中源文件以只读方式打开，目标文件以只写方式打开（可以是读写方式）。若目标文件不存在，可以创建并设置权限的初始值为 644，即文件所有者可读可写，文件所属组和其他用户只能读。测试改变每次读写的缓存大小（实例中为 1 KB）会怎样影响运行效率。

```
1   #include < unistd. h >
2   #include < sys/types. h >
3   #include < sys/stat. h >
4   #include < fcntl. h >
5   #include < stdlib. h >
6   #include < stdio. h >
7
8   #define BUFFER_SIZE      1024              / * 每次读写缓存大小 * /
9   #define SRC_FILE_NAME " src_test"          / * 源文件名 * /
10  #define DEST_FILE_NAME " dest_test"        / * 目标文件名 * /
11  #define OFFSET   10240                     / * 复制的数据大小 * /
12
```

```
13
14    int main()
15    {
16            int src_file,dest_file;
17            unsigned char buff[BUFFER_SIZE];
18
19            int real_read_len;
20
21            /* 以只读方式打开源文件 */
22            src_file = open(SRC_FILE_NAME,O_RDONLY);
23
24            /* 以只写方式打开目标文件,若此文件不存在则创建该文件,访问权限值为 644 */
25            dest_file = open(DEST_FILE_NAME,O_WRONLY|O_CREAT,
26                                    S_IRUSR|S_IWUSR|S_IRGRP|S_IROTH);
27
28            if(src_file < 0 || dest_file < 0)
29            {
30                    printf("Open file error\n");
31                    exit(1);
32            }
33
34            /* 将源文件的读写指针移到最后 10 KB 的起始位置 */
35            lseek(src_file,OFFSET,SEEK_END);
36
37            /* 读取源文件的最后 10 KB 数据并写到目标文件中,每次读写 1 KB */
38            while((real_read_len = read(src_file,buff,sizeof(buff))) > 0)
39            {
40                    write(dest_file,buff,real_read_len);
41            }
42            close(dest_file);close(src_file);return 0;
43    }
```

6.3 任务：标准 I/O 编程

　　基于文件流的标准 I/O 函数与前面介绍的文件 I/O 函数最大的区别是对缓冲区的利用。低级 I/O 函数在很多应用中是不带缓冲区的,可以直接操作硬件,为驱动开发等底层的系统应用开发提供了方便。运行系统调用时,Linux 必须从用户态切换到内核态,执行相应的请求,然后返回到用户态,所以应该尽量减少系统调用的次数,从而提高程序的效率。

　　标准 I/O 操作都是基于流缓冲的,是符合 ANSIC 的标准 I/O 处理。有很多函数读者已经非常熟悉了,如 printf()、scanf()函数等。标准 I/O 提供流缓冲的目的是尽可能减少使用 read()和 write()等系统调用的数量。标准 I/O 提供了 3 种类型的缓冲存储。

　　1. 全缓冲

　　在这种情况下,当填满标准 I/O 缓冲后才进行实际 I/O 操作。存放在磁盘上的文件通常是由标准 I/O 库实施全缓冲的。在一个流上执行第一次 I/O 操作时,通常调用 malloc()就是使用全缓冲。

　　2. 行缓冲

　　在这种情况下,当在输入和输出中遇到行结束符时,标准 I/O 库执行 I/O 操作。这允许一次输出一个字符(如 fputc()函数),但只有写了一 行之后才进行实际 I/O 操作。标准输入和标准输出就是使用行缓冲的典型例子。

3. 不带缓冲

标准 I/O 库不对字符进行缓冲。如果用标准 I/O 函数写若干字符到不带缓冲的流中，则相当于用系统调用 write() 函数将这些字符全写到被打开的文件上。标准出错 stderr 通常是不带缓存的，这就使得出错信息可以尽快显示出来，无论它们是否含有一个行结束符。

任务描述与要求：

1）熟悉标准 I/O 相关函数。
2）使用标准 I/O 函数编程。

6.3.1 标准 I/O 相关函数

1. 打开文件

打开文件有 3 个标准函数，分别为 fopen()、fdopen() 和 freopen()。它们可以以不同的模式打开，但都返回一个指向文件的指针，该指针指向对应的 I/O 流。此后对文件的读写都是通过这个文件指针来进行。函数原型如下。

```
#include < stdio. h >
FILE * fopen( const char * path,const char * mode);
FILE * fdopen( int fd,const char * mode);
FILE * freopen( const char * path,const char * mode,FILE * stream);
```

fopen()、fdopen() 和 freopen() 以不同的模式打开文件，返回一个指向文件流的文件指针。fdopen() 函数会将参数 fd 的文件描述符转换为对应的文件指针后返回。freopen() 函数会将已打开的文件指针 stream 关闭后，打开参数 path 的文件。

fopen() 函数可以指定打开文件的路径和模式，路径由参数 path 指定，模式相当于 open() 函数中的标志位 flag。mode 的取值含义见表 6-5。

表 6-5　mode 取值

标　志　名	说　　　明
r 或 rb	打开只读文件，该文件必须存在
r+ 或 r+b	打开可读写的文件，该文件必须存在
W 或 wb	打开只写文件，若文件存在则文件长度清为 0，即会擦写文件以前的内容。若文件不存在则建立该文件
w+ 或 w+b	打开可读写文件，若文件存在则文件长度清为 0，即会擦写文件以前的内容。若文件不存在则建立该文件
a 或 ab	以附加的方式打开只写文件。若文件不存在，则会建立该文件；如果文件存在，写入的数据会被加到文件尾，即文件原先的内容会被保留
a+ 或 a+b	以附加方式打开可读写的文件。若文件不存在，则会建立该文件；如果文件存在，写入的数据会被加到文件尾后，即文件原先的内容会被保留

凡是在 mode 字符串中带有 b 字符的（如 rb 等），都表示打开的文件是二进制文件。不同的打开方式对文件末尾的处理方式不同。

2. 读写文件

当利用 fopen() 函数打开文件后，就可以对文件流进行读写操作了。根据每次读写的数据量的不同可以分为块读写、字符读写和字符串读写 3 类函数，其中字符读写和字符串读写主要针对文本文件。函数原型如下。

```
#include < stdio. h >
size_t fread( void * ptr, size_t size, size_t nmemb, FILE * stream) ;
size_t fwrite( const void * ptr, size_t size, size_t nmemb,
              FILE * stream) ;
```

fread( )函数从文件流中读取数据,参数含义如下。

- ptr:存放读入记录的缓冲区。
- size:读取的记录大小。
- nmemb:读取的记录数。
- stream:要读取的文件流。

fread( )函数返回实际读取的 nmemb 数,可能会比指定的 nmemb 值小。

fwrite( )函数将参数 ptr 所指定的数据写入文件流 stream 中,总共写入 size × nmemb 个字符,并返回实际写入的 nmemb 数。

3. 关闭文件

完成对文件的操作后,需调用 fclose( )函数关闭文件指针,函数原型如下。

```
#include < stdio. h >
int fclose( FILE * fp) ;
```

该函数将缓冲区内的数据全部写入到文件中,并释放系统所提供的文件资源。如果只是希望将缓冲区中的数据写入文件,但可能后面还用到文件指针,可以使用 fflush( )函数。

4. 文件状态

stat( )用来将参数 file_name 所指的文件状态复制到参数 buf 所指的结构中(struct stat)。函数原型如下。

```
#include < sys/types. h >
#include < sys/stat. h >
#include < unistd. h >
int stat( const char * path, struct stat * buf) ;
int fstat( int fd, struct stat * buf) ;
int lstat( const char * path, struct stat * buf) ;
```

给定一个文件名,stat 函数返回一个与此命名文件有关的信息结构,fstat 函数获得已在描述符 filedes 上打开的文件的有关信息。lstat 函数类似于 stat,但是当命名的文件是一个符号链接时,lstat 返回该符号链接的有关信息,而不是由该符号链接引用的文件的信息。stat 结构参数的说明如下。

```
struct stat {
        dev_t      st_dev;         /* 文件的设备编号 */
        ino_t      st_ino;         /* 文件的 i - node */
        mode_t     st_mode;        /* 文件的类型和存取的权限 */
        nlink_t    st_nlink;       /* 连到该文件的硬链接( hard link) 数目,刚建立的文件值
为 1 */
        uid_t      st_uid;         /* 文件所有者的用户识别码( user   ID) */
        gid_t      st_gid;         /* 文件所有者的组识别码( group   ID) */
        dev_t      st_rdev;        /* 若此文件为装置设备文件,则为其设备编号 */
        off_t      st_size;        /* 文件大小,以字节计算 */
        blksize_t st_blksize;      /* 文件系统的 I/O 缓冲区大小 */
        blkcnt_t   st_blocks;      /* 占用文件区块的个数,每一区块大小为 512 B */
```

```
        time_t      st_atime;        / * 文件最近一次被存取或被执行的时间,一般只有在使用
mknod、utime、read、write 与 truncate 时改变 * /
        time_t      st_mtime;         / * 文件最后一次被修改的 时间,一般只有在使用 mknod、
utime 和 write 时才会改变 * /
        time_t      st_ctime;        / * i - node 最近一次被更改的时间,此参数会在文件所有者、
组和权限被更改时更新 * /
};
```

而 st_mode 域需要一些宏予以配合才能使用,使用它们和 st_mode 进行 & 操作,可以得到某些特定的信息。

文件类型标志包括以下几个。

- S_IFBLK:文件是一个特殊的块设备。
- S_IFDIR:文件是一个目录。
- S_IFCHR:文件是一个特殊的字符设备。
- S_IFIFO:文件是一个 FIFO 设备。
- S_IFREG:文件是一个普通文件。
- S_IFLNK:文件是一个符号链接。

其他模式标志包括以下几个。

- S_ISUID:文件设置了 SUID 位。
- S_ISGID:文件设置了 SGID 位。
- S_ISVTX:文件设置了 sticky 位。

用于解释 st_mode 标志的掩码包括以下几个。

- S_IFMT:文件类型。
- S_IRWXU:属主的读/写/执行权限,可以分为 S_IXUSR,S_IRUSR,S_IWUSR。
- S_IRWXG:属组的读/写/执行权限,可以分为 S_IXGRP,S_IRGRP,S_IWGRP。
- S_IRWXO:其他用户的读/写/执行权限,可以分为 S_IXOTH,S_IROTH,S_IWOTH。

6.3.2 标准 I/O 函数实例

下面实例的功能与底层 I/O 操作的实例功能基本相同,用于实现文件的复制操作,只是用标准 I/O 库的文件操作来替代原先的底层文件系统调用而已。

```
1   #include < stdio. h >
2   #include < string. h >
3   #include < sys/types. h >
4   #include < sys/stat. h >
5   #include < unistd. h >
6
7
8   #define SRC_FILE_NAME " src_test"        / * 源文件名 * /
9   #define DEST_FILE_NAME " dest_test"       / * 目标文件名 * /
10
11  int cp_file( char * sfile,char * dfile,u_int32_t uLen)
12  {
13      FILE * sFile = NULL, * dFile = NULL;
14      char * line = NULL;
15      int tmpNO;
16      if( ( sFile = fopen( sfile," rb + " ) ) = = ( FILE * )NULL)   //打开原文件
```

```
17                {
18                         return − 1;
19                }
20           if( ( dFile = fopen( dfile, "wb + " ) ) = = ( FILE ∗ ) NULL )    //打开新文件
21                {
22                         return − 1;
23                }
24
25           line = ( char ∗ ) malloc( uLen ) ;
26
27           if( line = = NULL )
28                {
29                         return − 1;
30                }
31           memset( line, 0, uLen ) ;
32
33           if( fread( line, sizeof( char ) , uLen, sFile )! = uLen )         //读取原文件内容,如果文件很
34 大,请分块读取
35                {
36                         printf( "updatefile: fopen error" ) ;
37                         fclose( sFile ) ;
38                         free( line ) ;
39                         return − 1;
40                }
41
42           if( fwrite( line, sizeof( char ) , uLen, dFile )! = uLen )        //写入新文件
43                {
44                         printf( "updatefile: fopen error" ) ;
45                         fclose( dFile ) ;
46                         free( line ) ;
47                         return − 1;
48                }
49           tmpNO = fileno( dFile ) ;
50           fsync( tmpNO ) ;                                                   //刷新内核的块缓存
51           fclose( sFile ) ;
52           fclose( dFile ) ;
53           free( line ) ;
54           return 0;
55  }
56
57  int main( void )
58  {
59       struct stat buf;
60       stat( SRC_FILE_NAME, &buf ) ;
61       if( cp_file( SRC_FILE_NAME, DEST_FILE_NAME, buf. st_size ) < 0 )
62            printf( "copy file error" ) ;
63       return 0;
64  }
```

6.4 任务：串口通信编程

Linux 操作系统从一开始就对串口提供了很好的支持，本节将对 Linux 下的串口通信编程进行简单介绍。串口是计算机中一种常用的接口，具有连接线少、通信简单的特点，因而得到

了广泛的使用。在很多情况下都需要用到串口通信，例如，与调制解调器的通信，或者工业控制中与设备的通信，还有很多网关类产品也经常使用串口配置。

串行数据的速度通常用每秒传输的字节数（bit/s）或者波特率（baud）表示。这个值表示的是每秒钟被送出的 0 和 1 的个数。

RS-232C 是 EIA（Electronic Industries Association）定义的串行通信的接口。虽然 RS-232C 标准信号最远被传输 8 m，但事实上可以使用它传输更长的距离。RS-232C 的连接线中除去用来传入传出数据的电线，还有一些用来提供时序、状态和握手的连接线。由于 RS-232C 并未定义连接器的物理特性，因此出现了 DB-25、DB-15 和 DB-9 各种类型的连接器，其引脚的定义也各不相同，其中 DB-9 针脚定义如表 6-6 所示。

表 6-6　RS-232 针脚定义

针　　脚	名　　称	全　　名	方向（主机　外设）
3	TD	Transmit Data	→
2	RD	Receive Data	←
7	RTS	Request To Send	→
8	CTS	Clear To Send	←
6	DSR	Data Set Ready	←
4	DTR	Data Terminal Ready	→
1	CD	Data Carrier Detect	←
9	RI	Ring Indicator	←
5	-	Signal Ground	

串口参数的配置一般包括波特率、起始位比特数、数据位比特数、停止位比特数和流控模式。mini2440 串口配置为波特率 115200、起始位 1 b、数据位 8 b、停止位 1 b 和无流控模式。

在 Linux 中，所有的设备文件一般都位于/dev 目录下，其中串口 1 和串口 2 对应的设备名分别为/dev/ttyS0 和/dev/ttyS1，而 USB 转串口的设备名通常为/dev/ttyUSB0 和/dev/ttyUSB1，可以查看在/dev 目录下的文件以确认。在 Linux 下对设备的操作方法与对文件的操作方法一样，对串口的读写就可以使用简单的 read() 和 write() 函数来完成，所不同的只是需要对串口的其他参数另做配置。下面就来详细讲解串口应用开发的步骤。

任务描述与要求：

1）打开串口。

2）设置串口。

3）发送数据。

4）接收数据。

6.4.1　打开串口

因为串口和其他设备一样，在 Linux 系统中都是以设备文件的形式存在的，所以可以使用 open() 系统调用函数来访问。但 Linux 系统中却有一个稍微不方便的地方，那就是普通用户一般不能直接访问设备文件。

```
1    #include        < stdio. h >          /*标准输入/输出定义*/
2    #include        < stdlib. h >         /*标准函数库定义*/
3    #include        < unistd. h >         /* UNIX 标准函数定义*/
4    #include        < sys/types. h >
5    #include        < sys/stat. h >
6    #include        < fcntl. h >          /*文件控制定义*/
7    #include        < termios. h >        /* PPSIX 终端控制定义*/
8
9
10   int open_port( void)
11   {
12            int fd;/*串口的文件描述符*/
13            fd = open("/dev/ttyS0",O_RDWR | O_NOCTTY | O_NDELAY);
14            if(fd ==-1)
15            {
16                    perror("open_port:Unable to open/dev/ttyS0 - ");
17            }
18            else
19            {
20                    fcntl(fd,F_SETFL,0);
21                    return(fd);
22            }
23   }
```

标志 O_NOCTTY 可以告诉 Linux 这个程序不会成为这个端口上的"控制终端"。如果不这样做，所有的输入，如键盘上传送过来的〈Ctrl + C〉中止信号等，都会影响到进程。O_NDE-LAY 标志则是告诉 Linux，这个程序并不关心 DCD 信号线的状态——也就是不关心端口另一端是否已经连接。如果不指定这个标志，除非 DCD 信号线上有 space 电压，否则这个程序会一直睡眠。

6.4.2　设置串口

很多系统都支持 POSIX 终端（串口）接口。程序可以利用这个接口来改变终端的参数，如波特率、字符大小等。要使用这个端口，必须将 < termios. h > 头文件包含到程序中。这个头文件中定义了终端控制结构体和 POSIX 控制函数。

与串口操作相关的最重要的两个 POSIX 函数可能就是 tcgetattr( ) 和 tcsetattr( )。这两个函数分别用来取得设置终端的属性。调用这两个函数时，需要提供一个包含着所有串口选项的 termios 结构体。

```
struct termios
{
    unsigned short c_iflag;          /*输入模式标志*/
    unsigned short c_oflag;          /*输出模式标志*/
    unsigned short c_cflag;          /*控制模式标志*/
    unsigned short c_lflag;          /*本地模式标志*/
    unsigned char c_line;            /*线路规程*/
    unsigned char c_cc[ NCC];        /*控制特性*/
    speed_t c_ispeed;                /*输入速度*/
    speed_t c_ospeed;                /*输出速度*/
};
```

termios 是在 POSIX 规范中定义的标准接口，表示终端设备。串口是一种终端设备，一般通过终端编程接口对其进行配置和控制。在具体讲解串口相关编程之前，先了解一下与终端相关的知识。终端有 3 种工作模式，分别为规范模式（canonical mode）、非规范模式（non‐canonical mode）和原始模式（raw mode）。

通过在 termios 结构的 c_lflag 中设置 ICANNON 标志来定义终端是以规范模式（设置 ICANNON 标志）还是以非规范模式（清除 ICANNON 标志）工作，默认情况为规范模式。

在规范模式下，所有的输入是基于行进行处理的。在用户输入一个行结束符（回车符、EOF 等）之前，系统调用 read() 函数读不到用户输入的任何字符。除了 EOF 之外的行结束符（回车符等）与普通字符一样，会被 read() 函数读取到缓冲区之中。在规范模式中，行编辑是可行的，而且一次调用 read() 函数最多只能读取一行数据。如果在 read() 函数中被请求读取的数据字节数小于当前行可读取的字节数，则 read() 函数只会读取被请求的字节数，剩下的字节下次再被读取。在非规范模式下，所有的输入都是即时有效的，不需要用户另外输入行结束符，而且不可进行行编辑。

严格地讲，原始模式是一种特殊的非规范模式。在原始模式下，所有的输入数据以字节为单位被处理。在这个模式下，终端是不可回显的，而且所有特定的终端输入/输出控制处理不可用。

串口参数设置中最基本的包括波特率设置、校验位和停止位设置。在这个结构中最为重要的是 c_cflag，通过对它的赋值，用户可以设置波特率、字符大小、数据位、停止位、奇偶校验位和硬软流控等。另外，c_iflag 和 c_cc 也是比较常用的标志。在此主要对这 3 个成员进行详细说明。c_cflag 支持的常量名称如表 6-7 所示。其中设置波特率宏名为相应的波特率数值前加上 B，由于数值较多，表 6-7 没有全部列出。

表 6-7　c_cflag 常量名称

标 志 名	说 明
B4800	4800 波特率
B9600	9600 波特率
B19200	19200 波特率
B38400	38400 波特率
B57600	57600 波特率
B115200	115200 波特率
EXTA	外部时钟率
EXTB	外部时钟率
CSTOPB	2 个停止位（不设则是 1 个停止位）
CREAD	接收使能
PARENB	校验位使能
PARODD	使用奇校验而不使用偶校验
HUPCL	关闭设备时挂起
CLOCAL	忽略调制解调器线路状态
CRTSCTS	使用 RTS/CTS 流控制

在传统的 POSIX 编程中，当连接一个本地的（不通过调制解调器）或者远程的终端（通过调制解调器）时，这里有两个选项应当一直打开，一个是 CLOCAL，另一个是 CREAD。这两个选项可以保证程序不会变成端口的所有者，而端口所有者必须处理发散性作业控制和挂断

信号，同时还保证了串行接口驱动会读取过来的数据字节。

波特率常数（CBAUD、B9600 等）通常用于那些不支持 c_ispeed 和 c_ospeed 成员的旧的接口上。千万不要直接用数字来初始化 c_cflag（当然还有其他标志），最好的方法是使用位运算的与或非组合来设置或者清除这个标志。不同的操作系统版本会使用不同的位模式，使用常数定义和位运算组合来避免重复工作，从而提高程序的可移植性。

输入模式标志 c_cflag 用于控制端口接收端的字符输入处理。c_cflag 支持的常量名称如表 6-8 所示。

表 6-8　c_cflag 常量名称

标 志 名	说 明
INPCK	奇偶校验使能
IGNPAR	忽略奇偶校验错误
PARMRK	奇偶校验错误掩码
ISTRIP	裁剪第 8 位比特
IXON	启动输出软件流控
IXOFF	启动输入软件流控
IXANY	输入任意字符可以重新启动输出（默认为输入起始字符才重启输出）
IGNBRK	忽略输入终止条件
BRKINT	当检测到输入终止条件时发送 SIGINT 信号
INLCR	将接收到的 NL（换行符）转换为 CR（回车符）
IGNCR	忽略接收到的 CR（回车符）
ICRNL	将接收到的 CR（回车符）转换为 NL（换行符）
IUCLC	将接收到的大写字符映射为小写字符
IMAXBEL	当输入队列满时响铃

1. 设置波特率

不同的操作系统会将波特率存储在不同的位置。旧的编程接口将波特率存储在表 6-8 所示的 c_cflag 成员中，而新的接口实际则提供了 c_ispeed 和 c_ospeed 成员来保存实际波特率的值。程序中可是使用 cfsetospeed( ) 和 cfsetispeed( ) 函数在 termios 结构体中设置波特率，而不必理会底层操作系统接口。设置波特率的实例如下。

```
1  /*
2   *获取当前打开串口的 options 值...
3  */
4  tcgetattr(fd,&options);
5  /*
6   *设置波特率为 19200...
7  */
8  cfsetispeed(&options,B19200);
9  cfsetospeed(&options,B19200);
10
11  /*
12   *将本地模式(CLOCAL)和串行数据接收(CREAD)设置为有效...
13  */
14  options.c_cflag |= (CLOCAL | CREAD);
```

```
15
16    /*
17     * 设置串口 …
18     */
19    tcsetattr( fd, TCSANOW, &options );
```

函数 tcgetattr( ) 会将当前串口配置回填到 termio 结构体 option 中。然后，程序设置了输入/输出的波特率，并且将本地模式（CLOCAL）和串行数据接收（CREAD）设置为有效，接着将新的配置作为参数传递给函数 tcsetattr( )。常量 TCSANOW 标志所有改变必须立刻生效，而不用等到数据传输结束。其他一些常数可以保证等待数据结束或者刷新输入/输出之后再生效。

2. 设置数据位

与设置波特率不同，设置字符大小并没有现成可用的函数，需要用位掩码。一般首先去除数据位中的位掩码，再按要求设置。如下所示。

```
1    options. c_flag & =  CSIZE;    /* 用数据位掩码清空数据位设置 */
2    options. c_flag | = CS8;       /* 选择 8 位数据 */
```

3. 设置奇偶校验位

设置奇偶校验位需要用到 termios 中的两个成员：c_cflag 和 c_iflag。首先要激活 c_cflag 中的校验位使能标志 PARENB 和是否要进行偶校验，同时还要激活 c_iflag 中的对于输入数据的奇偶校验使能（INPCK）。如使能奇校验时，代码如下。

```
1    options. c_cflag | = ( PARODD | PARENB );
2    options. c_cflag | = INPCK;
```

使能偶校验时，代码如下。

```
1    options. c_cflag | = PARENB;
2    options. c_cflag & =  PARODD;    /* 清除偶校验标志,则配置为奇校验 */
3    options. c_cflag | = INPCK;
```

4. 设置停止位

设置停止位是通过激活 c_cflag 中的 CSTOPB 来实现的。若停止位为一个，则清除 CSTOPB，若停止位为两个，则激活 CSTOPB。以下分别是停止位为一个和两个比特时的代码。

```
1    options. c_cflag & =  CSTOPB;    /* 将停止位设置为一个比特 */
2    options. c_cflag | = CSTOPB;     /* 将停止位设置为两个比特 */
```

5. 清除串口缓冲

由于串口在重新设置之后，需要对当前的串口设备进行适当的处理，这时就可调用在 < termios. h > 中声明的 tcdrain( )、tcflow( ) 和 tcflush( ) 等函数来处理目前串口缓冲中的数据，它们的格式如下。

```
#include < termios. h >
#include < unistd. h >
    int tcdrain( int fd );                        /* 使程序阻塞,直到输出缓冲区的数据全部发送完毕 */
    int tcflush( int fd,int queue_selector );    /* 用于清空输入/输出缓冲区 */
    int tcflow( int fd,int action );             /* 用于暂停或重新开始输出 */
```

使用 tcflush( ) 函数对于在缓冲区中的尚未传输的数据，或者收到的但是尚未读取的数据，其处理方法取决于 queue_selector 的值，其可能的取值有以下几种。

● TCIFLUSH：对接收到而未被读取的数据进行清空处理。

● TCOFLUSH：对尚未传送成功的输出数据进行清空处理。

- TCIOFLUSH：包括前两种功能，即对尚未处理的输入/输出数据进行清空处理。

6. 激活配置

在完成全部串口配置之后，要激活刚才的配置并使配置生效。这里用到的函数是 tcsetattr( )，它的函数原型如下。

```
#include < termios. h >
#include < unistd. h >
int tcsetattr( int fd, int optional_actions,
                const struct termios * termios_p) ;
```

其中，参数 termios_p 是 termios 类型的新配置变量。参数 optional_actions 可能的取值有以下 3 种。

- TCSANOW：配置的修改立即生效。
- TCSADRAIN：配置的修改在所有写入 fd 的输出都传输完毕之后生效。
- TCSAFLUSH：所有已接受但未读入的输入都将在修改生效之前被丢弃。

该函数若调用成功则返回 0，若失败则返回 1。

6.4.3 发送数据

给端口上写入数据也很简单，使用 write( ) 系统调用就可以发送数据了。和写入其他设备文件的方式相同，write 函数也会返回发送数据的字节数或者在发生错误时返回 -1。通常，发送数据最常见的错误就是 EIO，是调制解调器或者数据链路将 Data Carrier Detect(DCD) 信号线拉到低位导致的。而且，直至关闭端口这个情况都会一直持续。

```
int writeChar( u_int8_t ubuf)                //向串口写一个字符
{
    int ret;
    if( devstat. fd == -1) return -1;
    ret = write( devstat. fd, &ubuf, 1) ;
    if( ret < 0) return -1;
    return ret;
}

int WriteLen( const u_int8_t * buf, int len)       //向串口写固定长度的字符
{
    int ret;

    if( devstat. fd == -1) return -1;
    ret = write( devstat. fd, buf, len) ;
    return ret;
}
```

6.4.4 接收数据

使用文件操作 read 函数读取，如果设置为原始模式（Raw Mode）传输数据，那么 read 函数返回的字符数是实际串口收到的字符数。可以使用操作文件的函数来实现异步读取，如 fcntl 或者 select 等来操作。

```
int readChar( u_int8_t * c)                    //从串口读取一个字符
{
    int   ret;
```

```c
            fd_set readset;
            struct termios out_tios;
            unsigned char buf[2];
            struct timeval timeout;

            timeout. tv_sec = 1;
            timeout. tv_usec = 0;

            tio_saveset(STDOUT_FILENO,&out_tios);
            tio_raw(STDOUT_FILENO);

            FD_ZERO(&readset);
            if( devstat. fd ==-1)
            {
                tio_reset(STDOUT_FILENO,&out_tios);
                return -1;
            }

            FD_SET( devstat. fd,&readset);

            ret = select( devstat. fd + 1,&readset,NULL,NULL,&timeout);
            if( ret < 0)
            {
                tio_reset(STDOUT_FILENO,&out_tios);
                return -1;
            }
            if( ret ==0)
            {
                tio_reset(STDOUT_FILENO,&out_tios);
                return -1;
            }


            if( FD_ISSET( devstat. fd,&readset))
            {
                ret = read( devstat. fd,buf,1);
                if( ret ==1)
                {
                    tio_reset(STDOUT_FILENO,&out_tios);
                    * c = buf[0];
                    return 0;
                }
                if( ret ==0)
                {
                    tio_reset(STDOUT_FILENO,&out_tios);
                    return -2;
                }
                tio_reset(STDOUT_FILENO,&out_tios);
                return -1;
            }
            return -3;
        }

    int ReadLen( u_int8_t * buf,int len)
    {
```

```
                    int ret,i;
                    for(i = 0;i < len;i ++ )
                    {
                        u_int8_t rc;
                        ret = readChar((u_int8_t * )&rc);
                        if(ret == 0)
                        {
                            buf[i] = rc;
                        }
                        else
                        {
                            return -1;
                        }
                    }
                    return len;
                }
```

　　串口通信通常是按照协议进行收发的，ReadLen(u_int8_t * buf,int len) 函数根据协议收取固定长度的数据进行解析，buf 表示存放数据缓存，len 表示需要接收数据的长度。readChar(u_int8_t * c) 函数是从串口上读取一个字符数据，由 ReadLen 函数调用。

6.5　任务：网络通信编程

　　网络通信编程即编写通过计算机网络与其他程序进行通信的程序。进行通信的程序中一方称为客户端程序，另一方称为服务程序，应用系统提供的 socket 编程接口可以编写自己的网络通信程序。

6.5.1　网络通信编程的基本概念

　　Linux 中的网络编程是通过 socket 接口来进行的。socket 接口是 TCP/IP 网络的 API，包含一整套的调用接口和数据结构的定义，它给应用程序提供了使用如 TCP/UDP 等网络协议进行网络通信的手段。socket 是一种特殊的 I/O 接口，它也是一种文件描述符。socket 也是一种常用的进程之间的通信机制，通过它不仅能实现本地计算机上的进程之间的通信，而且通过网络能够在不同计算机上的进程之间进行通信。

　　每一个 socket 都用一个半相关描述（协议、本地地址、本地端口）来表示；一个完整的套接字则用一个相关描述（协议、本地地址、本地端口、远程地址、远程端口）来表示。socket 也有一个类似于打开文件的函数调用，该函数返回一个整型的 socket 描述符，随后的连接建立、数据传输等操作都是通过 socket 来实现的。

　　常见的 socket 有以下 3 种类型。

　　1）流式套接字 socket（SOCK_STREAM）。流式套接字提供面向连接的、可靠的数据传输服务，数据无差错、无重复发送，且按发送顺序接收。它使用 TCP，从而保证了数据传输的正确性和顺序性。内设流控制，避免数据流超限。数据被看作字节流，无长度限制。

　　2）数据报套接字 socket（SOCK_DGRAM）。数据报套接字定义了一种无连接的服务，数据通过相互独立的报文进行传输，是无序的，并且不保证是可靠、无差错的。它使用数据报协议（UDP）。

　　3）原始套接字 socket。原始套接字允许对底层协议（如 IP 或 ICMP）进行直接访问，它

172

功能强大但使用较为不便，主要用于一些协议的开发。

在TCP/IP网络应用中，通信的两个进程间相互作用的主要模式是客户机/服务器模式（client/server），即客户机向服务器提出请求，服务器接收到请求后，提供相应的服务。客户机/服务器模式的建立基于以下两点：首先，建立网络的起因是网络中的软硬件资源、运算能力和信息不均等，需要共享，从而造就拥有众多资源的主机提供服务、资源较少的客户请求服务这一非对等作用。其次，网间进程通信完全是异步的，相互通信的进程间既不存在父子关系，又不共享内存缓冲区，因此需要一种机制为希望通信的进程间建立联系，为二者的数据交换提供同步，这就是基于客户机/服务器模式的TCP/IP。

客户机/服务器模式在操作过程中采取的是主动请求的方式。首先服务器方要先启动，并根据请求提供相应的服务，如图6-1所示。

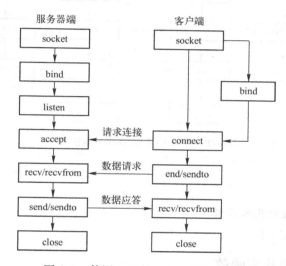

图6-1　使用TCP的socket编程流程图

1）调用socket函数创建套接字。

2）调用bind函数指定本地地址和端口，即打开一个通信通道并告知本地主机，它愿意在某一地址和端口上接收客户请求。

3）调用listen函数启动监听，等待客户请求到达该端口。

4）调用accept函数从已连接的队列中提取客户连接。

5）调用recv函数接收客户端请求。

6）调用send函数发送应答信息。

7）调用close函数关闭连接。

接收到重复服务请求，处理该请求并发送应答信号。接收到并发服务请求，要激活一个新的进程（或线程）来处理这个客户请求。新进程（或线程）处理此客户请求，并不需要对其他请求做出应答。服务完成后，关闭此新进程与客户的通信链路并终止。

客户端通常的调用序列如下。

1）调用socket函数创建套接字。

2）调用connect连接服务器端，即打开一个通信通道，并连接到服务器所在主机的特定端口。

3）调用 send 函数向服务器发服务请求报文，等待调用 recv 函数接收应答，继续提出请求。

4）请求结束后调用 close 函数关闭通信通道并终止。

UDP 是一种面向非连接、不可靠的通信协议，相对于 TCP 来说，虽然可靠性不及，但传输效率较高。使用 UDP 的 socket 编程流程如图 6-2 所示。

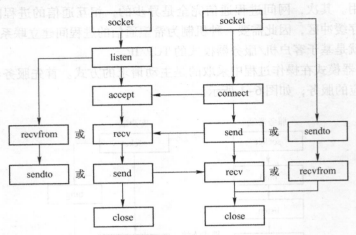

图 6-2　使用 UDP 的 socket 编程流程

任务描述与要求：

1）熟悉 socket 编程的基本函数。

2）使用 socket 函数编程。

6.5.2　socket 编程的基本函数

socket 编程的基本函数有 socket()、bind()、listen()、accept()、send()、sendto()、recv() 及 recvfrom() 等，其中，根据是客户端还是服务端，或者是使用 TCP 还是 UDP，来决定选用哪个函数。

1. socket()

socket() 函数用于建立一个 socket 连接，可指定 socket 类型等信息。在建立了 socket 连接之后，可对 sockaddr 或 sockaddr_in 结构进行初始化，以保存所建立的 socket 地址信息。函数原型如下。

```
#include < sys/types. h >
#include < sys/socket. h >
int socket( int domain, int type, int protocol) ;
```

参数含义如下。

- domain：协议族。
- type：套接字类型。
- protocol：表示使用的协议号，用 0 指定 domain 和 type 的默认协议号。

其中，协议族定义如下。

AF_UNIX, AF_LOCAL	UNIX 域协议

AF_INET	IPv4 协议
AF_INET6	IPv6 协议
AF_IPX	IPX – Novell 协议
AF_NETLINK	内核用户接口设备
AF_X25	ITU – T X. 25/ISO – 8208 协议
AF_AX25	AX. 25 协议

套接字类型定义如下。

```
SOCK_STREAM:字节流套接字 socket
SOCK_DGRAM:数据报套接字 socket
SOCK_RAW:原始套接字 socket
```

若建立套接字成功则返回套接字描述符，否则返回 –1。

2. bind( )

bind( )函数用于将本地 IP 地址绑定到端口号，若绑定其他 IP 地址则不能成功。另外，它主要用于 TCP 的连接，而在 UDP 的连接中则无必要。函数原型如下。

```
#include < sys/types. h >
#include < sys/socket. h >
int bind( int sockfd,const struct sockaddr * addr,
            socklen_t addrlen ) ;
```

参数含义如下。

● sockfd：套接字描述符。

● addr：本地地址。

● addrlen：地址长度。

sockaddr 和 sockaddr_in，这两个结构类型都是用来保存 socket 信息的，如下所示。

```
struct sockaddr
{
    unsigned short sa_family;          / * 地址家族,AF_xxx * /
    char sa_data[14];                  / * 14 字节协议地址 * /
};

struct sockaddr_in
{
    short int sin_family;              / * 通信类型 * /
    unsigned short int sin_port;       / * 端口 * /
    struct in_addr sin_addr;           / * Internet 地址 * /
    unsigned char sin_zero[8];         / * 与 sockaddr 结构的长度相同 * /
};
```

sockaddr_in 结构通过方便的手段来访问 struct sockaddr 结构中的每一个元素，与 sockaddr 等价，参数的设置也基本相同。sin_zero 是为了使两个结构在内存中使用相同的尺寸，使用 sockaddr_in 结构时，应该使用函数 bzero( )或 memset( )把 sin_zero 全部置零。

通过 ioctl 函数来获取本地 IP 地址，代码如下：

```
1   int        sk;
2   struct ifreq   ifr;
3   struct sockaddr_in * sin;
4   printf( " gethostip begin \n" ) ;
5
6   sk = socket( PF_PACKET,SOCK_RAW,htons( ETH_P_ALL) ) ;
```

```
 7    if( sk ==-1)
 8    {
 9        printf("Can't Initialize Network Packet Interface! \n");
10        return -1;
11    }
12
13    memset(&ifr,0,sizeof(ifr));
14    strcpy(ifr. ifr_name,"eth0");
15    if(ioctl(sk,SIOCGIFADDR,&ifr) ==-1)
16    {
17        return -1;
18    }
19 sin = (struct sockaddr_in * )&ifr. ifr_addr;
20
21        printf(" ip addr % s  \n",inet_ntoa(sin -> sin_addr));
```

3. listen( )

在服务端程序成功建立套接字和与地址进行绑定之后,还需要准备在该套接字上接收新的连接请求。此时调用 listen( ) 函数来创建一个等待队列,在其中存放未处理的客户端连接请求。函数原型如下。

```
#include < sys/types. h >
#include < sys/socket. h >
int listen( int sockfd,int backlog);
```

参数含义如下。

- sockfd:套接字描述符。
- backlog:请求队列中允许的最大请求数,大多数系统默认值为5。

由于可能会同时有很多连接请求需要处理,backlog 参数可以确定连接请求队列的长度。listen 函数等待别人连接,如果在 bind 函数中没有指定端口号,系统将随机指定一个端口。

4. accept( )

服务端程序调用 listen( ) 函数创建等待队列之后,调用 accept( ) 函数等待并接收客户端的连接请求。它通常从由 bind( ) 所创建的等待队列中取出第一个未处理的连接请求。函数原型如下。

```
#include < sys/types. h >
#include < sys/socket. h >
int accept( int sockfd,struct sockaddr * addr,socklen_t * addrlen);
```

参数含义如下。

- sockfd:套接字描述符。
- addr:远程计算机的 IP 地址。
- addrlen:地址长度。

accept( ) 函数默认为阻塞函数,调用函数后将一直阻塞到有连接请求。如果执行成功,返回值是由内核自动产生的一个新的 socket,同时将远程计算机的地址信息填充到 addr 所指向的内存空间中。

5. connect( )

当客户端完成建立 socket,填充服务器信息结构等工作后,就可以调用 connect( ) 函数连接服务器了。客户端如果需要申请一个连接,必须调用 connect( ) 函数。onnect( ) 函数的任务就是建立与服务器端的连接,函数原型如下:

```
#include < sys/types. h >
#include < sys/socket. h >
int connect( int sockfd, const struct sockaddr * addr,
             socklen_t addrlen) ;
```

参数含义如下。

- sockfd：套接字描述符。
- addr：存储远程计算机 IP 地址和接口信息的 sockaddr 结构。
- addrlen：地址长度。

客户端通过 connect( ) 函数来连接服务器，当 connect( ) 调用成功之后，就可以使用 sockfd 作为与服务器连接的套接字描述符，使用 send( ) 和 recv( ) 函数来收发数据。

6. send( ) 和 recv( )

这两个函数分别用于发送和接收数据，可以用在 TCP 中，也可以用在 UDP 中。当用在 UDP 时，可以在 connect( ) 函数建立连接之后再用。函数原型如下：

```
#include < sys/types. h >
#include < sys/socket. h >
ssize_t send( int sockfd, const void * buf, size_t len, int flags) ;
ssize_t recv( int sockfd, void * buf, size_t len, int flags) ;
```

参数含义如下：

- sockfd：套接字描述符。
- buf：指向要发送数据的指针。
- len：数据长度。
- flags：发送和接收标志，一般都设为 0。

send( ) 函数在调用后返回它实际发送的数据长度。send( ) 函数所发送的数据可能小于其参数指定的长度。如果发送的数据超过 send( ) 函数一次所能发送的数据的长度，则 send( ) 函数只发送其所能发送的最大长度。

7. sendto( ) 和 recvfrom( )

sendto( ) 和 recvfrom( ) 这两个函数的作用与 send( ) 和 recv( ) 函数类似，也可以用在 TCP 和 UDP 中。当用在 TCP 时，后面的几个与地址有关的参数不起作用，函数作用等同于 send( ) 和 recv( )；当用在 UDP 时，可以用在之前没有使用 connect( ) 的情况下，这两个函数可以自动寻找指定地址并进行连接。函数原型如下。

```
#include < sys/types. h >
#include < sys/socket. h >
ssize_t sendto( int sockfd, const void * buf, size_t len, int flags, const struct sockaddr * dest_addr, socklen_
             t addrlen) ; ssize_t recvfrom( int sockfd, void * buf, size_t len, int flags, struct sockaddr *
                          src_addr, socklen_t * addrlen) ;
```

参数含义如下。

- sockfd：套接字描述符。
- buf：指向要发送数据的指针。
- len：数据长度。
- flags：发送和接收标志，一般都设为 0。
- dest_addr：远程主机的 IP 地址和端口。
- addrlen：地址长度。

6.5.3 网络编程实例

本实例分为客户端和服务器端两部分，其中服务器端首先建立起 socket，然后与本地端口进行绑定，接着就开始接收从客户端的连接请求，并建立与它的连接，接下来，接收客户端发送的消息。客户端则在建立 socket 之后调用 connect( )函数来建立连接。

服务端的代码如下。

```
 1   #include < sys/types. h >
 2   #include < sys/socket. h >
 3   #include < stdio. h >
 4   #include < stdlib. h >
 5   #include < errno. h >
 6   #include < string. h >
 7   #include < unistd. h >
 8   #include < netinet/in. h >
 9
10   #define PORT       4321
11   #define BUFFER_SIZE       1024
12   #define MAX_QUE_CONN_NM       5
13
14   int main( )
15   {
16       struct sockaddr_in server_sockaddr,client_sockaddr;
17       int sin_size,recvbytes;
18       int sockfd,client_fd;
19       char buf[ BUFFER_SIZE ];
20
21       / * 建立 socket 连接 */
22       if( ( sockfd = socket( AF_INET,SOCK_STREAM,0) ) == -1)
23       {
24           perror( "socket" );
25           exit( 1);
26       }
27       printf( "Socket id = % d\n" ,sockfd);
28
29       / * 设置 sockaddr_in 结构体中的相关参数 */
30       server_sockaddr. sin_family = AF_INET;
31       server_sockaddr. sin_port = htons( PORT );
32       server_sockaddr. sin_addr. s_addr = INADDR_ANY;
33       bzero( &( server_sockaddr. sin_zero),8);
34
35       int i = 1;/ * 允许重复使用本地地址与套接字进行绑定 */
36       setsockopt( sockfd,SOL_SOCKET,SO_REUSEADDR,&i,sizeof( i ) );
37
38       / * 绑定函数 bind( ) */
39       if( bind( sockfd,( struct sockaddr * )&server_sockaddr,
40                   sizeof( struct sockaddr) ) == -1)
41       {
42                   perror( "bind" );
43                   exit( 1);
44       }
45       printf( "Bind success! \n" );
46       / * 调用 listen( )函数,创建未处理请求的队列 */
```

```
47          if( listen( sockfd , MAX_QUE_CONN_NM ) == - 1 )
48          {
49                  perror( "listen" ) ;
50                  exit( 1 ) ;
51          }
52          printf( "Listening. . . . \n" ) ;
53          /* 调用 accept( )函数,等待客户端的连接 */
54          if( ( client_fd = accept( sockfd ,
55                  ( struct sockaddr * ) &client_sockaddr , &sin_size ) ) == - 1 )
56          {
57                      perror( "accept" ) ;
58                      exit( 1 ) ;
59          }
60          /* 调用 recv( )函数接收客户端的请求 */
61          memset( buf , 0 , sizeof( buf ) ) ;
62          if( ( recvbytes = recv( client_fd , buf , BUFFER_SIZE , 0 ) ) == - 1 )
63          {
64                  perror( "recv" ) ;
65                  exit( 1 ) ;
66          }
67          printf( "Received a message:% s\n" , buf ) ;
68          close( sockfd ) ;
69          exit( 0 ) ;
70 }
```

客户端的代码如下。

```
1   #include < stdio. h >
2   #include < stdlib. h >
3   #include < errno. h >
4   #include < string. h >
5   #include < netdb. h >
6   #include < sys/types. h >
7   #include < netinet/in. h >
8   #include < sys/socket. h >
9
10  #define PORT    4321
11  #define BUFFER_SIZE    1024
12
13  int main( int argc , char * argv[ ] )
14  {
15      int sockfd , sendbytes ;
16      char buf[ BUFFER_SIZE ] ;
17      struct hostent * host ;
18      struct sockaddr_in serv_addr ;
19
20      if( argc < 3 )
21      {
22              fprintf( stderr , "USAGE:. /client Hostname( or ip address ) Text\n" ) ;
23              exit( 1 ) ;
24      }
25
26      /* 地址解析函数 */
27      if( ( host = gethostbyname( argv[ 1 ] ) ) == NULL )
28      {
29              perror( "gethostbyname" ) ;
```

```
30              exit(1);
31      }
32
33      memset(buf,0,sizeof(buf));
34      sprintf(buf,"%s",argv[2]);
35
36      /*创建socket*/
37      if((sockfd = socket(AF_INET,SOCK_STREAM,0)) ==-1)
38      {
39              perror("socket");
40              exit(1);
41      }
42
43      /*设置sockaddr_in结构体中的相关参数*/
44      serv_addr.sin_family = AF_INET;
45      serv_addr.sin_port = htons(PORT);
46      serv_addr.sin_addr = *((struct in_addr *)host->h_addr);
47      bzero(&(serv_addr.sin_zero),8);
48
49      /*调用connect函数主动发起对服务器端的连接*/
50      if(connect(sockfd,(struct sockaddr *)&serv_addr,
51                       sizeof(struct sockaddr)) ==-1)
52      {
53              perror("connect");
54              exit(1);
55      }
56
57      /*发送消息给服务器端*/
58 if((sendbytes = send(sockfd,buf,strlen(buf),0)) ==-1)
59      {
60              perror("send");
61              exit(1);
62      }
63      close(sockfd);
64      exit(0);
65 }
```

6.6 综合实践：网络协议转换器（串口转TCP/IP）

项目分析：

    串口通信具有成本低、简单实用等特点，但是串口不适合远距离、大流量传输。在实际工作中，经常会遇到串口接收数据后由网络转发的情况。最典型的是在无线传感网络中，ZigBee协调器接收到结点后，通过串口传输给网关。

    下面以智能家居模拟系统为例来说明网络协议转换器的作用，系统结构图如图6-3所示。

    感知层主要完成两个主要功能：①负责组建家庭无线传感网络，将家居设备数据采集汇总到协调器。②负责家居设备结点间的无线通信。

    智能家居网关（即网络协议转换器）通过串口连接协调器，通过网口连接上位机。它接收协调器发送过来的数据，然后转发给智能家居管理软件，同样也可以接收智能家居管理软件发送过来的控制命令转发给协调器，实现对受控设备的控制功能。

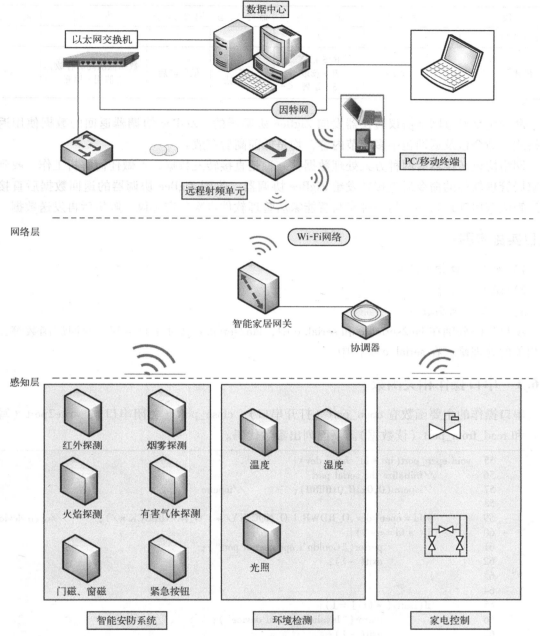

图 6-3　智能家居系统结构图

ZigBee 协调器与网络协议转换器的数据包格式见表 6-9 和表 6-10。

表 6-9　命令包格式（16 B）

字　段	帧　头	命令类型	命令字	网络地址	数据	帧　尾
长度（字节）	1	3	3	2	6	1
描述	&	WSN	R/S + XX R – 读取 S – 设置	低前高后	数据低前高后存放，空值用 y 填充	*

表 6-10　返回包格式 （32 B）

字　　段	帧　头	命令类型	命　令　字	命令状态	网络地址	数　　据	帧　尾
长度（字节）	1	3	3	1	2	21	1
描述	&	WSN	R/S + XX R - 读取 S - 设置	S - 成功 E - 出错	低前高后	数据低前高后存放， 空值用 y 填充	*

命令包是通过网络协议转换器发向 ZigBee 协调器的，ZigBee 协调器返回的数据使用返回包格式。命令包及返回包中多字节内容，均是低前高后存放。

网络协议转换器有两种方式处理数据，一种是直接转发数据，不做任何解析工作，收到智能家居管理软件的命令后直接转发给 ZigBee 协调器，收到 ZigBee 协调器的返回数据后直接转发给智能家居管理软件。另一种是与智能家居管理软件再次制定协议，解析后再发送数据。

项目实施步骤：

1）编写串口相关函数。

2）编写主程序。

3）编写回调函数。

项目代码分别在 lan2serial. c 和 serial. c 中，lan2serial. c 文件中是主程序及回调函数等，串口相关的处理函数在 serial. c 文件中。

6.6.1　串口操作相关函数

串口操作的主要函数有 open_port （打开串口）、close_port （关闭串口）、write2port （写数据）和 read_from_port （读数据）。下面列出参考代码。

```
55   void open_port( int * fd,char * dev) {
56        //Initialize the serial port
57        //ioperm(0,0x3ff,0xffffffff) ;              //ioperm
58
59        * fd = open(dev,O_RDWR | O_NOCTTY/ * | O_NONBLOCK */ ) ;        //open device
60        if( * fd == -1) {
61                perror("Couldn't open serial port") ;
62                exit( -1) ;
63        }
64
65        if( isatty( * fd) ! = 1) {
66                perror("Invalid terminal device") ;
67                exit( -1) ;
68        }
69
70        stty_raw( * fd) ;               //configure the device
71        //rts_off( * fd) ;
72   }
73
74   void close_port( int fd) {
75        close( fd) ;
76   }
```

读写操作采用了异步操作，也可以采用前面介绍的同步读写操作的方式。

```
78    int write2port( int fd, const char * data, int size_data) {
79          int size = 0;
80          int maxfd = 0;
81          int s = 0;
82          fd_set fdset;
83
84          size = size_data;
85
86          FD_ZERO( &fdset);
87          FD_SET( fd, &fdset);
88
89          maxfd = fd + 1;
90          select( maxfd, 0, &fdset, 0, NULL);        //block until the data arrives
91
92          if( FD_ISSET( fd, &fdset) == FALSE)        //data ready?
93          {
94                  printf( "Not Ready( W) \n");
95                  return 0;                          //writen continues trying
96          }
97
98          s = write( fd, data, size);                //dump the data to the device
99          fsync( fd);                                //sync the state of the file
100
101         return s;
102   }
103
104   int read_from_port( int fd, char * data, int size_data) {
105         int maxfd = 0;
106         fd_set fdset;
107
108         FD_ZERO( &fdset);
109         FD_SET( fd, &fdset);
110         maxfd = fd + 1;
111
112         select( maxfd, &fdset, 0, 0, NULL);        //block until the data arrives
113
114         if( FD_ISSET( fd, &fdset) == TRUE)         //data ready?
115                 / * Just return, value is checked by caller * /
116                 return read( fd, data, size_data);
117         else
118                 return 0;
119   }
```

6.6.2 主程序流程

main 函数主要的工作是根据输入的参数开始监听网络，并开启了 process_lan2serial 和 process_serial2lan 两个线程。

```
229   int main( int argc, char * * argv) {
230         int srv_socket, port;
231         char * endptr = NULL;
232         struct sockaddr their_addr;
233         int sin_size = -1;
234         char * serialDevice = NULL;
235
```

```
236          if( argc < 3 || argc > 5) {
237                  USAGE;
238                  exit( -1);
239          }
240
241          if( argc == 3) {
242                  port = strtol( argv[1] , &endptr, 10);
243                  if( endptr == NULL || * endptr ! =0) {
244                          printf("Invalid port number:% s\n", argv[1]);
245                          exit( -1);
246                  }
247
248                  if( start_listening( &srv_socket, port, 1, TRUE) == FALSE) {
249                          perror("start_listening");
250                          exit( -1);
251                  }
252
253                  sin_size = sizeof( struct sockaddr_in);
254                  lanfd = accept( srv_socket, &their_addr, &sin_size);
255
256                  if( socket < 0) {
257                          perror("accept");
258                          exit( -1);
259                  }
260
261                  printf("Connection accepted on port % d\n", port);
262                  serialDevice = argv[2];
263          } else {
264                  char * host = "127.0.0.1";
265
266                  if( strcmp( argv[1], " - c") ! =0) {
267                          USAGE;
268                          exit( -1);
269                  }
270
271                  if( argc == 4) {
272                          port = strtol( argv[2] , &endptr, 10);
273                          if( endptr == NULL || * endptr ! =0) {
274                                  printf("Invalid port number:% s\n", argv[2]);
275                                  exit( -1);
276                          }
277                          serialDevice = argv[3];
278                  }
279
280                  else if( argc == 5) {
281                          host = argv[2];
282                          port = strtol( argv[3] , &endptr, 10);
283                          if( endptr == NULL || * endptr ! =0) {
284                                  printf("Invalid port number:% s\n", argv[3]);
285                                  exit( -1);
286                          }
287                          serialDevice = argv[4];
288                  }
289
290                  if( modem__connect_server( host, port) == FALSE)
291                          exit( -1);
```

```
292              }
293
294              open_port( &comfd, serialDevice) ;
295              pthread_create( &t_lan2serial, NULL, process_lan2serial, NULL) ;
296              pthread_create( &t_serial2lan, NULL, process_serial2lan, NULL) ;
297
298              /* Wait for threads to exit */
299              pthread_join( t_lan2serial, NULL) ;
300              pthread_join( t_serial2lan, NULL) ;
301
302              return 0;
303  }
```

6.6.3　回调函数

process_serial2lan 回调函数用于接收串口数据，然后发送到网络。

```
189    static void * process_serial2lan( ) {
190          fd_set wfdset, rfdset;
191          int maxfd = 1;
192          int count;
193          struct timeval timeout;
194          static char buffer[ MAX_READ_SIZE];
195
196          while( TRUE) {
197                  bzero( buffer, MAX_READ_SIZE) ;
198
199                  timeout. tv_sec = 0L;
200                  timeout. tv_usec = 0L;
201
202                  FD_ZERO( &wfdset) ;
203                  FD_ZERO( &rfdset) ;
204                  FD_SET( comfd, &rfdset) ;
205
206                  maxfd += comfd;
207
208                  //Socket isn't non - blocking, so why don't we check if it will block?
209                  //select( maxfd, &rfdset, &wfdset, 0, &timeout) ;
210                  select( maxfd, &rfdset, 0, 0, NULL) ;
211                  bzero( buffer, MAX_READ_SIZE) ;
212
213                  if( FD_ISSET( comfd, &rfdset) ! = FALSE) {
214                          count = read_from_port( comfd, buffer, MAX_READ_SIZE) ;
215                          if( count == 0) {
216                                  fprintf( stderr, "EOF received from port! \n") ;
217                                  exit( -1) ;
218                          } else if( count < 0) {
219                                  perror( "serial2lan") ;
220                          } else {
221                                  if( writen( lanfd, buffer, count) < 0)
222                                          perror( "serial2lan") ;
223                          }
224                  }
225          }//while( TRUE)
226          return NULL;
227  }
```

process_lan2serial 回调函数用于接收网络数据，然后发送到串口。

```
148    static void * process_lan2serial( ) {
149          fd_set wfdset, rfdset;
150          int maxfd = 1;
151          int count;
152          struct timeval timeout;
153          static char buffer[ MAX_READ_SIZE];
154
155          while( TRUE) {
156                  bzero( buffer, MAX_READ_SIZE);
157                  timeout. tv_sec = 0L;
158                  timeout. tv_usec = 0L;
159
160                  FD_ZERO( &wfdset);
161                  FD_ZERO( &rfdset);
162                  FD_SET( lanfd, &rfdset);
163
164                  maxfd += lanfd;
165                  / * Serial port is opened as non – blocking, so
166                   * no need to check if it will block * /
167                  select( maxfd, &rfdset, 0, 0, NULL);
168
169                  if( FD_ISSET( lanfd, &rfdset) ! = FALSE) {
170                          count = read( lanfd, buffer, MAX_READ_SIZE);
171                          if( count == 0) {
172                                  fprintf( stderr, "EOF received from lan! \n");
173                                  exit( – 1);
174                          } else if( count < 0) {
175                                  perror( "process_lan2serial( )");
176                          } else {
177                                  if( writen( comfd, buffer, count) < 0)
178                                          perror( "process_lan2serial( )");
179                          }
180                  }
181          } //while( TRUE)
182          return NULL;
183    }
```

第7章 移植 BootLoader

学习目标：

- 掌握 BootLoader 基本知识
- U – Boot 移植
- vivi 移植

BootLoader 主要负责加载内核，尽管它在系统启动期间执行的时间非常短，不过它却是非常重要的组件，任何运行 Linux 内核的系统都需要用到 BootLoader。

BootLoader 是嵌入式系统在加电后执行的第一段代码，在它完成 CPU 和相关硬件的初始化之后，再将操作系统映像或固化的嵌入式应用程序装载到内存中，然后跳转到操作系统所在的空间，启动操作系统运行。

对于嵌入式系统，BootLoader 是基于特定硬件平台来实现的。因此，几乎不可能为所有的嵌入式系统建立一个通用的 BootLoader，不同的处理器架构有不同的 BootLoader。BootLoader 不但依赖于 CPU 的体系结构，而且依赖于嵌入式系统板级设备的配置。对于两块不同的嵌入式板而言，即使它们使用同一种处理器，要想让运行在一块板子上的 BootLoader 程序也能运行在另一块板子上，一般也都需要修改 BootLoader 的源程序。反过来，大部分 BootLoader 仍然具有很多共性，某些 BootLoader 也能够支持多种体系结构的嵌入式系统。例如，U – Boot 就同时支持 PowerPC、ARM、MIPS 和 x86 等体系结构，支持的板子有上百种。通常，它们都能够自动从存储介质上启动，都能够引导操作系统启动，并且大部分都可以支持串口和以太网接口。在专用的嵌入式板子上运行 GNU/Linux 系统已经变得越来越流行。

7.1 认识 Bootloader

7.1.1 Linux 系统的启动过程

Linux 系统的启动过程可分为 3 个阶段，如图 7–1 所示。

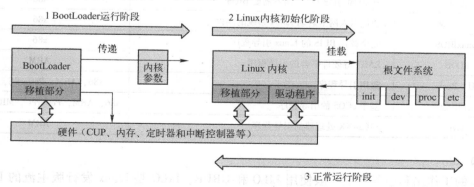

图 7–1 Linux 系统的启动过程

- BootLoader 运行阶段。
- Linux 初始化阶段。
- 系统的正常运行阶段。

第一阶段：BootLoader 启动，初始化硬件，加载 Linux 内核，启动 Linux 内核，并传递 Linux 内核所需要的启动参数。此后 BootLoader 交出系统的控制权，以后的步骤和 BootLoader 无关。

第二阶段：Linux 内核启动，完成初始化工作后，加载根文件系统，之后运行根文件系统中的 init 作为第一个进程，并启动内核守护进程作为第二个进程。

第三阶段：系统进入正常运行状态，用户空间的各个进程由 1 号进程启动，内核空间的各个进程由 2 号进程启动。并可以由程序加载不同的文件系统，以及运行不同的文件系统中的程序，当用户空间的程序进行系统调用时，将切换到内核空间运行。

7.1.2 BootLoader 的概念与功能

BootLoader 是在操作系统内核运行之前运行的一段程序。通过它初始化硬件设备、建立内存空间的映射图，从而将系统的软硬件环境调整到一个合适的状态。

1. BootLoader 所支持的嵌入式开发板

不同的 CPU 体系结构不同的 BootLoader。有些 BootLoader 也支持多种体系结构的 CPU，如 U－Boot 就同时支持 ARM、PPC 和 MIPS 等一系列体系结构。除了依赖于 CPU 的体系结构外，BootLoader 实际上也依赖于具体的嵌入式板级设备的配置。也就是说，对于两块不同的嵌入式板而言，即使它们是基于同一种 CPU 构建的，要想让运行在一块板子上的 BootLoader 程序也能运行在另一块板子上，通常也都需要修改 BootLoader 的源程序，这种修改一般是一些驱动的修改。

不同的 CPU 体系结构有不同的 BootLoader。有些 BootLoader 也支持多种体系结构的 CPU。对于每种体系结构，都有相应开放源代码的 Bootloader 可以选用，如表 7-1 所示。

表 7-1　Linux 的下的 BootLoader 及支持的体系结构

BootLoader	描　　述	体 系 结 构
LILO	Linux 磁盘引导程序	x86
GRUB	GNU 的 LILO 替代程序	x86
Loadlin	从 DOS 引导 Linux	x86
ROLO	从 ROM 引导 Linux 而不需要 BIOS	x86
Etherboot	通过以太网卡启动 Linux 系统的固件	x86
LinuxBIOS	完全替代 BUIS 的 Linux 引导程序	x86
BLOB	LART 等硬件平台的引导程序	ARM
U－Boot	通用引导程序	x86，ARM，PowerPC，MIPS
RedBoot	基于 eCOS 的引导程序	x86，ARM，PowerPC，MIPS，m68k
vivi	S3C24XX 处理器的引导程序	ARM

（1）x86

x86 的工作站和服务器上一般使用 LILO 和 GRUB。LILO 是 Linux 发行版主流的 BootLoader。相比 LILO，GRUB 有更友好的显示界面，功能更强，使用配置也更加灵活方便。

在某些 x86 嵌入式单板机或特殊设备上，BootLoader 可以取代 BIOS 的功能，能够从 ROM 中直接引导 Linux 启动。

（2）ARM

ARM 处理器的芯片商很多，所以每种芯片的开发板都有自己的 BootLoader。最早有为 ARM720 处理器的开发板的固件，又有了 armboot，StrongARM 平台的 blob，还有 S3C2410 处理器开发板上的 vivi 等。现在 U – Boot 已经成为 ARM 平台事实上的标准 BootLoader。

（3）PowerPC

ppcboot 是 PowerPC 平台的标准 BootLoader。ppcboot 和 armboot 合并创建了 U – Boot，成为各种体系结构开发板的通用引导程序。U – Boot 也是 PowerPC 平台的主要 BootLoader。

（4）MIPS

MIPS 公司开发的 YAMON 是标准的 BootLoader，也有许多 MIPS 芯片商为自己的开发板写了 BootLoader。现在 U – Boot 也已经支持 MIPS 平台。

（5）m68k

Redboot 能够支持 m68k 系列的系统。m68k 平台没有标准的 BootLoader。

2. BootLoader 的安装

系统加电或复位后，所有的 CPU 通常都从 CPU 制造商预先安排的地址上取指令。如 ARM 系列 CPU 在复位后都从地址 0x00000000 取出它的第一条指令。而嵌入式系统通常都有某种类型的固态存储设备（如 ROM、EEPROM 或 Flash 等）被安排在这个起始地址上，因此在系统加电后，CPU 将首先执行 BootLoader 程序（ARM9 2410 根据不同的配置可以从 NOR Flash 或者 NAND Flash 启动）。

图 7-2 所示就是一个同时装有 BootLoader、内核的启动参数、内核映像和根文件系统映像的固态存储设备的典型空间分配结构。

图 7-2　固态存储设备的典型空间分配结构

其中 BootLoader 的作用是启动加载，即完成系统的启动和加载操作系统并运行。BootLoader 的作用是设置一些启动参数。Kernel 是操作系统的内核，根文件系统（Root Filesystem）包含除操作系统内核外的大部分软件，其中一般包含项目应用程序。

3. 用来控制 BootLoader 的设备或机制

串口通信是最简单也是最廉价的一种双机通信设备，所以往往在 BootLoader 中的主机和目标机之间都通过串口建立连接，BootLoader 程序在执行时通常会通过串口来进行通信，如输出打印信息到串口、从串口读取用户控制字符等。如果认为串口通信速度不够而不能实现复杂的功能，也可以采用网络或者 USB 通信，那么相应地在 BootLoader 中就需要编写各自的驱动。如 U – Boot 就支持网络功能，可以通过 NFS 加载文件系统。

4. BootLoader 的启动过程

BootLoader 的启动过程分为单阶段（Single Stage）和多阶段（Multi – Stage）两种。通常多阶段的 BootLoader 能提供更为复杂的功能，以及更好的可移植性。从固态存储设备上启动的

BootLoader 大多数都是两阶段的启动过程，即启动过程可以分为 stage1 和 stage2 两部分。两个阶段分别完成不同的任务。

假定内核映像与根文件系统映像都被加载到 RAM 中运行。之所以提出这样一个假设前提，是因为在嵌入式系统中内核映像与根文件系统映像也可以直接在 ROM 或 Flash 这样的固态存储设备中直接运行。但这种做法无疑是以运行速度的牺牲为代价的。从操作系统的角度看，BootLoader 的总目标就是正确地调用内核来执行。

另外，由于 BootLoader 的实现依赖于 CPU 的体系结构，因此大多数 BootLoader 都分为 stage1 和 stage2 两大部分。依赖于 CPU 体系结构的代码，如设备初始化代码等，通常都放在 stage1 中，而且通常都用汇编语言来实现，以达到短小精悍的目的。而 stage2 则通常用 C 语言来实现，这样可以实现更复杂的功能，而且代码会具有更好的可读性和可移植性。

BootLoader 的 stage1 通常包括以下步骤。

1）硬件设备初始化。

2）为加载 BootLoader 的 stage2 准备 RAM 空间。

3）复制 BootLoader 的 stage2 到 RAM 空间中。

4）设置好堆栈。

5）跳转到 stage2 的 C 入口点。

BootLoader 的 stage2 通常包括以下步骤。

1）初始化本阶段要使用的硬件设备。

2）检测系统内存映射（memory map）。

3）将 kernel 映像和根文件系统映像从 Flash 上读到 RAM 空间中。

4）为内核设置启动参数。

5）调用内核。

5. BootLoader 的操作模式

大多数 BootLoader 都包含两种操作模式：启动加载模式和下载更新模式。这种区别仅对开发人员才有意义。从最终用户的角度看，BootLoader 的作用就是用来加载操作系统的，而并不存在所谓的启动加载模式与下载更新模式的区别。

（1）启动加载（BootLoading）模式

这种启动模式也称为自主（Autonomous）模式。即 BootLoader 从目标机上的某个固态存储设备上将操作系统加载到 RAM 中运行，整个过程并没有用户的介入。这种模式是 BootLoader 默认的工常工作模式，因此在嵌入式产品发布时，BootLoader 显然必须工作在这种模式下。

（2）下载更新（Downloading）模式

在这种模式下，目标机上的 BootLoader 将通过串口连接或网络连接等通信手段从主机（Host）下载文件，如下载内核映像和根文件系统映像等。从主机下载的文件通常首先被 Boot-Loader 保存到目标机的 RAM 中，然后再被 BootLoader 写到目标机上的 Flash 类固态存储设备中。BootLoader 的这种模式通常在第一次安装内核与根文件系统时使用。以后的系统更新也会使用 BootLoader 的这种工作模式。工作于这种模式下的 BootLoader 通常都会向它的终端用户提供一个简单的命令行接口（CLI 接口）。

像 U – Boot 等功能强大的 BootLoader，通常同时支持这两种工作模式，而且允许用户在这两种工作模式之间进行切换。

（3）BootLoader 与主机之间进行文件传输所用的通信设备及协议

最常见的情况就是，目标机上的 BootLoader 通过串口与主机进行文件传输，传输协议通常是 xmodem/ymodem/zmodem 协议中的一种。但是，串口传输的速度是有限的，因此通过以太网连接并借助 TFTP 协议来下载文件是一个更好的选择。

7.1.3 BootLoader 的结构

从结构上看，BootLoader 的各项功能之间有一定的依赖关系，某些功能与硬件相关，某些是纯软件的。BootLoader 的功能框架如图 7-3 所示。

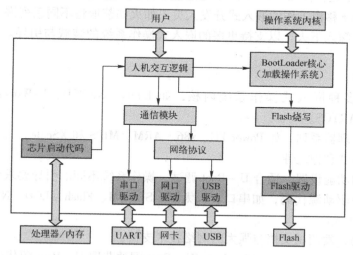

图 7-3　BootLoader 的功能框架

芯片启动代码是 BootLoader 的基础，每种处理器启动需要的设置都不一样。

运行操作系统是 BootLoader 的核心功能，包括将操作系统加载到内存，开辟操作系统所需要的数据代码区域，然后跳转到操作系统的代码处运行。

嵌入式系统中 BootLoader 运行操作系统和操作系统运行应用程序过程有所不同，操作系统代码被编译成纯二进制代码，BootLoader 运行操作系统内核主要是内存加载和跳转两个步骤。BootLoader 在引导操作系统时是运行纯二进制操作系统映像，将内核加载到内存、创建运行环境和跳转运行，附加的功能还可能包括传递一些参数。

人机交互的功能是 BootLoader 框架的核心，它将 BootLoader 的各个功能组织起来，并提供交互的接口，使用户可以通过命令控制 BootLoader。

BootLoader 的通信功能主要完成目标机与主机的通信，通信模块主要依赖串口、网络和 USB 等。通常人机交互都使用串口，网络和 USB 速度快，可以实现较大文件的传输。在通信功能中，通信层接口、网络协议等功能与硬件无关，但是串口、USB 等模块的驱动是与硬件相关的，需要不同的嵌入式系统根据自身的情况实现或者移植。

Flash 相关的功能用于 BootLoader 的烧写、系统的更新等，BootLoader 还可以支持 Flash 上的分区和文件系统的功能。

7.2　任务：U – Boot 移植

U – Boot 的全称为 Universal BootLoader，是遵循 GPL 条款的开放源代码项目。其源代码目录、编译形式与 Linux 内核很相似，事实上很多 U - Boot 源代码就是相应的 Linux 内核源程序的简化，尤其是一些设备的驱动程序。

U - Boot 不仅支持嵌入式 Linux 系统的引导，还支持 NetBSD、VxWorks、QNX、RTEMS、ARTOS 和 LynxOS 嵌入式操作系统。U - Boot 除了支持 Power PC 系列的处理器，还能支持 MIPS、x86、ARM、NIOS 和 XScale 等诸多常用系列的处理器。这两个特点正是 U - Boot 项目的开发目标，即支持尽可能多的嵌入式微处理器和嵌入式操作系统。

U - Boot 项目正处在德国 DENX 软件工程中心的 Wolfgang Denk 领军之下，众多有志于开放源代码 BootLoader 移植工作的嵌入式开发人员正如火如荼地将不同系列嵌入式微处理器的移植工作不断展开和深入下去，以支持更多的嵌入式操作系统的装载与引导。U - Boot 有以下几个优点。

- 开放源代码。
- 字符支持多种嵌入式操作系统内核，如 Linux、NetBSD、VxWorks、LynxOS、QNX、RTEMS 和 ARTOS。
- 支持多个处理器系列，如 Power PC、x86、ARM、MIPS 和 XScale。
- 较高的可靠性和稳定性。
- 高度灵活的功能设置，适合 U - Boot 调试、操作系统不同的引导要求和产品发布等。
- 丰富的设备驱动源代码，如串口、以太网、SDRAM、Flash、LCD、NVRAM、EEPROM、RTC 和键盘等。
- 较为丰富的开发调试文档与强大的网络技术支持。

可以从 http：//sourceforge. net/projects/U - Boot 网站获取 U - Boot 源代码。网友 Tekkaman 移植的 U - Boot 集成了很多其他版本 U - Boot 的优点，如支持 SD 卡、U 盘、开机 Logo 和 USB 下载等，这使得 U - Boot 更加方便易用且实用，对于大部分初学者而言，仅仅会下载和编译使用别人移植好的软件或许还不够，如果想学习更多的 U - Boot 移植细节可以参考《mini2440 之 U - Boot 使用及移植详细手册》。

任务描述与要求：

1）了解 U - Boot 目录结构。
2）U - Boot 配置编译。
3）U - Boot 执行流程分析。
4）U - Boot 移植。
5）使用 U - Boot 常用命令。

7.2.1 U - Boot 目录结构

从网站上下载得到 U - Boot 源代码包（U - Boot - 1. 1. 2. tar. bz2），解压后就可以得到全部 U - Boot 源程序。

在 U - Boot 源代码根目录下有 18 个子目录，分别存放和管理不同的源程序，可以分为 3 类，如表 7-2 所示。

- 第 1 类目录与处理器体系结构或者开发板硬件直接相关。
- 第 2 类目录是一些通用的函数或者驱动程序。
- 第 3 类目录是 U - Boot 的应用程序、工具或者文档。

表 7-2 U-Boot 源代码子目录功能说明

目　录	特　性	解　释　说　明
board	平台依赖	存放电路板相关的目录文件，如 RPXlite（mpc8xx）、open24x0（arm920t）和 sc520_cdp（x86）等目录。其中包含 SDRAM 初始化代码、Flash 底层驱动和板级初始化文件。其中的 config.mk 文件定义了 TEXT_BASE，也就是代码在内存的其实地址，非常重要
cpu	平台依赖	存放 CPU 相关的目录文件，如 mpc8xx、ppc4xx、arm720t、arm920t、xscale 和 i386 等目录。每个子目录中都包括 cpu.c 和 interrupt.c、start.S、U-Boot.lds。cpu.c 初始化 CPU、设置指令 Cache 和数据 Cache 等。interrupt.c 设置系统的各种中断和异常。start.S 是 U-Boot 启动时执行的第一个文件，它主要做最早期的系统初始化、代码重定向和设置系统堆栈，为进入 U-Boot 第二阶段的 C 程序奠定基础。U-Boot.lds 是链接脚本文件，对于代码的最后组装非常重要
lib_ppc	平台依赖	存放对 Power PC 体系结构通用的文件，主要用于实现 Power PC 平台通用的函数
lib_arm	平台依赖	存放对 ARM 体系结构通用的文件，主要用于实现 ARM 平台通用的函数
lib_i386	平台依赖	存放对 x86 体系结构通用的文件，主要用于实现 x86 平台通用的函数
include	通用	头文件和开发板配置文件，所有开发板的配置文件都在 configs 目录下
common	通用	通用的多功能函数实现，U-Boot 的命令解析代码/common/command.c、所有命令的上层代码 cmd_*.c 和 Uboot 环境变量处理代码 env_*.c 等都位于该目录下
lib_generic	通用	通用库函数的实现
net	通用	存放网络的程序
fs	通用	存放文件系统的程序
post	通用	存放上电自检程序
drivers	通用	通用的设备驱动程序，主要有以太网接口的驱动
disk	通用	硬盘接口程序
examples	应用例程	一些独立运行的应用程序的例子，如 helloworld
tools	工具	存放制作 S-Record 或者 U-Boot 格式的映像等工具，如 mkimage

U-Boot 的源代码包含对几十种处理器和数百种开发板的支持。但对于特定的开发板，配置编译过程只需要其中的部分程序。

7.2.2 U-Boot 配置编译

U-Boot 的源代码根目录下的 Makefile 首先可以设置开发板的定义，然后递归地调用各级子目录下的 Makefile，最后把编译过的程序链接成 U-Boot 映像。

1. Makefile 文件分析

以 mini2440 开发板为例，编译过程可分为两部分。

```
#   make open24x0_config
#   make
```

在编译 U-BOOT 之前，先执行 make open24x0_config。open24x0_config 是 Makefile 的一个目标，定义如下。

```
open24x0_config:unconfig
    @$(MKCONFIG)$(@:_config=) arm arm920t open24x0 NULL s3c24x0
unconfig:
    @ rm -f$(obj)include/config.h$(obj)include/config.mk \
    $(obj)board/*/config.tmp$(obj)board/*/*/config.tmp
```

当执行 make open24x0_config 时, 先执行 unconfig 目标, 注意不指定输出目标时, obj 和 src 变量均为空, unconfig 命令用于清理上一次执行 make *_config 时生成的头文件和 makefile 的包含文件。主要是 include/config. h 和 include/config. mk 文件。

然后才执行以下命令。

```
@$( MKCONFIG) $( @ :_config = ) arm arm920t open24x0 NULL s3c24x0
```

MKCONFIG 是顶层目录下的 mkcofig 脚本文件, 后面 5 个是传入的参数。

各选项说明如下。

- arm: CPU 的架构 (ARCH)。
- arm920t: CPU 的类型 (CPU), 对应于 cpu/arm920t 子目录。
- open24x0: 开发板的型号 (BOARD), 对应于 board/open24x0 目录。
- NULL: 开发者或经销商 (vendor)。
- s3c24x0: 片上系统 (SOC)。

对于 open24x0_config 而言, mkconfig 主要完成下列 3 个任务。

1) 在 include 文件夹下建立相应的软链接。

```
#   ln – s       asm – arm           asm
#   ln – s          arch – s3c24x0        asm – arm/arch
#   ln – s          proc – armv       asm – arm/proc
```

2) 生成 Makefile 包含文件 include/config. mk, 内容很简单, 定义了 4 个变量。

```
ARCH        = arm
CPU         = arm920t
BOARD       = open24x0
SOC         = s3c24x0
```

3) 生成 include/config. h 头文件, 只有一行。

```
/ *  Automatically generated – do not edit  */
#include  < configs/open24x0. h >
```

mkconfig 脚本文件的执行至此结束, 继续分析 Makefile 的剩余部分。

1) 指定交叉编译器前缀。

```
ifeq($( ARCH) ,arm)                        #这里根据 ARCH 变量指定编译器前缀
CROSS_COMPILE = arm – Linux –
endif
```

2) U – Boot 需要的目标文件。

```
OBJS    = cpu/$( CPU)/start. o              # 顺序很重要,start. o 必须放在第一位
```

3) 需要的库文件。

```
LIBS = lib_generic/libgeneric. a
LIBS + = board/$( BOARDDIR)/lib$( BOARD). a
LIBS + = cpu/$( CPU)/lib$( CPU). a
…
LIBS + = common/libcommon. a
LIBS + = $( BOARDLIBS)
LIBS : = $( addprefix $( obj) $( LIBS) )
. PHONY : $( LIBS)
```

4) 最终生成各种映像文件。

```
ALL = $(obj)U - Boot. srec $(obj)U - Boot. bin $(obj) System. map $(U_BOOT_NAND)
all：$(ALL)
$(obj)U - Boot. hex：$(obj)U - Boot
    $(OBJCOPY) ${OBJCFLAGS} - O ihex $< $@
$(obj)U - Boot. srec：$(obj)U - Boot
    $(OBJCOPY) ${OBJCFLAGS} - O srec $< $@
$(obj)U - Boot. bin：$(obj)U - Boot
    $(OBJCOPY) ${OBJCFLAGS} - O srec $< $@
```

下面分析最关键的 U – Boot ELF 映像文件的生成。

@ 依赖目标 depend：生成各个子目录的 . depend 文件，. depend 列出每个目标文件的依赖文件。生成方法是调用每个子目录的 make_depend。

```
depend dep：
    for dir in $(SUBDIRS) ; do $(MAKE) - C $$dir _depend ; done
```

@ 依赖目标 version：生成版本信息到版本文件 VERSION_FILE 中。

```
version：
    @ echo - n "#define U_BOOT_VERSION \"U - Boot " >$(VERSION_FILE); \
    echo - n "$(U_BOOT_VERSION)" >>$(VERSION_FILE); \
    echo - n $(shell $(CONFIG_SHELL) $(TOPDIR)/tools/setlocalversion \
    $(TOPDIR)) >>$(VERSION_FILE); \
    echo "\"" >>$(VERSION_FILE)
```

@ 伪目标 SUBDIRS：执行 tools、examples、post 和 post\cpu 子目录下面的 make 文件。

```
SUBDIRS = tools \
          examples \
          post \
    post/cpu
. PHONY：$(SUBDIRS)
$(SUBDIRS)：
    $(MAKE) - C $@  all
```

@ 依赖目标 $(OBJS)，即 cpu/start. o。

```
$(OBJS)：
    $(MAKE) - C cpu/$(CPU) $(if $(REMOTE_BUILD), $@ , $(notdir $@))
```

@ 依赖目标 $(LIBS)，这个目标很多，都是每个子目录的库文件 ∗ . a，通过执行相应子目录下的 make 来完成。

```
$(LIBS)：
    $(MAKE) - C $(dir $(subst $(obj),, $@))
```

@ 依赖目标 $(LDSCRIPT)。

```
LDSCRIPT：= $(TOPDIR)/board/$(BOARDDIR)/U - Boot. lds
LDFLAGS + = - Bstatic - T $(LDSCRIPT) - Ttext $(TEXT_BASE) $(PLATFORM_LDFLAGS)
```

对于 open24x0，LDSCRIPT 即链接脚本文件是 board/ open24x0/U - Boot. lds，定义了链接时各个目标文件是如何组织的。内容如下。

```
OUTPUT_FORMAT("elf32 - littlearm", "elf32 - littlearm", "elf32 - littlearm")
/ ∗ OUTPUT_FORMAT("elf32 - arm", "elf32 - arm", "elf32 - arm") ∗ /
OUTPUT_ARCH(arm)
ENTRY(_start)
```

```
SECTIONS
{
    . = 0x00000000;
    . = ALIGN(4);
    . text:
    {
        cpu/arm920t/start. o(. text)
            board/open24x0/boot_init. o(. text)
            * (. text)
    }
    . = ALIGN(4);
    . rodata: { * (. rodata) }
    . = ALIGN(4);
    . data: { * (. data) }
    . = ALIGN(4);
    . got: { * (. got) }
    . =. ;
    __u_boot_cmd_start =. ;
    . u_boot_cmd: { * (. u_boot_cmd) }
    __u_boot_cmd_end =. ;
    . = ALIGN(4);
    __bss_start =. ;
    . bss: { * (. bss) }
    _end =. ;
}
```

@ 执行链接命令。

```
cd$(LNDIR) &&$(LD)$(LDFLAGS)$$UNDEF_SYM$(__OBJS) \
    -- start - group$(__LIBS) -- end - group$(PLATFORM_LIBS) \
    - Map U - Boot. map - o U - Boot)
```

以上把 start. o 和各个子目录 makefile 生成的库文件按照 LDFLAGS 链接在一起，生成 ELF 文件 U – Boot 和链接时内存分配图文件 U – Boot. map。

MAKE 工程的编译流程就是通过执行一个 make * _config 传入 ARCH、CPU、BOARD 和 SOC 参数，然后 mkconfig 根据参数将 include 头文件夹相应的头文件夹链接好，生成 config. h。接着执行 make，分别调用各子目录的 makefile 生成所有的 obj 文件和 obj 库文件 * . a。最后链接所有目标文件，生成映像。不同格式的映像都是调用相应的工具由 elf 映像生成的。

2. 开发板配置头文件

除了编译过程 Makefile 以外，还要在程序中为开发板定义配置选项或者参数。这个头文件是 include/configs/ < board_name > . h。< board_name > 用相应的 BOARD 定义代替。

这个头文件中主要定义了两类变量。一类是选项，前缀是 CONFIG_，用来选择处理器、设备接口、命令和属性等。举例如下。

```
#define CONFIG_ARM920T        1    / * This is an ARM920T Core * /
#defineCONFIG_S3C2410         1    / * in a SAMSUNG S3C2410 SoC * /
#define CONFIG_OPEN24X0        1    / * on a SAMSUNG OPEN24X0 Board * /
```

另一类是参数，前缀是 CFG_，用来定义总线频率、串口波特率、Flash 地址等参数。举例如下。

```
#defineCFG_LONGHELP                        / * undef to save memory * /
#defineCFG_PROMPT          "FA24x0 > "      / * Monitor Command Prompt * /
```

```
#defineCFG_CBSIZE              256                    /* Console I/O Buffer Size */
#defineCFG_PBSIZE( CFG_CBSIZE + sizeof( CFG_PROMPT ) +16)/* Print Buffer Size */
#defineCFG_MAXARGS             16                     /* max number of command args */
#define CFG_BARGSIZECFG_CBSIZE                        /* Boot Argument Buffer Size */

#define CFG_MEMTEST_START    0x30000000    /* memtest works on */
#define CFG_MEMTEST_END      0x33F00000    /* 63 MB in DRAM */
```

3. 编译结果

根据对 Makefile 的分析，编译分为两步。第 1 步为配置，如 make open24x0_config；第 2 步为编译，执行 make 即可。编译完成后，可以得到 U – Boot 各种格式的映像文件和符号表，如表 7-3 所示。

表 7-3　U – Boot 编译生成的映像文件

名　　称	功 能 说 明	名　　称	功 能 说 明
System. map	U – Boot 映像的符号表	U – Boot. bin	U – Boot 映像原始的二进制格式
U – Boot	U – Boot 映像的 ELF 格式	U – Boot. srec	U – Boot 映像的 S – Record 格式

U – Boot 的 3 种映像格式都可以烧写到 Flash 中，但需要看加载器能否识别这些格式。一般 U – Boot. bin 最为常用，直接按照二进制格式下载，并且按照绝对地址烧写到 Flash 中即可。U – Boot 和 U – Boot. srec 格式映像都自带定位信息。

4. U – Boot 工具

在 tools 目录下还有一些 U – Boot 的工具。这些工具有的也经常用到。表 7-4 说明了几种工具的用途。

这些工具都有源代码，可以参考改写其他工具。其中 mkimage 是一个很常用的工具，Linux 内核映像和 ramdisk 文件系统映像都可以转换成 U – Boot 的格式。

表 7-4　U – Boot 常用工具

名　　称	功 能 说 明	名　　称	功 能 说 明
bmp_logo	制作标记的位图结构体	Img2srec	转换 SREC 格式映像
Envcrc	校验 U – Boot 内部嵌入的环境变量	mkimage	转换 U – Boot 格式映像
Gen_eth_addr	生成以太网口 MAC 地址	Updater	U – Boot 自动更新升级工具

7. 2. 3　U – Boot 常用命令

U – Boot 上电启动后，按任意键可以退出自动启动状态，进入命令行。

```
U – Boot 1. 3. 2 – mini2440( Dec   6 2013 – 13:27:57)

I2C:       ready
DRAM:      64 MB
NOR Flash not found. Use hardware switch and 'flinit '
Flash:     0 kB
NAND:      Bad block table not found for chip 0
Bad block table not found for chip 0
128 MiB
*** Warning – bad CRC or NAND, using default environment
```

USB:	S3C2410 USB Deviced
In:	serial
Out:	serial
Err:	serial
MAC:	08:08:11:18:12:27

在命令行提示符下，可以输入 U–Boot 的命令并执行。U–Boot 支持几十个常用命令，通过这些命令，可以对开发板进行调试，可以引导 Linux 内核，还可以擦写 Flash 完成系统部署等功能。掌握这些命令的使用，才能够顺利地进行嵌入式系统的开发。输入 help 命令，可以得到当前 U–Boot 的所有命令列表，每一条命令后面是简单的命令说明。

```
MINI2440 # ?
?           – alias for 'help'
autoscr     – run script from memory
base        – print or set address offset
bdinfo      – print Board Info structure
boot        – boot default, i. e. , run 'bootcmd '
bootd       – boot default, i. e. , run 'bootcmd '
bootm       – boot application image from memory
bootp       – boot image via network using BootP/TFTP protocol
chpart      – change active partition
cmp         – memory compare
coninfo     – print console devices and information
cp          – memory copy
crc32       – checksum calculation
date        – get/set/reset date & time
dhcp        – invoke DHCP client to obtain IP/boot params
dynenv      – dynamically placed(NAND) environment
dynpart     – dynamically calculate partition table based on BBT
echo        – echo args to console
erase       – erase FLASH memory
ext2load    – load binary file from a Ext2 filesystem
ext2ls      – list files in a directory(default/)
fatinfo     – print information about filesystem
fatload     – load binary file from a dos filesystem
fatls       – list files in a directory(default/)
flinfo      – print FLASH memory information
flinit      – Initialize/probe NOR flash memory
fsinfo      – print information about filesystems
fsload      – load binary file from a filesystem image
go          – start application at address 'addr '
help        – print online help
icrc32      – checksum calculation
iloop       – infinite loop on address range
imd         – i2c memory display
iminfo      – print header information for application image
imls        – list all images found in flash
imm         – i2c memory modify(auto – incrementing)
imw         – memory write(fill)
imxtract    – extract a part of a multi – image
in          – read data from an IO port
inm         – memory modify(constant address)
iprobe      – probe to discover valid I2C chip addresses
itest       – return true/false on integer compare
loadb       – load binary file over serial line(kermit mode)
```

```
loads              – load S – Record file over serial line
loady              – load binary file over serial line( ymodem mode )
loop               – infinite loop on address range
ls                 – list files in a directory( default/ )
md                 – memory display
mm                 – memory modify( auto – incrementing )
mmcinit            – init mmc card
mtdparts           – define flash/nand partitions
mtest              – simple RAM test
mw                 – memory write( fill )
nand               – NAND sub – system
nboot              – boot from NAND device
nfs                – boot image via network using NFS protocol
nm                 – memory modify( constant address )
out                – write datum to IO port
ping               – send ICMP ECHO_REQUEST to network host
printenv           – print environment variables
protect            – enable or disable FLASH write protection
rarpboot           – boot image via network using RARP/TFTP protocol
reginfo            – print register information
reset              – Perform RESET of the CPU
run                – run commands in an environment variable
s3c24xx – SoC  specific commands
saveenv            – save environment variables to persistent storage
saves              – save S – Record file over serial line
setenv             – set environment variables
sleep              – delay execution for some time
tftpboot           – boot image via network using TFTP protocol
usb                – USB sub – system
usbboot            – boot from USB device
version            – print monitor version
```

U – Boot 还提供了更加详细的命令帮助，通过 help 命令还可以查看每个命令的参数说明。由于开发过程的需要，有必要先掌握把 U – Boot 命令的用法。接下来，根据每一条命令的帮助信息，解释一下这些命令的功能和参数。

```
MINI2440 # help bootm
bootm [ addr [ arg... ] ]
       – boot application image stored in memory
       passing arguments 'arg...'; when booting a Linux kernel,'arg' can be the address of an initrd image
```

bootm 命令可以引导启动存储在内存中的程序映像。这些内存包括 RAM 和可以永久保存的 Flash。

第 1 个参数 addr 是程序映像的地址，这个程序映像必须转换成 U – Boot 的格式。

第 2 个参数对于引导 Linux 内核有用，通常作为 U – Boot 格式的 RAMDISK 映像存储地址；也可以是传递给 Linux 内核的参数（默认情况下传递 bootargs 环境变量给内核）。

这些 U – Boot 命令为嵌入式系统提供了丰富的开发和调试功能。在 Linux 内核启动和调试过程中，都可以用到 U – Boot 的命令。但是一般情况下，不需要使用全部命令。比如，已经支持以太网接口，可以通过 tftpboot 命令来下载文件，那么就没必要使用串口下载的 loadb。反过来，如果开发板需要特殊的调试功能，也可以添加新的命令。

1. 环境变量与相关指令

和 Shell 类似，U – Boot 也有环境变量（environment variables，ENV），U – Boot 默认的一

些环境变量如表 7-5 所示。

表 7-5　U-Boot 常用环境变量

名　　称	功 能 说 明	名　　称	功 能 说 明
bootdelay	执行自动启动（bootcmd）	bootcmd	自动启动时执行命令
baudrate	串口控制台的波特率	serverip	文件服务器端的 IP
netmask	以太网的网络掩码	ipaddr	本地 IP
ethaddr	以太网的 MAC	stdin	标准输入设备，一般是串口
bootfile	默认下载文件名	stdout	标准输出，一般是串口，也可是 LCD（VGA）
bootargs	传递给 Linux	stderr	标准出错，一般是串口，也可是 LCD（VGA）

使用 printenv 命令查看开发板的 ENV 值，例如，ARM 虚拟机的环境变量如下。

```
MINI2440 # printenv
bootargs = root =/dev/mtdblock3 rootfstype = jffs2 console = ttySAC0,115200
bootcmd =
bootdelay = 3
baudrate = 115200
ethaddr = 08:08:11:18:12:27
ipaddr = 10. 0. 0. 111
serverip = 10. 0. 0. 4
netmask = 255. 255. 255. 0
usbtty = cdc_acm
mtdparts = mtdparts = mini2440 - nand:256k@0(U - Boot),128k(env),5m(kernel), - (root)
mini2440 = mini2440 = 0tb
bootargs_base = console = ttySAC0,115200 noinitrd
bootargs_init = init =/sbin/init
root_nand = root =/dev/mtdblock3 rootfstype = jffs2
root_mmc = root =/dev/mmcblk0p2 rootdelay = 2
root_nfs =/mnt/nfs
set_root_nfs = setenv root_nfs root =/dev/nfs rw nfsroot = $ { serverip } $ { root_nfs }
ifconfig_static = run setenv ifconfig ip = $ { ipaddr } $ { serverip } : $ { netmask } :mini2440:eth0
ifconfig_dhcp = run setenv ifconfig ip = dhcp
ifconfig = ip = dhcp
set_bootargs_mmc = setenv bootargs $ { bootargs_base } $ { bootargs_init } $ { mini2440 } $ { root_mmc }
set_bootargs_nand = setenv bootargs $ { bootargs_base } $ { bootargs_init } $ { mini2440 } $ { root_nand }
set_bootargs_nfs = run set_root_nfs; setenv bootargs $ { bootargs_base } $ { bootargs_init } $ { mini2440 } $
 { root_nfs } $ { ifconfig }
mtdids = nand0 = mini2440 - nand
partition = nand0,0
mtddevnum = 0
mtddevname = U - Boot

Environment size：1089/131068 bytes
```

可以使用 set 命令修改环境变量，例如，设置 Linux kernel 的引导参数。

```
MINI2440 # set bootargs noinitrd root =/dev/nfs rw nfsroot = 10. 0. 0. 1:/opt/root _ qtopia ip =
10. 0. 0. 10:10. 0. 0. 1 : ;255. 255. 255. 0 console = ttySAC0,115200
MINI2440 # printenv bootargs
bootargs = noinitrd root =/dev/nfs rw nfsroot = 10. 0. 0. 1:/opt/root _ qtopia ip = 10. 0. 0. 10:
10. 0. 0. 1 : ;255. 255. 255. 0 console = ttySAC0,115200
```

如果需要查看单个环境变量，可在 printenv 后加上环境变量名称。当设置好环境变量后，它只保存在内存中，可以使用 saveenv 把它保存在存放 ENV 的固态存储器中。

```
MINI2440 # saveenv
Saving Environment to NAND...
Erasing Nand...
```

如果在启动时看到 U - Boot 打印出 Warning - bad CRC, using default environment，说明 U -
Boot 没有在存放 ENV 的固态存储器中找到有效的 ENV，只好使用在编译时定义的默认 ENV。
如果 U - Boot 存放 ENV 的固态存储器的驱动是正确的，那么只要运行 saveenv 就可以把默认
ENV 写入固态存储器。ENV 可以放在许多固体存储器中，对于 mini2440 来说，NOR Flash、
NAND Flash 或 EEPROM 都可以。

2. 网络命令

如果网卡驱动配置正确，那么就可以通过网络来传输文件到开发板。可以使用交叉网线连
接开发板和计算机，也可以用普通直连网线连接路由器，再连到计算机。先在开发板使用 ping
命令测试网络是否通了。

```
MINI2440 # ping 10. 0. 0. 1
dm9000 i/o: 0x20000300, id: 0x90000a46
DM9000: running in 16 bit mode
MAC: 08:08:11:18:12:27
host10. 0. 0. 1 is alive
```

如果提示 host 10. 0. 0. 1 is not alive，则说明网络设置有问题，需要检查网络参数配置，如
IP、Host 和 Target 都有可能有问题。也可能是 U - Boot 网卡驱动有问题，或者 U - Boot 网络协
议延时配置有问题。如果主机与开发板可以 ping 通，就可以使用下面的命令从 tftp 目录或者
nfs 目录下载文件到 SDRAM 了。

常用的网络命令有 dhcp、rarpboot、nfs、tftpboot 和 bootp。nfs 和 tftpboot 的命令格式如下。

```
MINI2440 # help nfs
nfs [loadAddress] [[hostIPaddr:]bootfilename]
MINI2440 # help tftpboot
tftpboot [loadAddress] [[hostIPaddr:]bootfilename]
```

这几个命令的格式都是：<指令>[目的 SDRAM 地址][[主机 IP:]文件名]。

要使用 dhcp、rarpboot 或 bootp 等功能需要路由器或 Host 的支持。如果没有输入[目的
SDRAM 地址]，系统就用编译时定义的 CONFIG_SYS_LOAD_ADDR 作为目的 SDRAM 地址。如
果 tftpboot 和 nfs 命令没有定义[主机 IP:]，则使用 ENV 中的 serverip 其他命令定义[主机 IP:]，
否则会使用提供动态 IP 服务的主机 IP 作为[主机 IP:]。

nfs 命令使用如下。

```
MINI2440 # nfs 0x3000800010. 0. 0. 1:/tftpboot/U - Boot. bin
dm9000 i/o: 0x20000300, id: 0x90000a46
DM9000: running in 16 bit mode
MAC: 08:08:11:18:12:27
File transfer via NFS from server10. 0. 0. 1; our IP address is 10. 0. 0. 111
Filename '/tftpboot/U - Boot. bin '.
Load address: 0x30008000
Loading: : #################################################
done
```

3. NAND Flash 操作指令

常用的 NAND Flash 指令如表 7-6 所示。

表 7-6 NAND Flash 操作指令

名　称	功　能　说　明
nand info	显示可使用的 NAND Flash
nand device [dev]	显示或设定当前使用的 NAND Flash
nand read addr off size	NAND Flash 读取命令，从 NAND 的 off 偏移地址处读取 size 字节的数据到 SDRAM 的 addr 地址
nand write addr off size	NAND Flash 烧写命令，将 SDRAM 的 addr 地址处的 size 字节的数据烧写到 NAND 的 off 偏移地址
nand write[. yaffs[1]] addr off size	烧写 yaffs 映像专用的命令，. yaffs1 for 512 + 16 NAND
nand erase [clean] [off size]	NAND Flash 擦除命令，擦除 NAND Flash 的 off 偏移地址处的 size 字节的数据
nand bad	显示 NAND Flash 的坏块
nand dump [. oob] off	显示 NAND Flash 中的数据（16 进制）
nand scrub	彻底擦除整块 NAND Flash 中的数据，包括 OOB。可以擦除软件坏块标志
nand markbad off	标示 NAND 的 off 偏移地址处的块为坏块
nand info	显示可使用的 NAND Flash
nand device[dev]	显示或设定当前使用的 NAND Flash
nand read addr off size	NAND Flash 读取命令，从 NAND 的 off 偏移地址处读取 size 字节的数据到 SDRAM 的 addr 地址
nand write addr off size	NAND Flash 烧写命令，将 SDRAM 的 addr 地址处的 size 字节的数据烧写到 NAND 的 off 偏移地址
nand write[. yaffs[1]] addr off size	烧写 yaffs 映像专用的命令，. yaffs1 for 512 + 16 NAND

NAND Flash 操作指令使用范例如下。

```
MINI2440# nand info

Device 0：NAND 128MiB 3,3V 8-bit, sector size 128 KiB
MINI2440# nand device 0
Device 0：NAND 128MiB 3,3V 8-bit... is now current device
MINI2440# nand read 0x30008000 0x60000 200000

NAND read：device 0 offset 0x60000, size 0x200000
2097152 bytes read：OK
MINI2440# nand bad

Device 0 bad blocks：
    030a0000
    030c0000
    030e0000
    07ee0000
MINI2440# nand markbad 0x500000
block 0x00500000 successfully marked as bad
MINI2440# nand bad
```

```
            Device 0 bad blocks:
                00500000
                030a0000
                030c0000
                030e0000
                07ee0000
            MINI2440# nand scrub

            NAND scrub: device 0 whole chip
            Warning: scrub option will erase all factory set bad
                        There is no reliable way to recover them.
                        Use this command only for testing purposes if you
                        are sure of what you are

            Really scrub this NAND flash? <y/N>
            Erasing at 0x2f4000008000000 --0% complete.
            NAND 128MiB 3,3V 8-bit: MTD Erase failure: -5

            NAND 128MiB 3,3V 8-bit: MTD Erase failure: -5

            NAND 128MiB 3,3V 8-bit: MTD Erase failure: -5
            Erasing at 0x7ea000008000000 --0% complete.
            NAND 128MiB 3,3V 8-bit: MTD Erase failure: -5
            Erasing at 0x7fe000008000000 --0% complete.
            OK
```

4. 内存/寄存器操作指令

（1）base：打印或设置地址偏移

```
        MINI2440 # base
        Base Address: 0x00000000
        MINI2440 # md 0 c
        00000000: feffffff 00000000 7cbd2b78 7cdc3378... |. +x |.3x
        00000010: 3cfb3b78 3b000000 7c0002e4 39000000 <. ;x;... |...9...
        00000020: 7d1043a6 3d000400 7918c3a6 3d00c000 |. C. = ...y... = ...
        MINI2440 # base 40000000
        Base Address: 0x40000000
        MINI2440 # md 0 c
        40000000: 27051956 50504342 6f6f7420 312e312e '.. VPPCBoot 1.1.
        40000010: 3520284d 61722032 31203230 3032202d 5 ( Mar 21 2002 -
        40000020: 2031393a 35353a30 34290000 00000000 19:55:04)...
```

使用该命令打印或设置存储器操作命令所使用的"基地址"，默认值是 0。当需要反复访问一个地址区域时，可以设置该区域的起始地址为基地址，其余的存储器命令参数都相对于该地址进行操作。如上面所示，设置 0x40000000 地址为基地址以后，md 操作就相对于该基地址进行。

（2）crc32：校验和计算

该命令能够用于计算某一段存储器区域的 CRC32 校验和。

```
        MINI2440 # crc 100004 3FC
        CRC32 for 00100004 ... 001003ff ==> d433b05b
```

该命令保存计算的校验和到指定的地址，举例如下。

```
        MINI2440 # crc 100004 3FC 100000
        CRC32 for 00100004 ... 001003ff ==> d433b05b
```

```
MINI2440 # md 100000 4
00100000: d433b05b ec3827e4 3cb0bacf 00093cf5 . 3 . [ . 8 ' . < ... <.
```

可以看到，CRC32 校验和不仅被打印出来，而且被存储在地址 0x100000。

（3）cmp：存储区比较

使用 cmp 命令，用户可以测试两个存储器区域是否相同。该命令或者测试由第 3 个参数指定的整个区域，或者在第一个存在差异的地方停下来。

```
MINI2440 # cmp 100000 40000000 400
word at 0x00100004(0x50ff4342) ! = word at 0x40000004(0x50504342)
Total of 1 word were the same
MINI2440 # md100000 C
00100000: 27051956 50ff4342 6f6f7420 312e312e '.. VP. CBoot 1. 1.
00100010: 3520284d 61722032 31203230 3032202d 5( Mar 21 2002 –
00100020: 2031393a 35353a30 34290000 00000000 19:55:04)...
MINI2440 # md40000000 C
40000000: 27051956 50504342 6f6f7420 312e312e '.. VPPCBoot 1. 1.
40000010: 3520284d 61722032 31203230 3032202d 5( Mar 21 2002 –
40000020: 2031393a 35353a30 34290000 00000000 19:55:04)...
```

cmp 命令可以以不同的宽度访问存储器：32 位、16 位或者 8 位。如果使用 cmp 或 cmp.l 则使用默认宽度（32 位），如果使用 cmp.w，则使用 16 位宽度，cmp.b 使用 8 位宽度。

请注意第 3 个参数表示的是比较数据的长度，其单位为"数据宽度"，依所使用的命令不同而不同，例如，采用 32 位宽度时单位为 32 位数据，即 4 B。

```
MINI2440 # cmp.l 100000 40000000 400
word at 0x00100004(0x50ff4342) ! = word at 0x40000004(0x50504342)
Total of 1 word were the same
MINI2440 # cmp.w 100000 40000000 800
halfword at 0x00100004(0x50ff) ! = halfword at 0x40000004(0x5050)
Total of 2 halfwords were the same
MINI2440 # cmp.b 100000 40000000 1000
byte at 0x00100005(0xff) ! = byte at 0x40000005(0x50)
Total of 5 bytes were the same
```

（4）cp：存储区复制

该命令用于存储区复制，和 cmp 命令一样支持 .l、.w 和 .b 扩展命令。

```
MINI2440 # cp 40000000 100000 10000
```

（5）md：存储区显示

该命令以十六进制和 ASCII 码方式显示存储区，该命令支持 .l、.w 和 .b 扩展命令。

（6）mm：存储区修改

该命令提供一种交互式地修改存储器内容的方式。它将显示地址和当前内容，然后提示用户输入，如果用户输入一个合法的十六进制值，该值将被写到当前地址。然后将提示下一个地址。如果用户没有输入任何值，而只是输入 ENTER，当前地址内容将不改变。该命令直到输入一个非十六进制值（如"."）结束。该命令支持 .l、.w 和 .b 扩展命令。

```
MINI2440 # mm 100000
00100000: 27051956 ? 0
00100004: 50504342 ? AABBCCDD
00100008: 6f6f7420 ? 01234567
0010000c: 312e312e ? .
```

```
MINI2440 # md 100000 10
00100000: 00000000 aabbccdd 01234567 312e312e ...#Eg1.1.
00100010: 3520284d 61722032 31203230 3032202d 5( Mar 21 2002 -
00100020: 2031393a 35353a30 34290000 00000000 19:55:04)...
00100030: 00000000 00000000 00000000 00000000...
```

（7）mtest：简单的存储区测试

该命令提供一个简单的内存测试方法。它测试存储区的写操作是否成功，对于 ROM 或 Flash 等存储器将测试失败。该命令在测试一些 U – Boot 必需的区域时，可能引起系统崩溃，这些区域包括异常向量代码、U – Boot 内部程序代码、栈和堆等。

```
MINI2440 # mtest 100000 200000
Testing 00100000 ... 00200000:
Pattern0000000F Writing...  Reading...
```

（8）mw：内存填充

该命令提供一种存储区初始化的方法。当不使用 count 参数时，value 值被写入指定的地址，当使用 count 时，整个存储区将被写入 value 值。该命令支持 . l、. w 和 . b 扩展命令。

```
MINI2440 # md 100000 10
00100000: 0000000f 00000010 00000011 00000012...
00100010: 00000013 00000014 00000015 00000016...
00100020: 00000017 00000018 00000019 0000001a...
00100030: 0000001b 0000001c 0000001d 0000001e...
```

（9）mw：存储区修改

该命令能够被用于交互式地写若干次不同的数据到同一地址，与 mm 不同的是它的地址总是同一地址，而 mm 将进行累加。该命令支持 . l、. w 和 . b 扩展命令。

```
MINI2440 # nm. b 100000
00100000: 00 ? 48
00100000: 48 ? 61
00100000: 61 ? 6c
00100000: 6c ? 6c
00100000: 6c ? 6f
00100000: 6f ? .
MINI2440 # md 100000 8
00100000: 6f000000 115511ff ffffffff ffff1155 o...U...U
00100010: 00000000 00000000 00000015 00000016...
```

5. Flash 存储器操作命令

（1）cp：存储区复制

cp 命令可以自动识别 flash 区域，并当目标区域在 Flash 中时自动调用 Flash 编程程序。

```
MINI2440 # cp 30000000 00000000 10000
Copy to Flash...  done
```

当目标区域没有被擦除或者被写保护时，写到该区域将可能导致失败。

```
MINI2440 # cp 30000000 00000000 10000
Copy to Flash...  Can 't write to protected Flash sectors
```

请注意第 3 个参数 count 的单位为数据宽度，如果希望使用字节长度的话。

（2）flinfo：获取可用的 Flash 的信息

mini2440 的输出包含 flash 型号 （28F128J3A）、大小 （32MB）、扇区数 （128）、每一扇

区的起始地址及其属性，上面的输出中，第一个扇区的起始地址为 0x0，且其属性为只读（标记 RO）。

```
MINI2440 #flinfo
Bank # 1：INTEL 28F128J3A
  Size：32 MB in 128 Sectors
  Sector Start Addresses：
    00000000（RO）   00040000（RO）   00080000   000C0000   00100000
    00140000          00180000          001C0000   00200000   00240000
    00280000          002C0000          00300000   00340000   00380000
    003C0000          00400000          00440000   00480000   004C0000
    00500000          00540000          00580000   005C0000   00600000
    00640000          00680000          006C0000   00700000   00740000
    00780000          007C0000          00800000   00840000   00880000
    008C0000          00900000          00940000   00980000   009C0000
    00A00000          00A40000          00A80000   00AC0000   00B00000
```

（3）erase：擦除 Flash 存储器

在 U – Boot 中，一个 bank 就是连接到 CPU 的同一片选信号的一个或者多个 flash 芯片组成的 Flash 存储器区域。扇区是一次擦除操作的最小区域，擦除操作都是以扇区为单位的。在 U – Boot 中，bank 的编号从 1 开始，而扇区编号从 0 开始。

该命令用于擦除一个或多个扇区。它的使用比较复杂，最常用的用法就是传递待擦除区域的开始和结束地址到命令中，而且这两个地址必须是扇区的开始地址和起始地址。

另外一个方法是选择 Flash 扇区和 bank 作为参数。

```
MINI2440 # era 1：6 – 8
Erase Flash Sectors 6 – 8 in Bank # 1
.. done
```

还有一种方法可以擦除整个 bank，如下所示，注意其中有一个警告信息提示有写保护扇区存在，并且这些扇区没有被擦除。

```
MINI2440 # erase all
Erase Flash Bank # 1 – Warning：5 protected sectors will not be erased！
…done
Erase Flash Bank # 2
…done
```

（4）protect：使能或者禁止 Flash 保护功能

该命令也是一个比较复杂的命令。它用于设置 Flash 存储器的特定区域为只读模式，或取消只读属性。Flash 设置为只读模式后，不能被复制（cp 命令）或者擦除（erase 命令）。

Flash 保护的级别依赖于所使用的 Flash 芯片和 Flash 设备驱动的实现方法。在大多数 U – Boot 的实现中仅仅提供简单的软件保护，它可以阻止意外的擦除或者重写重要区域（如 U – Boot 代码及 U – Boot 环境变量等），且仅对 U – Boot 有效，任何操作系统并不识别该保护。

6. 执行控制命令

（1）bootm：从存储器启动应用程序映像

```
MINI2440 # help bootm
bootm [ addr [ arg … ] ]
  – boot application image stored in memory
passing arguments 'arg … '；when booting a Linux kernel，
  'arg'can be the address of an initrd image
```

该命令用于启动操作系统映像。从映像头获取操作系统类型，使用文件压缩方法、加载和入口点地址等信息。该命令将加载映像到指定的存储器地址，如果需要，则将映像解压缩。该命令也可以传递要求的启动参数，并在其入口点启动操作系统。

bootm 的第一个参数是待加载映像的存储地址（RAM、ROM 或者 Flash 存储器等），在它之后可以添加操作系统所需要的参数。

对于 Linux 操作系统，可以传递一个可选参数。该参数作为 initrd ramdisk 映像的起始地址（在 RAM、ROM 或者 Flash 存储器等）。在这种情况下，bootm 命令由 3 个步骤组成：首先 Linux 内核映像被解压缩并复制到 RAM，然后 ramdisk 映像被加载到 RAM，最后，控制权交给 Linux 内核，并传递 ramdisk 映像的位置和大小信息。

为了启动一个 initrd ramdisk 映像的 Linux 内核，可以使用下面的命令。

```
MINI2440 # bootm $(kernel_addr)
```

如果使用 ramdisk，可以使用以下命令。

```
MINI2440 # bootm $(kernel_addr) $(ramdisk_addr)
```

请注意，当待加载的映像已经被加载到 RAM（如使用 TFTP 下载）时，必须避免压缩映像的位置与需要加载解压缩后内核的位置重叠。例如，如果加载一个 ramdisk 映像在一个低端内存，它可能被加载的 Linux 内核所覆盖，这将导致未定义的系统崩溃。

（2）go：开始某地址处的应用程序

```
MINI2440 # help go
go addr [ arg . . . ]
 – start application at address 'addr '
passing 'arg 'as arguments
```

U – Boot 支持独立的应用程序。这些程序不要求操作系统运行时的复杂的运行环境，而只需要它们能够被加载并且被 U – Boot 调用执行。该命令用于启动这些独立的应用程序。可选的参数被传递到应用程序。

7.3 任务：vivi 移植

vivi 是由韩国 Mizi 公司开发的 BootLoader，适用于 ARM9 处理器，主要用于三星 S3C2410 处理器的引导，支持串口、USB 和 TFTP 等传输通信手段。vivi 也有启动加载模式和下载模式两种工作模式。启动加载模式可以在一定时间后自行启动 Linux 内核，这是 vivi 的默认模式，在下载模式下 vivi 为用户提供了一个命令行接口，通过该接口可以使用 vivi 的一些主要命令。

任务描述与要求：

1) vivi 目录结构。
2) vivi 配置编译。
3) vivi 执行流程分析。
4) vivi 常用命令。

7.3.1 vivi 目录结构

vivi 是一个开源的 BootLoader，源代码结构类似 Linux 内核代码，vivi 中的很多代码就是从内核代码中移植过来的。vivi 的代码包括 arch、init、lib、drivers 和 include 等几个目录。比较重要的目录描述如下。

- arch：系统相关目录。
- Documentation：文档目录。
- drivers：驱动程序目录。
- include：头文件目录。
- init：初始化程序目录。
- lib：公用库。
- scripts：控制脚本。
- util：工具。
- rules：Makefile 的规则。

1. arch

arch 目录是 vivi 代码体系框架中最重要的目录之一，该目录下存放着和体系构架相关的源代码。arch 目录中包含两个子目录，分别为 def – configs 和 s3c2410，其中 def – configs 中存放了系统默认的配置文件，相当于 Linux 进行配置后得到的 .config 文件。

- Makefile：这个 Makefile 不产生目标，它定义了一些编译过程的选项，但是它不产生目标文件，只被根 Makefile 所引用。
- def – configs：默认的配置宏文件目录。是 open24x0 默认的配置宏文件。
- Config. in：是/scripts/configure 的输入，用于产生需编译的宏。
- Defconfig：是/scripts/Menuconfig 的输入，用于产生默认的配置选项。
- vivi. lds. in：是 vivi. lds 目标的输入，这个目标在/arch/Makefile 中。
- s3c2410：是与 CPU 及启动相关的模块的目录，将会产生 s3c2410. o 文件。

2. drivers

- mtd：Mtd 设备驱动。
- maps：与板型相关的 Mtd 控制函数的定义。
- nand：NAND Flash 的管理控制函数。
- nor：NOR Flash 的管理控制函数。
- serial：串口驱动。

3. include

- mtd：Mtd 设备相关的所有头文件。
- platform：平台层相关的板级头文件。
- proc：串口控制宏定义。
- 其他头文件。

4. init

- Main：vivi Stage2 的主函数。
- Version：版本控制信息。

5. lib

- priv_data：vivi 用于管理系统所定义的功能函数，如 s_Linux_cmd_line 函数等。

- 其他系统需要使用的库函数，如 md5、heap 和 time 等。

6. scripts

- Configure：用脚本语言写的用于读取 config. in 的工具。
- Menuconfig：用脚本语言写的用于以图形界面方式读取 config. in 的工具。

7. util

- Imagewrite：NAND Flash Image 编写工具。
- Ecc：内存校验工具。

7.3.2 vivi 配置编译

在光盘的 Linux 目录下有 vivi – src – 20090519. tar. gz 文件，其中包含 vivi 的源代码。使用以下命令解压缩。

```
#   tar xvzfvivi – src – 20090519. tar. gz
#   ls vivi
arch ChangeLog COPYING drivers fa. config include init lib Makefile net Rules. make
scripts   test   util
```

进入 vivi 目录，使用友善之臂提供的默认配置文件 fa. config 。执行 menuconfig 命令进行配置。

```
#   cd/opt/vivi
#   cp fa. config . config
#   make menuconfig
```

将出现如图 7-4 所示的配置界面，不需要更改任何配置，按左右方向键，选择 < Exit > 退出。

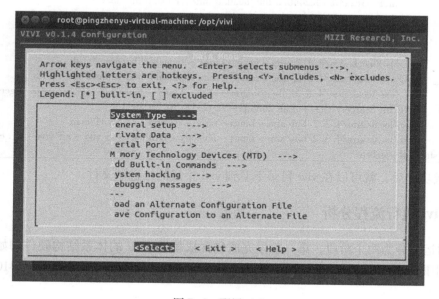

图 7-4　配置 vivi

可以自行配置，也可以使用默认的配置文件进行自动配置。这些默认的配置文件放在 vivi/arch/def – config 目录下。在图 7-4 中，选择 Load On Alternate Configuration File 选项，在打开的界面中输入 arch/def – configs/open24x0 或者 arch/def – configs/s3c2410 – tk 来选择对应的单板配置文件，如图7-5所示。

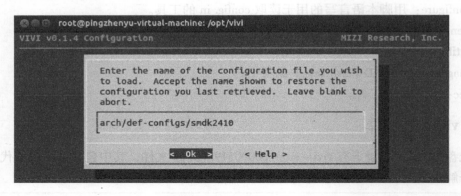

图7-5 选择配置文件

选择 OK，然后选择 Exit，最后选择 Yes 保存配置。

在配置完 vivi 之后，可以使用下面的命令进行编译。

```
#   make
    /usr/local/arm/4. 3. 2/bin/arm – Linux – gcc – D__ASSEMBLY__
    – I/opt/vivi/include –
    I/usr/local/arm/4. 3. 2/arm – none – Linux – gnueabi/libc/usr/include
    – msoft – float     – c – o arch/s3c2440/head. o arch/s3c2440/head. S
    arch/s3c2440/head. S:453:8:warning:extra tokens at end of #endif directive
    /usr/local/arm/4. 3. 2/bin/arm – Linux – ld – v – Tarch/vivi. lds – Bstatic     \
        arch/s3c2440/head. o \
        arch/s3c2440/s3c2440. o init/main. o init/version. o lib/lib. o \
        drivers/serial/serial. o drivers/mtd/mtd. o \
        lib/priv_data/priv_data. o \
        – o vivi – elf
    – L/usr/local/arm/4. 3. 2/arm – none – Linux – gnueabi/libc/armv4t/lib
    – L/usr/local/arm/4. 3. 2/arm – none – Linux – gnueabi/libc/armv4t/usr/lib
    – L/usr/local/arm/4. 3. 2/lib/gcc/arm – none – Linux – gnueabi/4. 3. 2/armv4t/ – lgcc – lc
    GNU ld( Sourcery G + + Lite 2008q3 – 72)2. 18. 50. 20080215
    /usr/local/arm/4. 3. 2/bin/arm – Linux – nm – v – l vivi – elf > vivi. map
    /usr/local/arm/4. 3. 2/bin/arm – Linux – objcopy – O binary – S vivi – elf vivi – R . comment – R
. stab – R . stabstr
```

编译成功之后，就可以在 vivi 目录下看到 vivi 生成的二进制文件。

7.3.3　vivi 执行流程分析

vivi 的运行分为两个阶段，第一阶段完成包含依赖于 CPU 的体系结构硬件初始化的代码，包括禁止中断、初始化串口和复制自身到 RAM 等。相关代码集中在 arch/s3c2410/head. S 文件中。

第二阶段将完成 8 个步骤，分别是打印 vivi 版本、对开发板进行初始化、内存映射初始化和内存管理单元的初始化、初始化堆栈、初始化 mtd 设备、初始化私有数据、初始化内置命令，以及启动内核或进入命令状态。

1. vivi 的第一阶段（汇编阶段）

完成含依赖于 CPU 体系结构硬件的初始化代码，包括禁止中断、初始化串口，以及复制自身到 RAM 等。head. S. 完成以下几件事情。

- 关 Watch Dog：上电后，Watch Dog 默认是开着的。
- 禁止所有中断。
- 初始化系统时钟：启动 MPLL，FCLK = 200MHz，HCLK = 100MHz，PCLK = 50 MHz，CPU bus mode 改为 Asynchronous bus mode。
- 初始化内存控制寄存器。
- 检查是否从掉电模式唤醒，若是就唤醒。
- 点亮所有 LED。
- 初始化 UART0。
- 将 vivi 所有代码（包括阶段 1 和阶段 2）从 NAND Flash 复制到 SDRAM 中。
- 跳到 BootLoader 的阶段 2 运行，也就是调用 init/main. c 中的 main 函数。

vivi 第一阶段执行后的内存划分情况如图 7-6 所示。

2. vivi 的第二阶段（C 语言阶段）

本阶段从 init/main. c 中的 main 函数开始执行，它可以分为 8 个步骤。可以从 main 函数的代码开始分析。

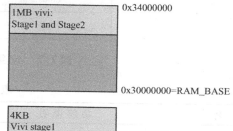

图 7-6　vivi 第一阶段执行后的内存划分情况

- reset_handler( )：代码 lib/reset_handle c，用于将内存清零。
- board_init( )：代码 arch/s3c2410/smdk. c，调用两个函数，用于初始化定时器和设置各 GPIO 引脚功能。
- 建立页表和启动 MMU：代码 arch/s3c2410/mmu. c 用于建立页表，vivi 使用段式页表，只需要一级页表。它调用 3 个函数。
- heap – init( )：堆初始化。
- mtd_dev_init( )：MTD 设备初始化。
- init_priv_data( )：此函数将启动内核的命令参数取出，存放在内存特定的位置中。这些参数来源有两个，即 vivi 预设的默认参数和用户设置的参数（存放在 NAND Flash 中）。
- misc( )和 init_builtin_cmds( )：这两个函数都是简单地调用 add_command 函数，给一些命令增加相应的处理函数。在 vivi 启动后，可以进入操作界面，这些命令就是供用户使用的。
- boot_or_vivi( )：启动 vivi_shell，进入与用户进行交互的界面，或者直接启动 Linux 内核。

至此，Linux 内核终于开始运行了。vivi 执行完毕，内存使用情况如图 7-7 所示。

7.3.4　vivi 常用命令

在下载模式下，vivi 为用户提供了一个基于串口的命令行接口，通过该接口可以使用 vivi 提供的一些命令。常见的命令如表 7-7 所示。

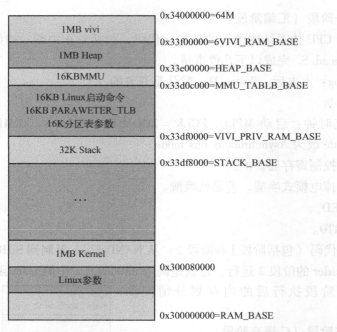

图 7-7 vivi 第二阶段执行后的内存划分情况

表 7-7 vivi 常用命令

名　　称	功　能　说　明	名　　称	功　能　说　明
part	用于对分区进行操作	go	用于跳转到指定地址处，执行该地址处的代码
load	下载程序到存储器中（Flash 或者 RAM 中）	mem	用于对系统内存进行操作
param	用于对 BootLoader 的参数进行操作	reset	复位命令
boot	用于引导 Linux kernel 启动	help	帮助信息
bon	用于对 bon 分区进行操作		

下面分别介绍这些命令的功能和常用方法。

1. mem 命令

mem 命令用于对系统的内存进行操作。在终端输入 mem 命令，将提示 mem 的常用方法和参数。

```
vivi > mem
invalid 'mem 'command：wrong argumets
Usage：
compare  < dst > < src > < length > −− compare
mem copy  < dst > < src > < length >
mem info
mem reset −− reset memory control register
mem serach  < start_addr > < end_addr > < value > −− serach memory address that contain value
```

- mem copy ＜dst＞＜src＞＜length＞：复制一段内存的内容。
- mem info：打印内存的信息。
- mem reset：使用内存控制寄存器复位。

● mem search < start_addr > < end_addr > < value > ：在指定的内存地址范围内搜索某个值。

在终端输入命令 mem info，在终端上显示出系统的内存信息。

```
vivi > mem info
RAM Information：
Default ram size：64M
Real ram size：64M
Free memory：63M

RAM mapped to：0x30000000 – 0x34000000（SDRAM 映射的地址范围 – – 64MB）
Flash memory mapped to – ：0x10000000 – 0x12000000（Flash 映射的地址范围 – – 32MB）
Available memory region：0x30000000 – 0x33f80000（用户可以使用的有效的内存区域地址范围）
Stack base address：0x33fafffc（栈的基地址）
Current stack pointer：0x33fafc7c（当前栈指针的值）
```

2. load 命令

load 命令用于下载程序到存储器中（Flash 或者 RAM 中）。load flash partname x 使用 xmodem 协议，通过串口下载文件并且烧写到 partname 分区。

```
vivi > load help
Usage：
load  < flash | ram > [  < partname >  |  < addr > < size > ] < x | y | z | t >
```

（1） < flash | ram >

关键字参数 flash 和 ram 用于选择目标介质是 Flash 还是 RAM。

如果选择下载到 Flash 中，其实还是先要下载到 RAM 中（临时下载到 SDRAM 的起始地址处 0x30000000 保存一下，然后再转写入 FLASH），然后再通过 Flash 驱动程序提供的写操作，将数据写入到 Flash 中。如果选择了 flash 参数，那么到底是将"数据"写入 NOR Flash 还是 NAND Flash，取决于 BootLoader 编译的过程中所进行的配置，这就要看配置时将 MTD 设备配置成 NOR Flash 还是 NAND Flash。

（2） [< partname > | < addr > < size >]

partname 是 vivi 的 MTD 分区表中的分区名，MTD 分区的起始地址；addr 和 size 是让用户自己选择下载的目标存储区域，而不是使用 vivi 的 MTD 分区。addr 表示下载的目标地址，size 表示下载的文件大小，单位为字节，size 参数不一定非要指定与待下载的文件大小一样大，但是一定要大于或等于待下载的文件的字节数。

（3） < x | y | z | t >

关键字参数 x、y 和 z 分别表示从 PC 上下载文件到 ARM9 系统中时采用哪种串行文件传送协议，x 表示采用 xmodem 协议，y 表示采用 ymodem 协议，z 表示采用 zmodem 协议。例如，使用 vivi 烧写内核，所用命令为如下。

```
vivi > load flash kernel x
```

等待烧写完成即可。使用 vivi 更新 vivi，所用命令如下。

```
vivi > load flash vivi x
```

3. part 命令

part 命令用于对 MTD 分区进行操作。

```
vivi > part show
mtdpart info. (5 partitions)
name offset size flag
-------------------------------------------------
vivi:0x00000000 0x00020000 0 128k
eboot:0x00020000 0x00040000 0 128k
param:0x00040000 0x00010000 0 64k
kernel:0x00050000 0x00100000 01M
root:0x00150000 0x03eac000 062M + 688k
```

MTD 分区是针对 Flash（NOR Flash 或者 NAND Flash）的分区，以便于 BootLoader 对 Flash 进行管理。

part add 命令用于添加一个 MTD 分区。

```
part add name offset size flag
```

- name：要添加的分区的分区名。
- offset：要添加的分区的偏移（相对于整个 MTD 设备的起始地址的偏移，在 ARM9 系统中不论配置的是 NOR Flash 还是 NAND Flash，都只注册了一个 mtd_info 结构，也就是说逻辑上只有一个 MTD 设备，这个 MTD 设备的起始地址为 0x00000000）。
- size：要添加的分区的大小，单位为字节。
- flag：要添加的分区的标志，参数 flag 的取值只能为以下字符串（请注意必须为大写）或者通过连接符 | 连接，这个标志表示了这个分区的用途。

BONFS：作为 BONFS 文件系统的分区。

JFFS2：作为 JFFS2 文件系统的分区。

LOCK：该分区被锁定了。

RAM：该分区作为 RAM 使用。

例如，添加新的 MTD 分区 mypart。

```
vivi > part add mypart 0x500000 0x100000 JFFS2
mypart:offset = 0x00500000, size = 0x00100000, flag = 8
```

part del 命令用于删除一个 MTD 分区。

```
partdel name
```

参数 name 是要删除的 MTD 分区的分区名。

part save：保存 part 分区信息。

part reset：恢复为系统默认 part 分区。

4. param 命令

param 命令用于对 BootLoader 的参数进行操作。

```
vivi > param help
Usage:
param help -- Help aout 'param 'command
param reset -- Reset parameter table to default table
param save -- Save parameter table to flash memeory
param set < name > < value > -- Reset value of parameter
param set Linux_cmd_line "..." -- set boot parameter
param set wince_part_name "..." -- set the name of partition wich wincewill be stored in
param show -- Display parameter table
```

使用 param show 可以查看 BootLoader 系统参数。参数说明如下。

```
vivi > param show
Number of parameters:19
name:hex integer
mach_type:000000c1 193
//类型,193 表示 S3C2410 的开发系统
media_type:00000003 3
//媒介类型,即指示了 BootLoader 从哪个媒介启动的
boot_mem_base:30000000 805306368
//引导 Linux 内核启动的基地址映像将被从 Flash 中复制到 boot_mem_base + 0x8000 的地址处,内
核参数将被建立在 boot_mem_base +0x100 的地址处
baudrate:0001c200 115200
//BootLoader 启动时,默认设置的串口波特率
xmodem_one_nak:00000000 0
//表示接收端(即 ARM9 系统这端)发起第一个 NAK 信号给发送端(即 PC 主机这端)到启动
xmodem_initial_timeout:000493e0 300000
//表示接收端(即 ARM9 系统这端)启动 xmodem 协议后的初始超时时间,第一次接收超时按照这
个参数的值来设置,但是超时一次后,后面的超时时间就不再是这个参数的值了,而是 xmodem_
timeout 的值
xmodem_timeout:000f4240 1000000
//表示在接收端(即 ARM9 系统这端)等待接受发送端(即 PC 主机这端)送来的数据字节过程中,
如果发生了一次超时,那么后面的超时时间就设置成参数 xmodem_timeout 的值,这 3 个参数不需
要修改,采用系统默认的值即可,不建议用户修改这几个参数值
ymodem_initial_timeout:0016e360 1500000//(6)
//表示接收端(即 ARM9 系统这端)在启动了 ymodem 协议后的初始超时时间,这个参数不需要修
改,采用系统默认的值即可,不建议用户修改这几个参数值
boot_delay:00300000 3145728
boot_delay 是 BootLoader 自动引导 Linux kernel 功能的延时时间
os:Linux
display:VGA 640X480
ip:192.168.0.15
host:192.168.0.1
gw:192.168.0.1
mask:255.255.255.0
wincesource:00000001 1
wincedeploy:00000000 0
mac:00:00:c0:ff:ee:08
wince part name:wince
Linux command line:noinitrd root =/dev/mtdblock/3 init =/Linuxrc console = ttyS0
//Linux command line 不是 BootLoader 的参数,而是 kernel 启动时,kernel 不能自动检测到的必要的
参数,这些参数需要 BootLoader 传递给 Linux kernel, Linux command line 就是设置 Linux kernel 启
动时需要手工传给 kernel 的参数
```

param 常用命令参数如下。

● param reset：将 BootLoader 参数值复位成系统默认值。

● param set paramname value：设置参数值。

● param save：保存参数设置。

param set Linux_cmd_line "Linux bootparam" 用于设置 Linux 启动参数，参数 Linux bootparam 表示要设置的 Linux kernel 命令行参数。

设置 Linux 的启动参数，所用命令如下。

```
vivi > param set Linux command line "noinitrd root =/dev/mtdblock/3 init =/Linuxrc console = ttyS0"
vivi > param save
```

5. boot 命令

boot 命令用于引导 Linux kernel 启动，命令参数如下。

```
vivi > boot help
Usage:
boot  < media_type >  -- booting kernel
value of media_type(location of kernel image)
1 = RAM
2 = NOR Flash Memory
3 = SMC(On S3C2410)
boot  < media_type >  < mtd_part >  -- boot from specific mtd partition
boot  < media_type >  < addr >  < size >
boot help -- help about 'boot' command
```

（1） < media_type >

boot 关键字后面的 media_type 必须指定媒介类型，因为 boot 命令对不同媒介的处理方式是不同的，例如，如果 kernel 在 SDRAM 中，那么 boot 执行过程中就可以跳过复制 kernel 映像到 SDRAM 这一步骤。

Boot 命令识别的媒介类型有以下 3 种。

- ram：表示从 RAM（在 ARM9 系统中即为 SDRAM）中启动 Linux kernel，Linux kernel 必须放在 RAM 中。
- nor：表示从 NOR Flash 中启动 Linux kernel，Linux kernel 必须已经被烧写到了 NOR Flash 中。
- smc：表示从 NAND Flash 中启动 Linux kernel，Linux kernel 必须已经被烧写到了 NAND Flash 中。

（2） < mtd_part >

参数 mtd_part 是 MTD 分区的名称，MTD 设备的一个分区中启动 Linux kernel，kernel 映像必须被放到这个分区中。

（3） < addr > < size >

分别表示 Linux kernel 的起始地址和 kernel 的大小。之所以要指定 kernel 大小，是因为 kernel 首先要被复制到 boot_mem_base + 0x8000 的地方，然后在 boot_mem_base + 0x100 开始的地方设置内核启动参数，要复制 kernel，当然需要知道 kernel 的大小，这个大小不一定非要和 kernel 实际大小一样，但是必须大于或等于 kernel 的大小，单位为字节。

6. bon 命令

bon 命令用于对 bon 分区进行操作。通过 bon help 可以显示系统对 bon 系列命令的帮助提示。bon 分区是 Nand Flash 设备的一种简单的分区管理方式。BootLoader 支持 bon 分区，同时 Samsung 提供的针对 S3C2410 移植的 Linux 版本中也支持了 bon 分区，这样就可以利用 bon 分区来加载 Linux 的根文件系统。

当 ARM9 系统配置了 Nand Flash 作为 MTD 设备后，那么 MTD 分区和 BON 分区都在同一片 NAND Flash 上。

bon part info 命令用于显示系统中 bon 分区的信息。

```
vivi > bon part info
BON info. (3 partitions)
No:offset size flags bad
------------------------------------------------
0:0x00000000 0x00030000 00000000 0 192k
```

```
1:0x00030000 0x00100000 00000000 01M
2:0x00130000 0x03ec8000 00000000 162M + 800k
```

bon 分区表被保存到 Nand Flash 的最后 0x4000 个字节中，即在 Nand Flash 的 0x03FFC000 ～ 0x33FFFFFF 范围内，分区表起始于 0x03FFC000。

bon part 命令用于建立系统的 bon 分区表。

```
vivi > bon part 0 192k 1M          //分为 3 个区：0～192K,192K～1M,1M～
doing partition
size = 0
size = 196608
size = 1048576
check bad block
part = 0 end = 196608
```

7. go 命令

go 命令用于跳转到指定地址处执行该地址处的代码，其用法如下。

```
vivi > go addr
```

跳转到指定地址（addr）运行该处的程序。

7.4 综合实践：U – Boot 在 mini2440 上的移植

项目分析：

虽然对于 S3C2440 和 S3C2410 来说，三星从一开始就专门为其设计了 vivi，就功能和性能来说，都已经足够了，并且 vivi 从一开始就支持 NAND flash 启动，比 U – Boot 有一定的优势，但是 U – Boot 作为嵌入式系统中通用的 Boot Loader，可以很方便地移植到其他硬件平台，因此对嵌入式系统的 BootLoader 而言，研究 U – Boot 的移植就显得非常重要。详细的资料请参考友善之臂网站的《mini2440 之 U – Boot 使用及移植详细手册》。

U – Boot 相关资源如下。

- U – Boot 官方源代码 FTP 下载——ftp://ftp. denx. de/pub/U – Boot/。
- U – Boot 官方 Git 代码仓库——http://git. denx. de/? p = U – Boot. git。
- buserror 的 U – Boot（针对 mini2440）源代码 Git。
- http://repo. or. cz/w/U – Bootopenmoko/mini2440. git。
- Tekkaman Ninja 的 U – Boot（针对 mini2440）源代码——http://github. com/tekkamanninja。

项目实施步骤：

1）建立开发板类型，并测试编译。

2）在/board 子目录中建立自己的开发板 mini2440 目录。

3）测试编译。

4）修改 U – Boot 中的文件，以匹配 2440。

5）交叉编译 U – Boot。

6）安装 BootLoader 到开发板。

移植 U – Boot 到新的嵌入式系统板上包括两个层面的移植，第一层面是针对 CPU 的移植，第二层面是针对开发板的移植。首先需要下载 U – Boot，在 U – Boot 官方网站上下载版本 U – Boot1. 1. 6。

7.4.1 建立开发板类型并测试编译

首先把下载的 U – Boot – 1. 1. 6. tar. bz2 包复制到工作目录，这里把它复制到/opt 目录下，然后解压。

```
#   cp/home/U – Boot – 1. 1. 6. tar. bz2/opt
#   tar – jvxfU – Boot – 1. 1. 6. tar. bz2
```

进入 U – Boot 目录，然后修改顶层目录的 Makefile。

```
#   cd U – Boot – 1. 1. 6
#   vi Makefile
```

找到 smdk2410_config 项，建立编译项。

```
smdk2410_config:unconfig
    @$( MKCONFIG) $(@:_config = ) arm arm920t smdk2410 NULL s3c24x0
+ mini2440_config:unconfig
+ @$( MKCONFIG) $(@:_config = ) arm arm920t mini2440 tekkamanninja s3c24x0
```

此时需要注意，@ 符号前边一定要加 TAB 而非空格，否则会在测试编译时报错。其中各选项的意思如下。

- arm：CPU 的架构（ARCH）。
- arm920t：CPU 的类型（CPU），其对应于 cpu/arm920t 子目录。
- mini2440：开发板的型号（BOARD），对应于 board/tekkamanninja/mini2440 目录。
- tekkamanninja：开发者或经销商（vendor），对应于 board/tekkamanninja 目录。
- s3c24x0：片上系统（SOC）。

7.4.2 在/board 子目录中建立自己的开发板 mini2440 目录

在/board 目录中建立开发板 mini2440 的目录，并复制 sbc2410x 的文件到此，做适当修改。目的是以 sbc2410x 为蓝本，加快移植进度。

由于上一步板子的 vendor 中填了 tekkamanninja，所以开发板 mini2440 目录一定要建在/board 子目录中的 tekkamanninja 目录下，否则编译出错。

```
#   cd board
#   mkdir – p tekkamanninja/mini2440
#   cp – arf sbc2410x/ *  tekkamanninja/mini2440/
#   cd tekkamanninja/mini2440/
#   mv sbc2410x. c mini2440. c
```

修改 mini2440 目录下的 Makefile 文件。

```
@@ – 25,7 + 25,7 @@ include$( TOPDIR)/config. mk
LIB = $( obj)lib$( BOARD). a
 – COBJS: = sbc2410x. o flash. o
 + COBJS: = mini2440. o flash. o
SOBJS: = lowlevel_init. o
SRCS: = $( SOBJS:. o =. S) $( COBJS:. o =. c)
```

因为 sbc2410x 和 mini2440 最接近，所以以 sbc2410x 的配置为蓝本在 include/configs/中建

立配置头文件。

```
cp include/configs/sbc2410x. h include/configs/mini2440. h
```

7.4.3 测试编译

在 U – Boot 源代码的根目录下运行 make mini2440_config。

```
#   make mini2440_config
    Configuring for mini2440 board...
#   make
```

可以看到，系统并没有报错，说明编译配置已经没问题，接下来所要做的就是根据开发板参数，修改相应的文件。

7.4.4 修改 U – Boot 中的文件

1）修改/cpu/arm920t/start. S。start. S 文件是整个 BootLoader 程序的入口点，在这里需要修改寄存器地址定义、中断禁止部分和时钟设置（2440 的主频为 405MHz）等部分，按照 s3c2440 手册或者 vivi 的源代码，将从 Flash 启动改成从 NAND Flash 启动。

2）在 board/friendlyarm/qq2440 中加入 NAND Flash 读函数文件，复制 vivi 中的 nand_read. c 文件到此文件夹即可。

3）修改 board/friendlyarm/qq2440/Makefile 文件。OBJS：= qq2440. o nand_read. o flash. o。

4）修改 include/configs/qq2440. h 文件。添加 NAND FLASH、JFFS2 和 USB 启动支持。

5）修改 board/friendlyarm/qq2440/lowlevel_init. S 文件，依照开发板的内存区的配置情况，修改 board/tekkaman/tekkaman2440/lowlevel_init. S 文件，这里利用友善之臂提供的 vivi 源代码里的信息做一些简单的修改。

6）修改/board/friendlyarm/qq2440/qq2440. c。修改其对 GPIO 和 PLL 的配置（需参阅开发板的硬件说明和芯片手册）。

7）在每个文件中添加 CONFIG_S3C2440，使得原来 s3c2410 的代码可以编译进来。

7.4.5 交叉编译 U – Boot

在 U – Boot 根目录下执行以下命令。

```
#   make clean
#   make mini2440_config
    Configuring for mini2440 board...
#   make
```

make 编译完成后便会生成 4 个文件：U – Boot，U – Boot. bin，U – Boot. srec，System. map。

其中，U – Boot 是 U – Boot 映像的 ELF 格式，System. map 文件是 U – Boot 映像的符号表，U – Boot. bin 文件是 U – Boot 映像原始的二进制格式，U – Boot. srec 是 U – Boot 映像的 S – Record 格式。以上映像格式都可以烧到 Flash 中，但是需要加载器的支持。一般 U – Boot. bin 最为常用，直接按照二进制格式下载即可。

7.4.6 安装 BootLoader 到开发板

使用 U – Boot 将映像文件烧写到板上的 Flash，一般步骤如下。

● 通过网络、串口、U 盘和 SD 卡等方式将文件传输到 SDRAM。

● 使用 NAND Flash 或 NOR Flash 相关的读写命令将 SDRAM 中的数据烧入 Flash。

1. 通过 U 盘烧入 NOR Flash

```
[U - Boot@ MINI2440]# usb start
(Re) start USB...
USB: scanning bus for devices... 2 USB Device(s) found
scanning bus for storage devices... 1 Storage Device(s) found
[U - Boot@ MINI2440]# usb storage
Device 0: Vendor: Kingston Rev: PMAP Prod: DT 101 II
Type: Removable Hard Disk
Capacity: 3875. 0 MB = 3.7 GB(7936000 x 512)
[U - Boot@ MINI2440]# usb part 0
print_part of 0
Partition Map for USB device 0 -- Partition Type: DOS
Partition Start Sector Num Sectors Type
4 637935937 c
[U - Boot@ MINI2440]# fatload usb 0:4 0x30008000 U - Boot. bin
readingU - Boot. bin
.....................
256220 bytes read
[U - Boot@ MINI2440]# protect off all
Un - Protect Flash Bank # 1
[U - Boot@ MINI2440]# erase 0x0 0x3ffff
Erasing sector 0 ... ok.
Erasing sector 1 ... ok.
Erasing sector 2 ... ok.
Erasing sector 3 ... ok.
Erased 4 sectors
[U - Boot@ MINI2440]# cp. b 0x30008000 0x0 0x3ffff
Copy to Flash... done
```

2. 通过 TFTP 服务烧入 NAND Flash

```
[U - Boot@ MINI2440]# tftpboot 30008000 192. 168. 1. 100:U - Boot. bin
dm9000 i/o:0x20000300, id:0x90000a46
DM9000: running in 16 bit mode
MAC:08:08:11:18:12:27
operating at100M full duplex mode
Using dm9000 device
TFTP from server 192. 168. 1. 100; our IP address is 192. 168. 1. 101
Filename 'U - Boot. bin '.
Load address:0x30008000
Loading:T ################
done
Bytes transferred = 256220(3e8dc hex)
[U - Boot@ MINI2440]# nand erase 0 0x40000
NAND erase: device 0 offset 0x0, size 0x40000
Erasing at 0x2000000000004 -- 0% complete.
OK
[U - Boot@ MINI2440]# nand write 0x30008000 0 0x40000
NAND write: device 0 offset 0x0, size 0x40000
Writing at 0x2000000020000 -- 100% is complete.  262144 bytes written:OK
```

3. 通过 NFS 服务烧入 NAND Flash

```
[U - Boot@ MINI2440]# nfs 30008000 192. 168. 1. 100:/opt/share/U - Boot. bin
dm9000 i/o:0x20000300, id:0x90000a46
```

```
DM9000:running in 16 bit mode
MAC:08:08:11:18:12:27
operating at100M full duplex mode
Using dm9000 device
File transfer via NFS from server 192.168.1.100; our IP address is 192.168.1.101
Filename '/opt/share/U - Boot.bin'.
Load address:0x30008000
Loading:##################################################
done
Bytes transferred = 256220(3e8dc hex)
[ U - Boot@ MINI2440 ]# nand erase 0 0x40000
NAND erase:device 0 offset 0x0, size 0x40000
Erasing at 0x2000000000004 - - 0% complete.
OK
[ U - Boot@ MINI2440 ]# nand write 0x30008000 0 0x40000
NAND write:device 0 offset 0x0, size 0x40000
Writing at 0x2000000020000 - - 100% is complete.  262144 bytes written:OK
```

第8章 内核移植

学习目标：

- 掌握内核的基本知识
- Linux 内核的配置与编译
- Linux 内核分析
- 内核配置选项

Linux 最早是由芬兰黑客 Linus Torvalds 为尝试在 Intel x86 架构上提供免费的类 UNIX 操作系统而开发的。该计划开始于 1991 年，有一份 Linus Torvalds 当时在 Usenet 新闻组 comp. os. minix 登载的帖子，这份著名的帖子标志着 Linux 计划的正式开始。

Linux 是一个用 C 语言写成、符合 POSIX 标准的类 UNIX 操作系统，是最受欢迎的免费操作系统内核。内核是指一个提供硬件抽象层、磁盘及文件系统控制、多任务等功能的系统软件。一个内核并不是一套完整的操作系统，一套基于 Linux 内核的完整操作系统称为 Linux 操作系统（GNU/Linux）。

8.1 认识内核

内核是 Linux 系统的主要软件组件。它的功能是管理用户所选的目标系统中的硬件，以免系统上各种软件组件之间为了使用硬件资源而发生混乱。内核是一个资源中介，负责安排特定 Linux 系统中现有硬件资源的使用。内核所管理的资源包括提供给程序的系统处理器时间、RAM 的使用，以及间接访问的大量硬件设备。

8.1.1 内核的组成

Linux 内核主要由 5 个子系统组成，分别为进程调度、内存管理、虚拟文件系统、网络接口和进程间通信。

1. 进程调度（SCHED）

控制进程对 CPU 的访问。当需要选择下一个进程运行时，由调度程序选择最值得运行的进程。可运行进程实际上是仅等待 CPU 资源的进程，如果某个进程在等待其他资源，则该进程是不可运行的进程。

Linux 使用了比较简单的基于优先级的进程调度算法选择新的进程。

2. 内存管理（MM）

Linux 允许多个进程安全地共享主内存区域。它的内存管理支持虚拟内存，即在计算机中运行的程序，其代码、数据和堆栈的总量可以超过实际内存的大小，操作系统只是把当前使用的程序块保留在内存中，其余的程序块则保留在磁盘中。必要时，操作系统负责在磁盘和内存间交换程序块。内存管理从逻辑上分为硬件无关部分和硬件相关部分。硬件无关部分提供了进程的映射和逻辑内存的对换；硬件相关部分为内存管理硬件提供虚拟接口。

3. 虚拟文件系统（Virtual File System，VFS）

虚拟文件系统隐藏了各种硬件的具体细节，为所有的设备提供了统一的接口，VFS 提供了多达数十种文件系统。虚拟文件系统可以分为逻辑文件系统和设备驱动程序。逻辑文件系统是指 Linux 所支持的文件系统，如 EXT2、FAT 等，设备驱动程序是指为每一种硬件控制器所编写的设备驱动程序模块。

4. 网络接口（NET）

网络接口提供了对各种网络标准的实现和各种网络硬件的支持。网络接口可分为网络协议和网络驱动程序。网络协议部分负责实现每一种可能的网络传输协议。网络设备驱动程序负责与硬件设备通信，每一种可能的硬件设备都有相应的设备驱动程序。

5. 进程间通信（IPC）

进程间通信支持进程间的各种通信机制。

进程调度子系统处于中心位置，所有其他的子系统都依赖它，因为每个子系统都需要挂起或恢复进程。一般情况下，当一个进程等待硬件操作完成时，它被挂起；当操作真正完成时，进程被恢复执行。

例如，当一个进程通过网络发送一条消息时，网络接口需要挂起发送进程，直到硬件成功地完成消息的发送，当消息被成功地发送出去以后，网络接口给进程返回一个代码，表示操作的成功或失败。其他子系统以相似的理由依赖于进程调度。

各个子系统之间的依赖关系如图 8-1 所示。

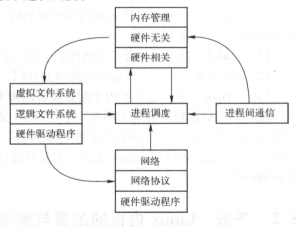

图 8-1　内核子系统依赖关系

- 进程调度与内存管理之间的关系：这两个子系统互相依赖。在多道程序环境下，程序要运行必须为之创建进程，而创建进程的第一件事情就是将程序和数据装入内存。
- 进程间通信与内存管理的关系：进程间通信子系统要依赖内存管理支持共享内存通信机制，这种机制允许两个进程除了拥有自己的私有空间，还可以存取共同的内存区域。
- 虚拟文件系统与网络接口之间的关系：虚拟文件系统利用网络接口支持网络文件系统（NFS），也利用内存管理支持 RAMDISK 设备。
- 内存管理与虚拟文件系统之间的关系：内存管理利用虚拟文件系统支持交换，交换进程（swapd）定期由调度程序调度，这也是内存管理依赖于进程调度的唯一原因。当一个进程存取的内存映射被换出时，内存管理向文件系统发出请求，同时，挂起当前正在运行的进程。

除了这些依赖关系，内核中的所有子系统还要依赖于一些共同的资源。这些资源包括所有子系统都用到的过程。例如，分配和释放内存空间的过程，打印警告或错误信息的过程，以及系统的调试例程等。

8.1.2　内核目录结构

Linux 内核源代码的各个目录大致与 8.1.1 节提到的 5 个子系统对应，其组成如下。

1）arch 目录。包含了所有与体系结构相关的核心代码。它下面的每一个子目录都代表一种 Linux 支持的体系结构，如 i386 就是 Intel CPU 及与之兼容体系结构的子目录。PC 一般都基于此目录。

2）documentation 目录。包含了一些文档，是对每个目录作用的具体说明。

3）drivers 目录。包含了系统中所有的设备驱动程序。它又进一步划分成几类设备驱动，每种都有对应的子目录，如声卡的驱动对应于 drivers/sound。

4）fs 目录。包含了 Linux 支持的文件系统代码。不同的文件系统有不同的子目录对应，如 EXT3 文件系统对应的就是 ext3 子目录。

5）include 目录。包含了编译内核所需要的大部分头文件，例如，与平台无关的头文件在 include/Linux 子目录下。

6）init 目录。包含了内核的初始化代码（不是系统的引导代码）。这是研究内核如何工作的好起点。

7）ipc 录。包含了内核进程间的通信代码。

8）kernel 目录。该目录包含了内核管理的核心代码，与处理器结构相关的代码都放在 arch/＊/kernel 目录下。

9）lib 目录。包含了内核的库代码，不过与处理器结构相关的库代码被放在 arch/＊/lib/目录下。

10）mm 目录。包含了所有的内存管理代码。与具体硬件体系结构相关的内存管理代码位于 arch/＊/mm 目录下。

11）modules 目录。包含了已建好的、可动态加载的模块。

12）net 目录。包含了核心的网络部分代码，其每个子目录对应于网络的一个方面。

13）scripts 目录。包含了用于配置核心的脚本文件。

此外，一般在每个目录下都有一个 .defend 文件和一个 Makefile 文件。这两个文件都是编译时使用的辅助文件。仔细阅读这两个文件对弄清各个文件之间的联系和依托关系很有帮助。另外，有的目录下还有 Readme 文件，它是对该目录下文件的一些说明，同样有利于对内核源代码的理解。

8.2 任务：Linux 内核的配置与编译

编译嵌入式 Linux 内核都是通过 make 的不同命令来实现的，它的执行配置文件是 Makefile。Linux 内核中不同的目录结构里都有相应的 Makefile，而不同的 Makefile 又通过彼此的依赖关系构成统一的整体，共同完成建立依存关系、建立内核等功能。

内核的编译根据不同的情况会有不同的步骤，但其中最主要的是两个步骤：内核配置、建立内核，其他的为一些辅助功能，如清除文件等。如果在实际编译时出现错误，可以考虑采用其他辅助功能。

任务描述与要求：

1）内核配置。

2）建立内核。

8.2.1 内核配置

内核配置中的选项主要是用户用来为目标板选择处理器架构的选项，不同的处理器架构会有不同的处理器选项，比如 ARM 就有其专用的选项，如 Multimedia capabilities port drivers 等。因此，在配置内核之前，必须确保在根目录中 Makefile 里 ARCH 的值已设定了目标板的类型。

接下来就可以进行内核配置了，内核支持 4 种配置方法，这几种方法只是与用户交互的界面不同，其实现的功能是一样的。每种方法都会通过读入一个默认的配置文件，即根目录下的 .config 隐藏文件（用户也可以手动修改该文件，但不推荐使用）来实现。

当然，用户也可以自己加载其他配置文件，也可以将当前的配置保存为其他名称的配置文件。这 4 种方式分别如下。

- make config：基于文本的最为传统的配置界面，不推荐使用。
- make menuconfig：基于文本菜单的配置界面，字符终端下推荐使用。
- make xconfig：基于图形窗口模式的配置界面，Xwindow 下推荐使用。
- make oldconfig：自动读入 .config 配置文件，并且只要求用户设定前次没有设定过的选项。

在这 4 种模式中，make menuconfig 使用最为广泛。下面就以 make menuconfig 为例进行讲解，如图 8-2 所示。

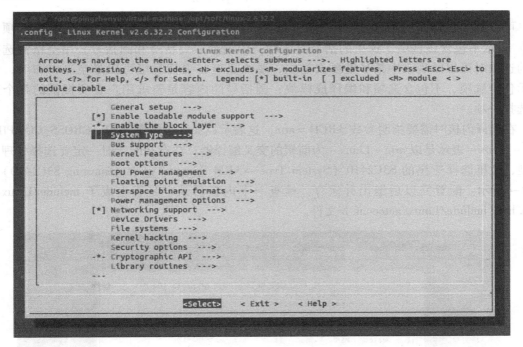

图 8-2　make menuconfig 配置界面

从图 8-2 中可以看出，Linux 内核允许用户对其各类功能逐项配置，一共有 18 类配置选项。在 menuconfig 的配置界面中是纯键盘的操作，用户可使用上下方向键和〈Tab〉键移动光标以进入相关子项，图 8-3 所示为进入了 System Type 子项，该子项是一个重要的选项，主要用来选择处理器的类型。

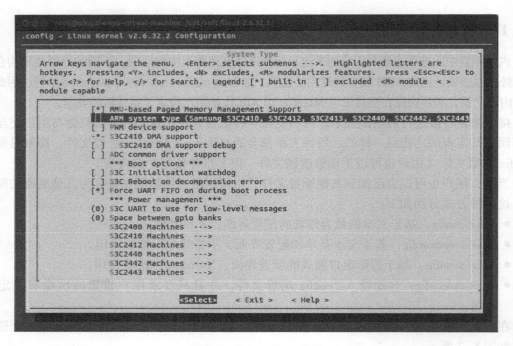

图 8-3　System Type 子项

可以看到，每个选项前都有一个方括号，按空格键或〈Y〉键表示包含该选项，按〈N〉表示不包含该选项。这里的括号有 3 种：中括号、尖括号和圆括号。用空格键选择相应的选项时可以发现：中括号里要么是空，要么是 *；尖括号里可以是空、* 和 M，分别表示包含选项、不包含选项和编译成模块；圆括号的内容是要求用户在所提供的几个选项中选择一项。

在编译内核时需要指明参数 ARCH = arm，这表示以 arm 为体系结构，CROSS_COMPILE = arm－Linux－表示是以 arm－Linux－为前缀的交叉编译器。注意在配置时一定要选择处理器的类型，这里选择三星的 S3C2410（System Type→ARM System Type→/Samsung S3C2410），如图 8-4所示。配置完以后退出并保存，检查一下内核目录中是否生成了 include/Linux/version. h 和 include/Linux/autoconf. h 文件。

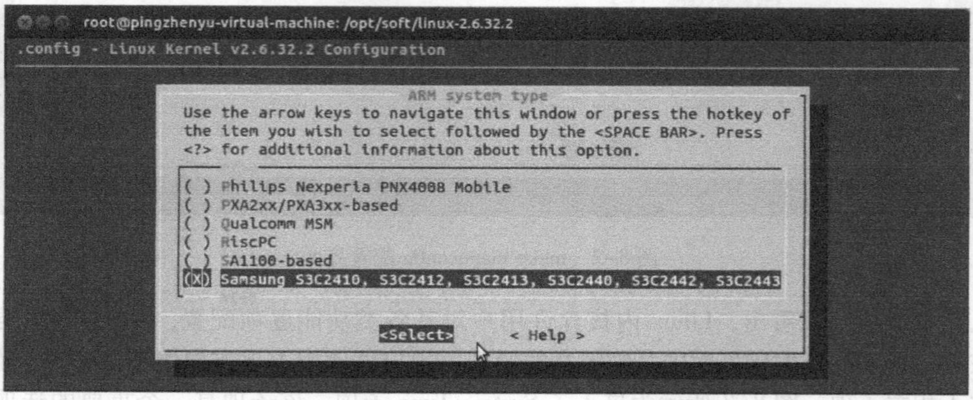

图 8-4　ARM system type 子项

一般情况下，使用厂商提供的默认配置文件都能正常运行，所以用户初次使用时不必对其进行额外的配置，以后需要使用其他功能时再另行添加，这样可以大大降低出错的机率，有利于错误定位。在完成配置之后，就可以保存退出，如图 8-5 所示。

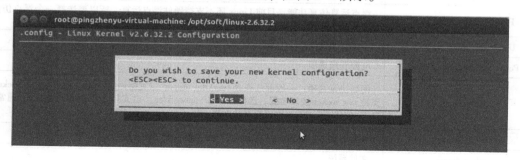

图 8-5　保存退出

8.2.2　建立内核

建立内核可以使用 make zImage 或 make bzImage，这里建立的为压缩的内核映像。通常在 Linux 中，内核映像分为压缩的内核映像和未压缩的内核映像。其中，压缩的内核映像通常名为 zImage，位于 arch/$（ARCH）/boot 目录中。而未压缩的内核映像通常名为 vmLinux，位于源代码树的根目录中。

到这一步就完成了内核源代码的编译，可以把内核压缩文件下载到开发板上运行。在嵌入式 Linux 的源代码树中通常有以下几个配置文件：. config、autoconf. h 和 config. h。其中. config 文件是 make menuconfig 默认的配置文件，位于源代码树的根目录中；autoconf. h 和 config. h 以宏的形式表示了内核的配置，当用户使用 make menuconfig 做了一定的更改之后，系统自动会在 autoconf. h 和 config. h 中做出相应的更改，它们位于源代码树的/include/Linux/下。

8.3　任务：内核配置选项

在运行 make menuconfig 进行内核配置时，会出现很多选项，需要了解这些选项的含义，表 8-1 列出了这些选项及其说明。

表 8-1　内核选项

内 核 选 项	说　　明
Code maturity level options	选中则使未定型的功能组件出现在配置选项中，这样就可以显示更多的配置选项
General setup	杂项设置
Block layer	块设备层：用于设置块设备的一些总体参数，比如，是否支持大于 2TB 的块设备、是否支持大于 2TB 的文件，以及设置 I/O 调度器等。一般使用默认值即可
System Type	系统类型：选择 CPU 架构、开发板类型等开发板相关的配置选项
Bus support	PCMCIA/CardBus 总线的支持，不用设置
Kernel Features	用于设置内核的一些参数，如是否支持内核抢占、是否支持动态修改系统时钟等

内核选项	说　　明
Boot options	启动参数：如设置默认的命令行参数等，一般不用理会
Floating point emulation	浮点运算仿真功能，目前 Linux 还不支持硬件浮点运算，所以要选择一个浮点仿真器，一般选择 NWFPE math emulation
Userspace binary formats	可执行文件格式，一般选择 ELF
Power management options	电源管理选项
Networking	网络协议选项：一般都选择 Networking support 以支持网络功能，选择 Packet socket，以支持 raw socket 接口功能，选择 TCP/IP networking，以支持 TCP/IP 网络协议。通常在选择 Networking support 后使用默认配置
Device Drivers	设备驱动程序：几乎包含 Linux 的所有驱动程序
File systems	文件系统
profiling support	对系统的活动进行分析，仅供内核开发者使用
Kernel hacking	调试内核时的各种选项
Security options	安全选项，一般使用默认选项
Cryptographic options	加密选项
Library routines	库子程序：如 CRC32 检验函数、zlib 压缩函数等。不包含在内核源代码中的第三方内核模块可能需要这些库，可以全不选，若内核中的其他部分依赖它，会自动选上

任务描述与要求：

1）常规设置。

2）模块和块设备选项。

3）处理器类型及特性。

4）网络协议相关选项。

5）设备驱动选项。

6）文件系统类型选项。

8.3.1　常规设置

General setup 选项为常规安装选项，如图 8-6 所示，包括版本信息、虚拟内存、进程间通信、系统调用和审计支持等基本内核配置选项。下面介绍常规安装选项下主要子选项的配置方法。

这部分内容非常多，一般使用默认设置即可。下面介绍一下经常使用的一些选项。

[*]Prompt for development and/or incomplete code/drivers

显示在开发中或尚未完成的代码与驱动。

( )Local version – append to kernel release

在内核版本后面加上自定义的版本字符串（小于 64 字符），可以用 uname – a 命令看到。

[ ]Automatically append version information to the version string

自动生成版本信息。这个选项会自动探测内核并生成相应的版本，使之不会和原先的重复。

[*] Support for paging of anonymous memory(swap)

使内核支持虚拟内存。这个虚拟内存在 Linux 中就是 SWAP 分区。

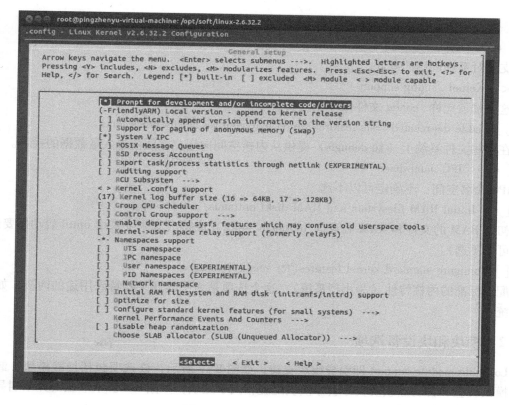

图 8-6　General setup 选项

［＊］System V IPC

System V 进程间通信（IPC）支持，与处理器在程序之间同步和交换信息，如果不选该项，很多程序就不会运行。

［＊］POSIX Message Queues

POSIX 消息队列，这是 POSIX IPC 中的一部分。

［＊］BSD Process Accounting

这是允许用户进程访问内核，将账户信息写入文件中。将进程的统计信息写入文件的用户级系统调用，主要包括进程的创建时间、创建者和内存占用等信息。

［ ］BSD Process Accounting version 3 file format

统计信息将会以新的格式（V3）写入，该格式包含进程 ID 和父进程。注意这个格式和以前的 v0/v1/v2 格式不兼容，所以需要升级相关工具来使用它。

［＊］　　Enable per – task delay accounting(EXPERIMENTAL)

在统计信息中包含进程等候系统资源（CPU，IO 同步和内存交换等）所花费的时间。

［＊］　　Enable extended accounting over taskstats(EXPERIMENTAL)

在统计信息中包含扩展进程所花费的时间。

［＊］　　Enable per – task storage I/O accounting(EXPERIMENTAL)

在统计信息中包含 I/O 存储进程所花费的时间。

［＊］Auditing support

审计支持，用于和内核的某些子模块同时工作，只有同时选择其子项才能对系统调用进行审计。

[*]　　Enable system – call auditing support

支持对系统调用的审计。

< > Kernel . config support

这个选项允许 . config 文件保存在内核当中。

[ ] enable deprecated sysfs features which may confuse old userspce tools

在某些文件系统上（如 debugfs）提供从内核空间向用户空间传递大量数据的接口。

[*]　　IPC namespace

IPC 命名空间，不确定可以不选。

[*] Initial RAM filesystem and RAM disk（initramfs/initrd）support

初始 RAM 的文件和 RAM 磁盘（ initramfs/initrd）支持（如果要采用 initrd 启动则要选择，否则可以不选）。

[ ] Configure standard kernel features（for small systems）

配置标准的内核特性（为小型系统）。这个选项是为了编译某些特殊用途的内核，如引导盘系统。

8.3.2　模块和块设备选项

Loadable module support 即引导模块支持，如图 8-7 所示，该选项包括加载模块、卸载模块、模块校验和自动加载模块等引导模块配置相关子选项，如图 8-8。本节主要介绍引导模块支持子选项的配置方法。

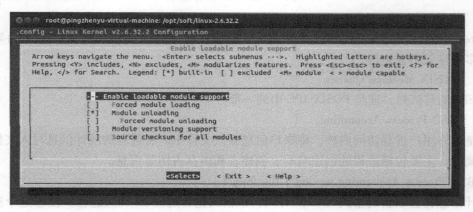

图 8-7　Loadable module support 选项

[*] Enable loadable module support --->

打开可加载模块支持。

[ ]　　Forced module loading

允许强制加载模块。

[*]　　Module unloading

允许卸载已经加载的模块。

[*]　　Forced module unloading

允许强制卸载正在使用中的模块。

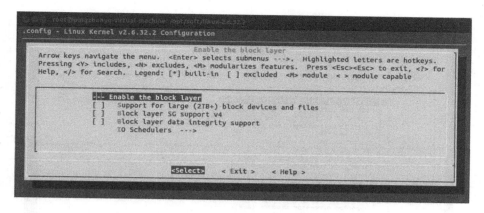

图 8-8　Enable the block layer 选项

－－－ Enable the block layer －－－>

块设备支持，使用硬盘/USB/SCSI 设备者必选这个选项，使得块设备可以从内核中移除。

[*]　　Support for large(2TB +) block devices and files

仅在使用大于 2TB 的块设备时需要。

[*]　　Block layer SG support v4

通用 SCSI 块设备第 4 版支持。

[ ]　　Block layer data integrity support

块设备数据完整性支持

IO Schedulers －－－>

IO 调度器，I/O 是输入/输出带宽控制，主要针对硬盘，是内核必需的。

8.3.3　处理器的类型及特性

Processor type and features 即处理器类型及特性，如图 8-9 所示，该模块包括处理器系列、内核抢占模式、抢占式大内核锁、内存模式和使用寄存器参数等处理器配置相关信息。本节介绍其中与嵌入式开发有关的主要子选项的配置方法。

[*] Tickless System(Dynamic Ticks) －－－>

非固定频率系统，这项技术能让新内核运行得更有效率，并且更省电。

[*] High Resolution Timer Support 不选

支持高频率时间发生器，如果硬件不兼容，则这个选项只会增大内核（大多数个人 PC 并没有该硬件）。

[*] Symmetric multi – processing support 不选

对称多处理器支持。

[*] Support sparse irq numbering 不选

支持稀有的中断编号。

[*] Enable MPS table 不选

mps 多处理器规范。

[ ] Support for big SMP systems with more than 8 CPUs

[*] Support for extended(non – PC) x86 platforms 不选

支持非 PC。

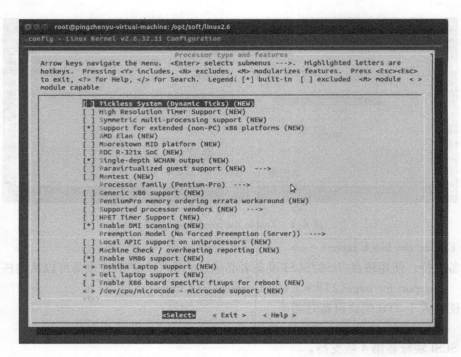

图 8-9　Processor type and features 选项

［＊］Single－depth WCHAN output 编译选项

［ ］Paravirtualized guest support －－－>

虚拟化客户端支持。

［＊］Generic x86 support 不选

这一选项针对 x86 系列的 CPU 使用更多的常规优化。

［ ］PentiumPro memory ordering errata workaround

［＊］HPET Timer Support

HPET 时钟支持。

Maximum number of CPUs

支持的最大 CPU 数，每增加一个内核体积将增大 8 KB。

［＊］SMT(Hyperthreading) scheduler support

支持 Intel 的超线程（HT）技术，超线程调度器在某些情况下会对 Intel Pentium 4 HT 系列有较好的支持。

［＊］Multi－core scheduler support

针对多核 CPU 进行调度策略优化多核调度机制支持，双核的 CPU 要选。多核心调度在某些情况下将会对多核的 CPU 系列有较好的支持。

Preemption Model(Voluntary Kernel Preemption(Desktop)) —｜>

内核抢占模式，一些优先级很高的程序可以先让一些低优先级的程序执行。

［＊］Machine Check/ overheating reporting

让 CPU 检测到系统故障时通知内核，以便内核采取相应的措施（如过热关机等）。

High Memory Support(4 GB) —>

Linux 能够在 x86 系统中使用 64 GB 的物理内存。

8.3.4　网络协议相关选项

Networking support 即网络支持，如图 8-10 和图 8-11 所示，该选项配置的是网络协议，内容庞杂。只要对网络协议有所了解，应该可以看懂相关帮助文件。开发嵌入式系统能像 PC 一样使用各类网络协议，也可以使用默认选项，其中，最常用的 TCP/IP networking 选项当然要选择。

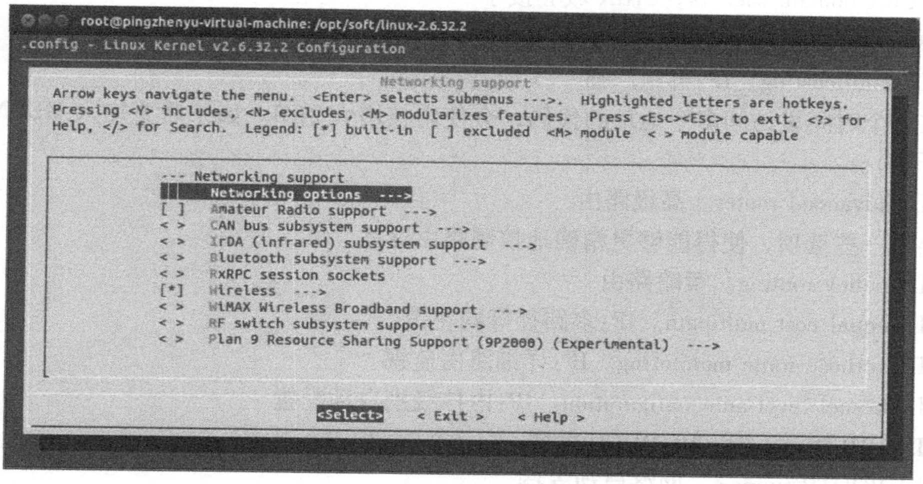

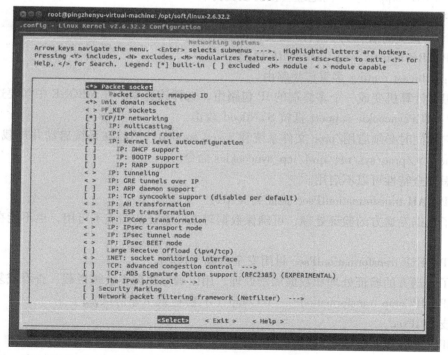

图 8-10　Networking support 选项

图 8-11　Networking options 选项

[ ] Networking support ---> 主网络配置选项
即使不联网，也需要开启网络支持。否则内核无法正常运行。

--- Networking support

Networking options --->

< > Packet socket 包套接字

这种 Socket 可以让应用程序（比如 tcpdump，iptables）直接与网络设备通信，而不通过内核中的其他中介协议。

< > Unix domain sockets。UNIX 域套接字

一种仅运行在本机上的效率高于 TCP/IP 的 Socket，简称 UNIX socket。

[ ] IP:multicasting。IP:群组广播

是在一个时间里访问多个地址的代码，会使内核增大 2KB。如果需要加入 MBONE（多路广播主干网）。

[ ] IP:advanced router。高级路由

会出现一些选项，使得能够更精确地控制路由过程。

[ ] IP:policy routing。策略路由

[ ] IP:equal cost multipath。IP:多路径等同花销

[ ] IP:verbose route monitoring。IP:详细路由监视

[ ] IP:kernel level autoconfiguration。IP:内核级别自动配置

[ ] IP:DHCP support。IP:DHCP 支持

[ ] IP:BOOTP support。网络启动支持

[ ] IP:RARP support。反向地址转换协议支持

< > IP:tunneling。IP 隧道

将一个 IP 报文封装在另一个 IP 报文内的技术。

< > IP:GRE tunnels over IP IP:GRE 隧道

[ ] IP:multicast routing 多重传播路由

如果想要计算机变成一个多终端的 IP 包路由，选择该选项。在 MBONE 中需要这项功能。

[ ] IP：TCPsyncookie support 抵抗 SYNflood 攻击

启用它的同时必须启用/proc 文件系统和 Sysctl support，然后在系统启动并加载了/proc 之后执行 echo 1 >/proc/sys/net/ipv4/tcp_syncookies 命令。

不考虑安全特性可以不启用。

< > IP：AH transformationIPsec 验证头（AH）

实现了数据发送方的验证处理，可确保数据对未经验证的站点不可用，也不能在路由过程中更改。

< > IP：ESP transformationIPsec 封闭安全负载（ESP）

实现了发送方的验证处理和数据加密处理，用以确保数据不会被拦截、查看或复制。

< > IP：IPComp transformation——IPComp（IP 静荷载压缩协议）

用于支持 IPsec。

< > IP：IPsec transport modeIPsec 传输模式

常用于对等通信，用以提供内网安全。数据包经过了加密但 IP 头没有加密，因此任何标准设备或软件都可查看和使用 IP 头。

< > IP：IPsec tunnel modeI——Psec 隧道模式

用于提供外网安全（包括虚拟专用网络）。整个数据包（数据头和负载）都已经过加密处理且分配有新的 ESP 头/IP 头和验证尾，从而能够隐藏受保护站点的拓扑结构。

< > IP：IPsec BEET mode——IPsec BEET 模式

[ ] Large Receive Offload（ipv4/tcp）支持大型接收卸载。

< > INET：socket monitoring interfacesocket 监视接口

一些 Linux 本地工具（如包含 ss 的 iproute2）需要使用它。

[ ] TCP：advanced congestion control --->高级拥塞控制

如果没有特殊需求（如无线网络），则不选，内核会自动将默认的拥塞控制设为 Cubic，并将 Reno 作为候补，可选 N。

[ ] TCP：MD5 Signature Option support（RFC2385）（EXPERIMENTAL）

< > The IPv6 protocol --->支持 IPV6

[ ] Network packet filtering framework（Netfilter）--->网络包过滤框架

IPv6：Netfilter Configuration --->针对 IPv6 的 Netfilter 配置

需要的话可以参考前面 IPv4 的 Netfilter 配置进行选择。

[ ] QoS and/or fair queueing --->服务质量和/或公平队列

8.3.5 设备驱动选项

Device Drivers 即设备驱动，如图 8-12 ～图 8-14 所示。该选项包括内核所支持的各类硬件设备的配置信息。对于嵌入式系统来说，设备驱动配置选项是最重要的步骤之一，下面详细介绍它们。

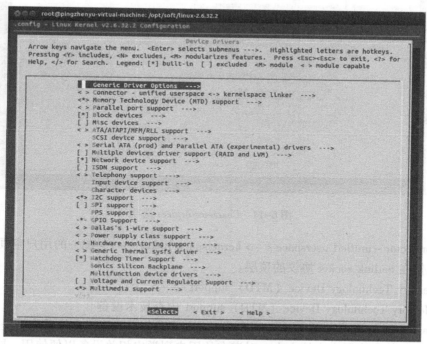

图 8-12　Device Drivers 选项

Device Drivers --->

Generic Driver Options --->通用驱动选项

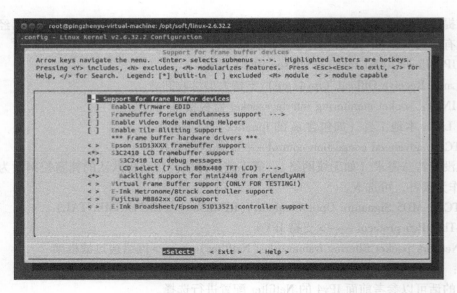

图 8-13 Support for frame buffer Devices 选项

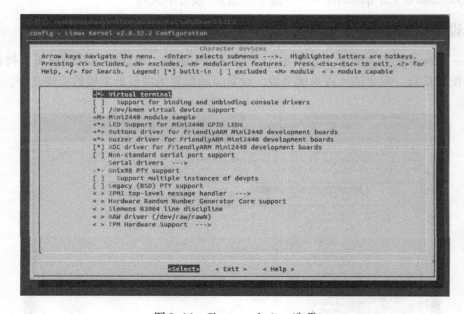

图 8-14 Character devices 选项

< > Connector – unified userspace < - > kernelspace linker ---> 统一的用户空间和内核空间连接器，工作在 netlink socket 协议的顶层。

< > Memory Technology Device（MTD）support --->

--- Memory Technology Device（MTD）support 内存技术设备

这是 flash、RAM 和类似的芯片，经常用于嵌入式设备中的连续文件系统。提供对 MTD 驱动的通用支持，使之注册在内核之中，对潜在的用户列举出相关设备以便使用。同样允许对于特别的硬件和 MTD 设备用户选择个性化的驱动。

< > Parallel port support ---> 并口支持

[ ] Block devices ---> 块设备

[ ] Misc devices –––>杂项设备

Serial ATA（prod）and Parallel ATA（experimental）drivers –––>

–––Serial ATA and Parallel ATA drivers——SATA 与 PATA 设备

串行 ATA（SATA）和并行 ATA（PATA）驱动。使用 ATA 硬盘、ATA 磁带机、ATA 光盘机或者其他任何的 ATA 设备。

[ ] Network device support –––>

一般说来都能找到自己用的网卡，如果没有只好向厂商索要驱动。

< > Telephony support –––>

如果有电话卡，可以使用通常的电话在网络上通过声音 IP 程序进行通话。

Input device support –––>输入设备支持

[ ] Touchscreens –––>触摸屏驱动

Character devices –––>字符设备

用于配置对各种字符设备的驱动。包括串口、伪终端、并口打印机、PCMCIA 接口的字符设备和看门狗等。

Graphics support –––>图形设备/显卡支持

8.3.6　文件系统类型选项

文件系统选项如图 8-15 所示。相比其他操作系统，Linux 提供对于目前出现的绝大部分文件系统的支持。

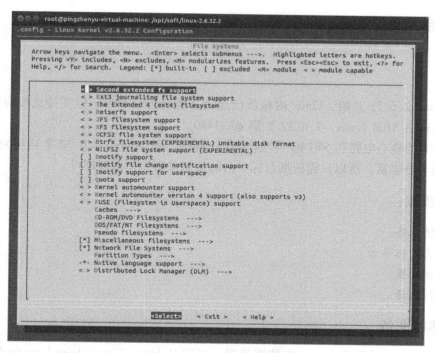

图 8-15　File systems 选项

< > Second extended fs support

Ext2 文件系统是 Linux 的标准文件系统，擅长处理稀疏文件。

< > Ext3 journalling file system support——Ext3 日志文件系统

< >The Extended 4（ext4）filesystem——Ext4 扩展文件系统

< >JFS filesystem support——IBM 的 JFS 文件系统

< >XFS filesystem support——XFS 文件系统支持

< >OCFS2 file system support——OCFS2 文件系统支持

[ ] Inotify support for userspace——Inotify 用户空间支持

< >NTFS file system support——NTFS 文件系统支持

[ ] NTFS debugging support——NTFS 调试支持

[ ] NTFS write support——NTFS 写入支持

[ ] Miscellaneous filesystems ---> 非主流文件系统

如果没有其他 FS 的支持需求，则不选此项。

[ ] Network File Systems ---> 网络文件系统

< >NFS server support——NFS 服务器支持

在编译内核的过程中，最繁杂的事情就是这步配置工作了，许多开发人员不清楚到底该如何选取这些选项。实际上在配置时大部分选项可以使用其默认值，只有小部分需要根据用户不同的需要进行选择。选择的原则是将与内核其他部分关系较远且不经常使用的部分功能代码编译成为可加载模块，这有利于减小内核的大小，也减小内核消耗的内存，降低该功能相应的环境改变时对内核的影响。不需要的功能就不要选，与内核关系紧密而且经常使用的部分功能代码直接编译到内核中。

8.4　综合实践：Linux – 2.6 在 mini2440 上的移植

项目分析：

从 Linux – 2.6.31 开始，Linux 内核就已经官方支持 mini2440，但支持比较有限。下面详细介绍如何移植 ARM Linux – 2.6.32.2 到 mini2440。

mini2440 的核心电路和 SMDK2440 基本是一样的，而 Linux – 2.6.32.2 内核对 SMDK2440 的支持已经十分丰富，所以只需根据目标平台的细微差别稍作调整即可。

项目实施步骤：

1）移植准备。

2）建立目标平台。

3）内核配置。

4）内核编译。

8.4.1　移植准备

有很多方式可以获取 Linux 内核源代码。可以从 https://www.kernel.org/pub/Linux/kernel/v2.6/下载，再复制到开发机中，也可以直接在命令行中输入以下命令获取 Linux – 2.6.32.2。

```
#  wget http://www.kernel.org/pub/Linux/kernel/v2.6/Linux – 2.6.32.2.tar.gz
```

把内核源代码复制到/opt/mini2440 目录，执行解压命令。

```
# cd /opt/FriendlyARM/mini2440
# tar xvzf Linux - 2. 6. 32. 2. tar. gz
```

修改内核根目录下的 Makefile，指明交叉编译器。移植的目的是让 Linux - 2. 6. 32. 2 可以在 mini2440 上运行。首先要使得 Linux - 2. 6. 32. 2 的默认目标平台成为 ARM 的平台。

```
164 # Cross compiling and selecting different set of gcc/bin - utils
182 export KBUILD_BUILDHOST : = $ (SUBARCH)
183 ARCH                    ? = arm
184 CROSS_COMPILE           ? = arm - Linux -
```

设置 PATH 环境变量，使其可以找到交叉编译工具链，并检查交叉编译器。

```
# export PATH = /usr/local/arm/4. 3. 2/bin: $ PATH
# arm - Linux - gcc - v
Using built - in specs.
Target: arm - none - Linux - gnueabi
Thread model: posix
gcc version4. 3. 2 (Sourcery G + + Lite 2008q3 - 72)
```

8. 4. 2   建立目标平台

Linux 内核本身支持 SMDK2440 目标平台，也包含了 mini2440 的支持。需要参考 SMDK2440 加入自己的开发板平台，取名为 mini2440。在移植前先把原始内核自带的 mini2440 代码部分直接删除，以免和自己移植的混淆。

内核在启动时，通过 bootloader 传入的机器码（MACH_TYPE）确定应启动哪种目标平台。友善之臂为 mini2440 申请的机器码为 1999，它位于 Linux - 2. 6. 32. 2/arch/arm/tools/mach_types 文件中。

```
# machine_is_xxx        CONFIG_xxxx         MACH_TYPE_xxx        number
#
ebsa110               ARCH_EBSA110        EBSA110              0
riscpc                ARCH_RPC            RISCPC               1
nexuspci              ARCH_NEXUSPCI       NEXUSPCI             3
ebsa285               ARCH_EBSA285        EBSA285              4
...
q2440                 MACH_Q2440          Q2440                1997
qq2440                MACH_QQ2440         QQ2440               1998
```

如果内核的机器码和 bootloader 传入的不匹配，则系统启动时会出错。

在 Linux - 2. 6. 32. 2/arch/arm/mach - s3c2440 目录下有一个 mach - mini2440. c 文件，它是国外爱好者为 mini2440 移植添加的内容，可以把它直接删除。

将 Linux - 2. 6. 32. 2/arch/arm/mach - s3c2440/目录下的 mach - smdk2440. c 复制一份并命名为 mach - mini2440. c，找到 MACHINE_START(S3C2440, "SMDK2440")，修改为 MACHINE_START(MINI2440, "FriendlyARM Mini2440 development board")。

修改系统时钟源，在 mach - mini2440. c static void __init smdk2440_map_io(void) 函数中，把其中的 16934400（代表原 SMDK2440 目标板上的晶振频率是 16. 9344 MHz）改为 mini2440 开发板上实际使用的 12000000（代表 mini2440 开发板上的晶振频率 12 MHz，元器件标号为 X2）。

```
static void __init mini2440_map_io(void)
{
        s3c24xx_init_io(mini2440_iodesc, ARRAY_SIZE(mini2440_iodesc));
        s3c24xx_init_clocks(          );
        s3c24xx_init_uarts(mini2440_uartcfgs, ARRAY_SIZE(mini2440_uartcfgs));
}
```

因为要制作自己的 mini2440 平台体系，因此把 mach – mini2440. c 中所有的 smdk2440 字样改为 mini2440，可以使用批处理命令修改，在 vim 的命令模式下输入以下命令。

```
%s/smdk2440/mini2440/g
```

把所有和 smdk2440 匹配的字符串全部替换为 mini2440，前面的 %s 代表字符串匹配，最后的 g 代表 global，是全局的意思。

8.4.3　内核配置

内核移植最重要的工作是设备驱动程序移植，需要根据开发板设备的情况配置内核选项，也可能需要修改内核代码。

1. 选择 System Type

执行 make menuconfig 进入内核配置界面，按上下方向键移动到 System Type 选项，按〈Enter〉键进入该子菜单，如图 8–16 所示。

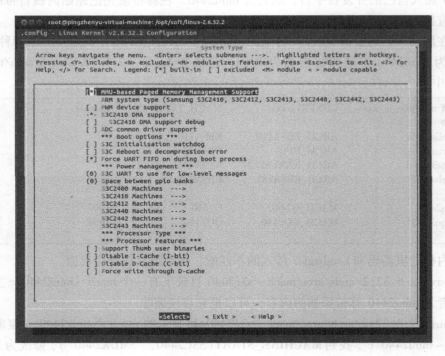

图 8–16　内核配置界面

再找到 S3C2440 Machines，按〈Enter〉键进入该子菜单，如图 8–17 所示。

选择 FriendlyARM Mini2440 development board 选项。

打开 Linux – 2. 6. 32. 2/arch/arm/mach – s3c2440/Kconfig 文件可以找到以下信息：

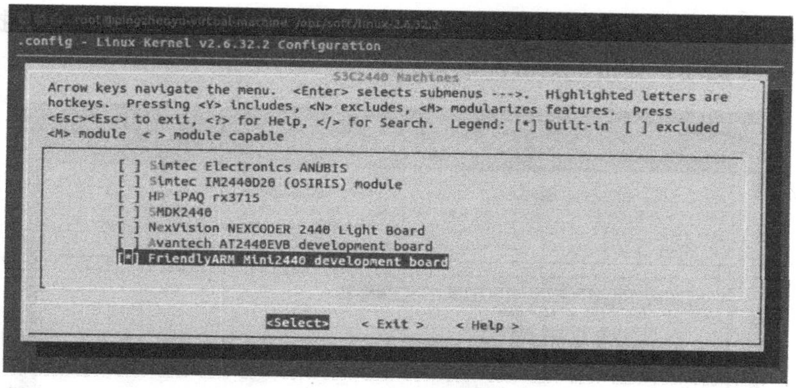

图 8-17　相应的子菜单

```
config MACH_MINI2440
        bool "FriendlyARM Mini2440 development board"
        select CPU_S3C2440
        select S3C2440_XTAL_12000000
        select S3C_DEV_USB_HOST
        select S3C_DEV_NAND
        help
          Say Y here if you are using the FriendlyARM Mini2440/QQ2440 development board.
```

2. 选择 YAFFS2 支持

按上下方向键找到 File Systems 选项，按〈Enter〉键进入该子菜单。再找到 Miscellaneous filesystems 菜单项，按〈Enter〉键进入该子菜单。出现如图 8-18 所示的菜单，找到 YAFFS2 file system support 选项，并按空格键选中它，这样就在内核中添加了 yaffs2 文件系统的支持。

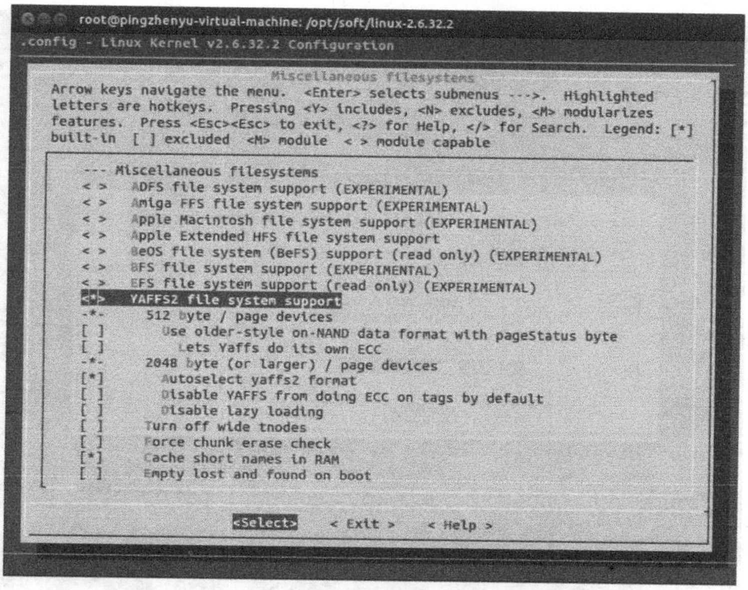

图 8-18　选择 YAFFS2 支持

3. 选择 LCD 支持

按上下方向键找到 Device Drivers 选项，按〈Enter〉键进入该子菜单。再找到 Graphics

support 菜单项，按〈Enter〉键进入该子菜单。出现如图 8-19 所示的菜单，找到 Support for frame buffer devices 选项，并按空格键选中它。

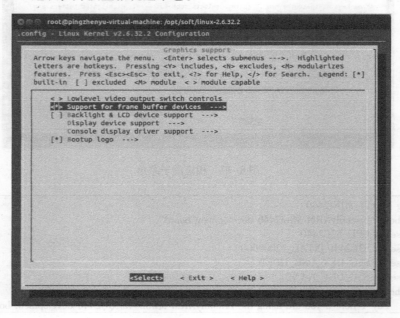

图 8-19　相应的子菜单

按〈Enter〉键进入该子菜单，找到 LCD select（3.5 inch 240X320 Toppoly LCD）选项，按〈Enter〉键进入该子菜单，出现如图 8-20 所示的菜单。根据开发板使用的 LCD 选择相应的选项。

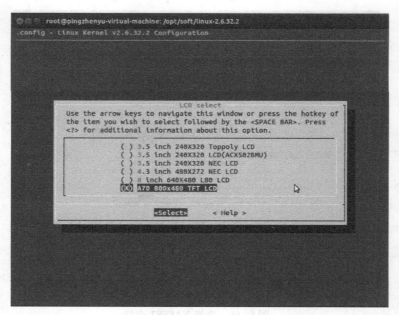

图 8-20　选择 LCD 支持

4. 触摸屏驱动

按上下方向键找到 Device Drivers 选项，按〈Enter〉键进入该子菜单。再找到 Input device

support 菜单项，按〈Enter〉键进入该子菜单。找到 Touchscreens 选项，按〈Enter〉键进入该子菜单。如图 8-21 所示，按空格键选中触摸屏驱动配置选项。

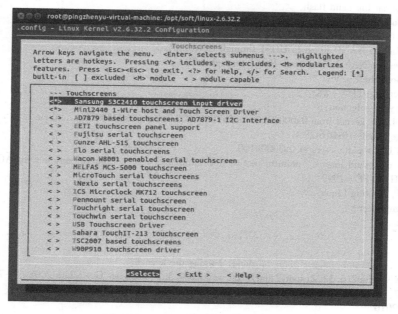

图 8-21　配置触摸屏驱动

8.4.4　内核编译

相对于 Linux 2.4 内核，Linux 2.6 内核配置的编译过程要简单一些，不再需要 make dep、make zImage 和 make modules 的命令。配置好内核之后，只要执行 make 就可以编译内核映像和模块。内核编译完成以后，将生成几个重要的文件。它们分别是 vmLinux、vmlinuz 和 System. map。

vmLinux：在内核源代码顶层目录生成的内核映像。

vmlinuz：可引导的、压缩的内核映像，也就是 zImage。

System. map：特定内核的内核符号表，包含内核全局变量和函数的地址信息。

重新编译并把生成的内核文件 zImage（位于 arch/arm/boot 目录）下到板子中，可以看到内核已经可以正常启动了，但此时大部分硬件驱动还没加，并且也没有文件系统，因此还无法登录。

使用优盘把编译得到的内核烧写到开发板，然后运行 b 命令启动，可以看到 Booting Linux⋯Uncompressing 启动信息，这说明内核已经启动成功。

```
#####FriendlyARM BIOS 2. 0 for 2440#####
[ x ] format NAND FLASH for Linux
[ v ] Download vivi
[ k ] Download Linux kernel
[ y ] Download root_yaffs image
[ a ] Absolute User Application
[ n ] Download Nboot for WinCE
[ l ] Download WinCE boot－logo
[ w ] Download WinCE NK. bin
[ d ] Download & Run
```

```
[ z ] Download zImage into RAM
[ g ] Boot Linux from RAM
[ f ] Format the nand flash
[ b ] Boot the system
[ s ] Set the boot parameters
[ u ] Backup NAND Flash to HOST through USB ( upload )
[ r ] Restore NAND Flash from HOST through USB
[ q ] Goto shell of vivi
[ i ] Version:0945 – 2K
Enter your selection:b
Copy Linux kernel from 0x00060000 to 0x30008000, size = 0x00500000 … done
zImage magic = 0x016f2818
Setup Linux parameters at 0x30000100
Linux command line is:" noinitrd root = /dev/mtdblock3 init = /Linuxrc console = ttySAC0"
MACH_TYPE = 1999
NOW, Booting Linux…
Uncompressing
Linux
..................................................................................................
...................
...................2.......................... done, booting the kernel.
Linux version2. 6. 32. 2( root@ tom ) ( gcc version 4. 3. 2( Sourcery G + + Lite 2008q3 – 72 ) ) #3 Sun Mar
28 17:10:56
CST 2010
CPU:ARM920T[ 41129200 ] revision 0( ARMv4T ), cr = c0007177
CPU:VIVT data cache, VIVT instruction cache
Machine:FriendlyARM Mini2440 development board
ATAG_INITRD is deprecated;please update your bootloader.
```

相似于 Linux 2. 4 内核，Linux 2.6 内核启动编译命令也很简单，不但需要 make dep、make zImage 和 make modules 那么 多。事实上只要执行一条 make 命令即可编译出较完整的和较为，内核要压缩以后……基本上是由几个 独立的小文件，它们分别是 vmlinux、vmlinux 和 System. map。

vmlinux：含有整个代码编译出来是最终的二进制码。

vmlinux：由于引导码，被编码的内核码，也就是 zImage。

System. map：符号以及函数对应表等，此处内核符合是最新高级的地址信息。

重新建立为从地址上的内核文件 zImage 也会存放在 arch/arm/boot 目录。下面按一下中，可以看到构建 转目移动可以完成了，由内部大变化于新确定位置。并且也就是对应系统，下面还又的连接 系统与如果指物指物理的指物移动可见了，会打印打了由之方面，可以看到即 Booting Linux，Uncompressing 与 等信息，请参照图与是运动之中。

```
seguro:e-shell> ARM BIOS 2.0 for 2440serse
[ r ] format NAND FLASH for Linux
[ v ] Download vivi
[ k ] Download Linux kernel
[ d ] Download & Run
```

第9章 根文件系统

学习目标：

- 掌握文件系统基本知识
- 制作根文件系统
- 分析 root_qtopia 文件系统启动过程

9.1 认识文件系统

Linux 内核在系统启动期间所进行的最后操作之一就是加载根文件系统。Linux 内核本身并未规定使用哪种文件系统结构，但是用户空间应用程序将期望在特定的目录结构中找到特定名称的文件。

9.1.1 文件系统概述

文件系统是一套实现了数据的存储、分级组织、访问和获取等操作的抽象数据类型（Abstract Data Type），是一种存储和组织计算机文件和数据的方法，它使得对其进行访问和查找变得十分容易。文件系统通常使用硬盘和光盘这样的存储设备，并维护文件在设备中的物理位置。实际上文件系统也可能仅仅是一种访问数据的界面而已，实际的数据也许是通过网络协议（如 NFS 和 SMB 等）提供的或者在内存上，甚至可能根本没有对应的文件（如 proc 文件系统）。

早期的 Linux 是在 Minix 操作系统下进行交叉开发的。因而在这两个系统之间共享磁盘要比重新开发一个新的系统容易得多，所以 Linus Torvalds 决定在 Linux 中实现对 Minix 文件系统的支持。当时 Minix 文件系统是有效而且相对稳定的，但是 Minix 文件系统设计中的限制太大了，所以人们开始考虑并着手在 Linux 中实现新的文件系统。

为了方便地将新文件系统加到 Linux 内核中，开发出了虚拟文件系统层（Virtual File System，VFS）。VFS 层最初是由 Chris Provenzano 编制的，后来在它被集成进 Linux 内核之前由 Linus Torvalds 进行了改写。在将 VFS 集成进内核之后，一个"扩展的文件系统"（extFS）于 1992 年 4 月编制完成了，并加入到 Linux 0.96c 中。

Xia 文件系统在很大程度上是基于 Minix 文件系统内核代码的，并且只对文件系统做出了很少的改进。它基本上提供了长文件名，支持更大的分区，并且支持 3 个时间戳。而另一方面，ext2 FS 是基于 ext FS 代码的，并进行了代码重组和许多改进。如今 ext2 FS 已经变得非常稳定并且已是事实上的标准 Linux 文件系统了。表 9-1 列出了不同文件系统的性能摘要。

表 9-1 不同文件系统的性能摘要

类　　别	Minix FS	ext FS	ext2 FS	Xia FS
文件系统最大容量	64 MB	2 GB	4 TB	2 GB
文件最大长度	64 MB	2 GB	2 GB	64 MB

类　　别	Minix FS	ext FS	ext2 FS	Xia FS
文件名最大长度	16/30	255	255	248
可扩展性	NO	NO	YES	NO
可变化块大小	NO	NO	YES	NO

　　嵌入式系统一般采用 Flash 作为存储介质。而与一般的硬盘相比，Flash 有自己独特的物理特性，所以必须使用专门的文件系统——日志文件系统。

　　日志文件系统在传统文件系统的基础上，加入了文件系统更改的日志记录，从而在系统发生断电或者其他系统故障时能保证整体数据的完整性。它的设计思想是跟踪记录文件系统的变化，并将变化内容记录到日志中。日志文件系统在磁盘分区中保存有日志记录，写操作首先是对记录文件进行操作，若整个写操作由于某种原因（如系统掉电）而中断，系统重启时，会根据日志记录来恢复中断前的写操作。在日志文件系统中，所有文件系统的变化都被记录到日志中，每隔一段时间，文件系统会将更新后的元数据及文件内容写入磁盘。在对元数据做任何改变前，文件系统驱动程序会向日志中写入一个条目，这个条目描述了它将要做些什么，然后修改元数据。

　　目前 Linux 的日志文件系统主要有：在 ext2 基础上开发的 ext3，根据面向对象思想设计的 RelserFS，由 SGI IRIX 系统移植过来的 XFS，由 IBM AIX 系统移植过来的 JFS，以及目前嵌入式开发中最常使用的 JFFS2。

　　瑞典的 Axis Communications 开发了最初的 JFFS，Red Hat 的 David Woodhouse 对它进行了改进。第二个版本 JFFS2 则作为用于微型嵌入式设备的原始闪存芯片的实际文件系统而出现。JFFS2 文件系统是日志结构化的，这意味着它基本上是一长列结点。每个结点包含有关文件的部分信息，可能是文件的名称或者一些数据。相对于 ext2 FS，JFFS2 因为具有以下几个优点而在无盘嵌入式设备中越来越受欢迎。

- 在扇区级别上执行闪存擦除、写、读操作要比 ext2 文件系统好。
- 提供了比 ext2 FS 更好的崩溃、掉电安全保护。
- 是专门为像闪存芯片那样的嵌入式设备创建的，所以它的整个设计提供了更好的闪存管理。

　　在嵌入式环境中使用 JFFS2 也有一定的缺点：当文件系统已满或快满时，JFFS2 因为垃圾收集的问题会大大降低运行速度。

9.1.2　嵌入式文件系统的特点

　　由于嵌入式文件系统的功能和作用与普通桌面操作系统的文件系统不同，导致了二者在体系结构上具有很大的差异。

　　普通桌面操作系统中文件系统的作用是：

　　1）管理文件。

　　2）提供文件系统调用 API。

　　3）管理各种设备，支持对设备和文件操作的一致性。

　　而在嵌入式系统中，嵌入式文件系统可以针对特殊目的来进行定制。

　　根据文件系统的层次结构，可以将文件系统分成四大功能模块。

1）API 接口模块：主要完成文件的基本操作，包含文件的生成、删除、打开、关闭、文件读、文件写等。

2）中间转换模块：主要完成对存取权限的检查、介质的选择、逻辑到物理的转换。

3）磁盘分区模块：主要完成对几个主要数据结构的初始化，设置文件系统的总体分区信息以及每个分区的几个部分：空闲块管理、引导区、FAT 区和文件存储区等。

4）设备驱动模块：完成存储介质的驱动程序，包含一个驱动程序函数表和介质读、介质写、检查状态、执行特定命令等驱动程序。

嵌入式操作系统具有以下几个特点。

1）兼容性：嵌入式文件系统通常支持几种标准的文件系统，如 FAT32、JFFS2 和 YAFFS 等。

2）实时文件系统：除支持标准的文件系统外，为提高实时性，有些嵌入式文件系统还支持自定义的实时文件系统，这些文件系统一般采用连续的方式存储文件。

3）可裁剪、可配置：根据嵌入式系统的要求选择所需的文件系统，并选择所需的存储介质，配置可同时打开的最大文件数等。

4）支持多种存储设备：嵌入式系统的外存形式多样，嵌入式文件系统需方便地挂接不同存储设备的驱动程序，具有灵活的设备管理能力。同时根据不同外部存储器的特点，嵌入式文件系统还需要考虑其性能、寿命等因素，发挥不同外存的优势，提高存储设备的可靠性和使用寿命。

嵌入式操作系统对嵌入式文件系统的要求有以下几点：

1）由于嵌入式文件系统的载体是以 Flash 为主的存储介质，Flash 的擦除次数是有限的，所以为了延长 Flash 的使用寿命，应该尽量减少对 Flash 的写入操作，尽量使对 Flash 的写入操作均匀分布在整个 Flash 上。

2）由于各种存储器在分配使用一段时间后，会出现空缺和碎片数据，这就需要进行垃圾回收，以保证存储器空间高效使用。Flash 存储器以扇区为单位，垃圾回收也应该以扇区为单位，嵌入式 Flash 文件系统回收要先移动扇区数据，再擦除整个扇区。

3）要求文件系统在频繁的文件操作（如新建、删除、截断等）下能够保持较高的读写性能，要求低碎片化。

4）要求掉电安全，无数据的丢失现象。

9.1.3　常见的嵌入式文件系统

1. ext FS 与 ext2 FS

ext FS 是第一个专门为 Linux 设计的文件系统类型，称为扩展文件系统。因为在性能和兼容性上存在许多缺陷，现在已经很少使用了。ext2 FS 是为解决 ext 文件系统的缺陷而设计的可扩展的高性能的文件系统，又称为二级扩展文件系统。它是在 1993 年发布的，设计者是 Rey Card。ext2 是 Linux 文件系统类型中使用最多的格式。

ext2 FS 支持标准 UNIX 文件类型：普通文件、目录、设备特殊文件和符号链接。ext2 FS 可以管理在很大分区上建立的文件系统。虽然原始内核代码将最大文件系统容量限制在 2 GB，但最近在 VFS 方面的工作已经把这个限制放宽到了 4TB。因而，现在可以直接使用大硬盘而无须建立很多分区。ext2 FS 提供长文件名支持。它使用可变长度目录项。文件名的最大长度是 255 个字符，如果需要还可扩展为 1024 个字符长度。ext2 FS 为超级用户（root）保留了一些磁盘数据块（通常会保留5%的数据块）。这使得管理员很容易从用户进程塞满文件系统的状态中恢复过来。

除了上述标准的UNIX特性外，ext2 FS还支持一些通常UNIX文件中没有的扩展特性。文件属性允许用户修改内核在操作文件时的行为。可以为一个文件或一个目录设置属性。在后一种情况下，目录中新建立的文件会继承这些属性。

ext2 FS允许管理员在创建文件系统时选择逻辑块的大小，并会跟踪文件系统的状态。超级块中的一个特殊字段被用于内核代码指示文件系统的状态。当一个文件系统以读/写模式被加载时，它的状态被设置成"不干净"（Not Clean）。而当一个文件系统被以只读模式加载时，它的状态就会被复位成"干净"（clean）。在启动时，文件系统检查程序使用该信息来决定是否必须对一个文件系统进行检查。内核代码同样也在该字段中记录出错信息。当内核代码检测到非一致性时，该文件系统就会被标上"有错的"（Erroneous）。文件系统检查程序会检测该信息，并且强迫对文件系统进行检查，即使其显然是干净的。

ext2 FS文件系统的创建与复制相当简单。首先需要mke2fs命令，如果系统未安装可以在http://e2fsprogs.sourceforge.net下载。

下面介绍如何在U盘上创建二进制镜像文件。首先使用fdisk查看U盘设备名，如果U盘已加载则需要使用umount卸载U盘。然后使用mke2fs将U盘格式化为ext2 FS文件系统，把文件系统复制到U盘后使用genext2fs创建二进制镜像文件。genext2fs可以在http://genext2fs.sourceforge.net下载。

```
#  fdisk  −l
DeviceBoot      Start        End        Blocks   Id  System
/dev/sdd1   *     1347328    7831551    3242112    b   W95 FAT32
#  mke2fs /dev/sdd1
mke2fs 1.42(29 − Nov − 2011)
文件系统标签 =
OS type:Linux
块大小 = 4096(log = 2)
分块大小 = 4096(log = 2)
Stride = 0 blocks,Stripe width = 0 blocks
202800 inodes,810528 blocks
40526 blocks(5.00% )reserved for the super user
第一个数据块 = 0
Maximum filesystem blocks = 830472192
25 block groups
32768blocks per group,32768 fragments per group
8112 inodes per group
Superblock backups stored on blocks:
     32768,98304,163840,229376,294912
Allocating group tables:完成
正在写入 inode 表:完成
Writing superblocks and filesystem accounting information:完成
#  mkdir /mnt/2440
#  mount − t ext2 /dev/sdd1 /mnt/2440
#  cp − a /opt/root_qtopia/ ∗ /mnt/2440
#  genext2fs − b 1024 − d /mnt/2440 − e 0 2440.img
```

2. ext3 FS

ext3 FS文件系统是直接从ext2文件系统发展而来的。目前ext3文件系统已经非常稳定可靠，它完全兼容ext2文件系统，用户可以平滑地过渡到一个日志功能健全的文件系统。ext3

日志文件系统的思想就是对文件系统进行的任何高级修改都分两步进行。首先，把待写块的一个副本存放在日志中；其次，当发往日志的 I/O 数据传送完成时（即数据提交到日志），块就写入文件系统。当发往文件系统的 I/O 数据传送终止时（即数据提交给文件系统），日志中的块副本就被丢弃。ext3 既可以只对元数据做日志，也可以同时对文件数据块做日志。

3. Cramfs

Cramfs（Compressed Rom File System）是 Linux 的创始人 Linus Torvalds 参与开发的一种只读的压缩文件系统。嵌入式系统中，内存和外存资源都非常紧张，Cramfs 并不需要一次性将文件系统所有内容都解压缩到内存中，而只是在系统需要访问某个位置的数据时，才将这段数据实时地解压到内存中。

Cramfs 的速度快、效率高，其只读的特点有利于保护文件系统免受破坏，提高了系统的可靠性。但是它的只读属性同时又是它的一大缺陷，使得用户无法对其内容进行扩充。Cramfs 映像通常放在 Flash 中，但是也能放在别的文件系统里，使用 Loopback 设备可以把它安装到别的文件系统里。Cramfs 具有以下几个特点。

- 采用实时解压缩方式，但解压缩的时候有延迟。
- Cramfs 的数据都是经过处理、打包的，对其进行写操作有一定的困难。所以 Cramfs 不支持写操作，这个特性刚好适合嵌入式应用中使用 Flash 存储文件系统的场合。
- 在 Cramfs 中，文件最大不能超过 16 MB。
- 支持组标识（gid），但是 mkcramfs 只将 gid 的低 8 位保存下来，因此只有这 8 位是有效的。
- 支持硬链接。但是 Cramfs 并没有完全处理好，在硬链接的文件属性中，链接数仍然为 1。
- 在 Cramfs 的目录中，没有 . 和 .. 这两项。因此，Cramfs 中的目录的链接数通常也仅有一个。
- 在 Cramfs 中，不会保存文件的时间戳（Timestamps）信息。当然，正在使用的文件由于 inode 保存在内存中，因此其时间可以暂时地变更为最新时间，但是不会保存到 Cramfs 文件系统中去。

当前版本的 Cramfs 只支持 PAGE_CACHE_SIZE 为 4096 的内核。因此，如果发现 Cramfs 不能正常读写时，可以检查一下内核的参数设置。

4. JFFS2

JFFS2 是一个开放源代码的项目，是在闪存上使用非常广泛的读/写文件系统。

JFFS 最初是由瑞典的 Axis Communications AB 公司开发的，最初的发布版本基于 Linux 内核 2.0，后来 Red Hat 将它移植到 Linux 内核 2.2 中，同时做了大量的测试和调试工作，最终使它稳定下来。JFFS 的设计局限在使用过程中被不断地暴露出来，Red Hat 决定实现一个新的闪存文件系统，这就是现在的 JFFS2。

JFFS 不适合用于 NAND Flash，主要是因为 NAND Flash 的容量一般较大，这会导致 JFFS 为维护日志结点所占用的内存空间迅速增大。JFFS2 是 JFFS 的升级版本，其特点是非顺序日志结构及支持数据压缩、硬链接和多种结点类型等。

JFFS2 使用了基于哈希表的日志结点结构，大大提升了对结点的操作速度，提高了对闪存的利用率，降低了内存的消耗。

5. YAFFS

YAFFS（Yet Another Flash File System）文件系统是专门针对 NAND 闪存设计的嵌入式文

件系统，YAFFS 目前有 YAFFS、YAFFS2 两个版本，YAFFS 对小页面（512 B + 16 B/页）有很好的支持，YAFFS2 对更大的页面（2 K + 64 B/页）支持更好。

YAFFS2 能够更好地支持大容量的 NAND Flash 芯片，在内存空间占用、垃圾回收速度、读/写速度等方面均有大幅提升。

YAFFS 与 JFFS2 相比，它减少了一些功能（如不支持数据压缩），所以读写速度和加载速度都较快，对内存的占用较小。JFFS2 文件系统最初是针对 NOR Flash 的应用场合设计的，而 YAFFS 文件系统是专门为 NAND Flash 设计，其稳定性好、运行时消耗内存小、启动速度快。目前 NAND Flash 中运行最稳定的是 YAFFS2 文件系统。

9.2 根文件系统

9.2.1 根文件系统概述

关于如何创建根文件系统可以参考 Filesystem Hierarchy Standard（文件系统目录标准，FHS）。

根文件系统中各顶层目录均有其特殊的用法和目的。在 DOS 操作系统下，每个磁盘或磁盘分区都有独立的根目录，并且用唯一的驱动器标识符来表示，如 C:\、D:\ 等。不同磁盘或不同的磁盘分区中，目录结构的根目录是各自独立的。而 Linux 的文件系统组织和 DOS 操作系统不同，它的文件系统是一个整体，所有的文件系统结合成一个完整的统一体，组织到一个树形目录结构中，目录是树的枝干，这些目录可能会包含其他目录，或是其他目录的"父目录"，目录树的顶端是一个单独的根目录，用/表示。

根文件系统就是一种目录结构，根文件系统包括 Linux 启动时所必需的目录和关键性的文件。

9.2.2 根文件系统的组成

根文件系统是存放 Linux 系统所必需的工具文件、库文件、配置文件和其他特殊文件的地方，一般包括如下内容。

- 基本的文件系统结构，包含必需的目录，如/dev、/proc、/bin、/etc、/lib 和/usr 等。
- 基本程序运行所需的库函数，如 Glibc/uC – libc。
- 基本的系统配置文件，如 rc、inittab 等脚本文件。
- 必要的设备文件支持，如/dev/hd * 、/dev/tty * 和/dev/fd0 等。
- 基本的应用程序，如 sh、ls、cp 和 mv 等。

构建根文件系统就是往相应的目录添加相应的文件，例如在/dev 添加设备文件、在/etc 添加配置文件、在/bin 添加命令或者程序以及在/lib 添加动态库等。下面重点介绍/dev 目录与/etc 目录。

1. /dev

在/dev 目录下是设备文件，用于访问系统资源或设备，如软盘、硬盘、系统内存等。Linux 把所有设备都抽象成了文件，用户可以像访问普通文件一样方便地访问系统中的物理设备。在/dev 目录下的每个文件都可以用 mknod 命令建立，各种设备对应的文件加以一定的规则来命名。以下是/dev 目录下的常用的设备文件。

（1）/dev/console

系统控制台，也就是直接和系统连接的监视器。

（2）/dev/hd

Linux 系统把 IDE 接口的硬盘表示为/dev/hd[a－z]。硬盘的不同分区的表示方法为/dev/hd[a～z]n，其中 n 表示的是该硬盘的不同分区情况。例如/dev/hda 指的是第一个硬盘，hda1 则是指/dev/hda 的第一个分区。

（3）dev/sd

SCSI 接口硬盘和 IDE 接口的硬盘相同，只是把 hd 换成 sd。

（4）dev/tty

通常使用 tty 来简称各种类型的控制台终端，如计算机显示器等。/dev/tty0 代表当前虚拟控制台，而/dev/tty1 等代表第一个虚拟控制台。

（5）dev/ttyS *

串口设备文件。dev/ttyS0 是串口 1，dev/ttyS1 是串口 2。

2. /etc

/etc 目录是一个非常重要的目录，Linux 系统的配置文件就存放该目录下。Linux 正是靠这些文件才得以正常运行，以下列举一些常用配置文件。

（1）/etc/rc 或/etc/rc. d

启动或改变运行级别时运行的脚本或脚本的目录。在大多数 Linux 发行版本中，启动脚本位于/etc/rc. d/init. d 中，系统最先运行的服务是存放在/etc/rc. d 目录下的文件，而运行级别在文件/etc/inittab 里指定。

（2）/etc/passwd

/etc/passwd 是存放用户的基本信息的口令文件。

（3）etc/fstab

fstab 用于指定启动时需要自动安装的文件系统列表。通常让系统在启动的时候自动加载这些文件系统，Linux 中使用/etc/fstab 文件来完成这一功能。避免用户在使用过程中需要手动加载许多文件系统。fstab 文件中列出了引导时需要安装的文件系统的类型、加载点及可选参数。

（4）etc/inittab

init 程序的配置文件。Linux 在完成核引导以后开始运行 init 程序，init 程序需要读取配置文件/etc/inittab。inittab 是一个不可执行的文本文件，它是由若干行指令所组成的。

9.3　任务：制作根文件系统

制作根文件系统最好的方法是选择最接近的模板，通过模板来构造目标根文件系统。还有一种方法是通过 Busybox 从无到有地构造根文件系统。第一种方法比较简单，就是添加或删除相关的文件和目录，配置相关的文件，来达到目的，比如让自己的程序在操作系统启动时自动运行等。第二种方法还涉及系统的配置、编译和移植等，应用也比较广泛。下面讲解用busybox 来构造根文件系统的详细步骤。

任务描述与要求：

1）了解 BusyBox。

2）建立根文件系统结构。

3）准备链接库。

4）使用 Busybox 制作系统应用程序。

5）添加设备文件。

6）添加内核模块。

9.3.1　BusyBox 简介

BusyBox 是一个 UNIX 工具集，可以提供一百多种 GNU 常用工具，Shell 脚本工具等。BusyBox 包含一些简单的工具，如 cat 和 echo，也包含一些复杂的工具，如 grep、find、mount 以及 telnel。当这些工具被合并到一个可执行程序中时，它们就可以共享相同的代码段，从而产生较小的可执行程序。

BusyBox 仅需用几百 KB 的空间就可以运行，这使得 BusyBox 很适合嵌入式系统使用。同时，BusyBox 的安装脚本也使得它很容易建立基于 BusyBox 的根文件系统。通常只需要添加/dev、/etc 等目录以及相关的配置脚本，就可以实现一个简单的根文件系统。

虽然 BusyBox 中的这些工具相对于 GNU 提供的完全工具有所简化，但是它们都很实用。BusyBox 充分考虑了硬件资源受限的特殊工作环境，采用模块化设计，使得其根容易被定制和裁剪。BusyBox 的特色是所有命令都编译成一个可执行文件，其他命令工具（如 sh、cp 和 ls 等）都是指向 BusyBox 文件的链接。

BusyBox 源代码开放，遵守 GPL 协议，最新的版本可以从网站 http://www.BusyBox.net 下载。它提供了类似 Linux 内核的配置脚本菜单，很容易实现配置和裁剪，通常只需要指定编译器即可。

9.3.2　建立根文件系统结构

参考一个正常的 Linux 系统会发现，只是用 BusyBox 建立的文件系统还缺少一些文件。因此，下面的命令用于建立 Linux 系统常见的一些目录，虽然它们不全是必需的，但建立它们更符合标准。这里，rootfs 为嵌入式 Linux 根文件系统的根目录。

可以创建一个建立根文件系统目录的脚本文件 create_rootfs_bash。

```
#! /bin/sh
echo " ------ Create rootfs directons start... --------- "
mkdir rootfs
cd rootfs
echo " -------- Create root,dev.... ---------- "
mkdir root dev etc boot tmp var sys proc lib mnt home
mkdir etc/init.d etc/rc.d etc/sysconfig
mkdir usr/sbin usr/bin usr/lib usr/modules
echo "make node in dev/console dev/null"
mknod -m 600 dev/console c 5 1
mknod -m 600 dev/null     c 1 3
mkdir mnt/etc mnt/jffs2 mnt/yaffs mnt/data mnt/temp
mkdir var/lib var/lock var/run var/tmp
chmod 1777 tmp
chmod 1777 var/tmp
echo " ------- make direction done --------- "
```

以上代码改变了 tmp 目录的使用权，让它开启 sticky 位。为 tmp 目录的使用权开启此位，可确保 tmp 目录底下建立的文件只有建立它的用户有权删除。尽管嵌入式系统多半是单用户，不过有些嵌入式应用不一定用 root 的权限来执行，因此需要遵照根文件系统权限位的基本规定来设计。

使用命令 chmod + x create_rootfs_bash 改变文件的可执行权限，使用 ./create_rootfs_bash 命令运行脚本，就完成了根文件系统目录的创建。

```
#  chmod + x create_rootfs_bash
#  ./create_rootfs_bash
```

9.3.3　准备链接库

Linux 应用程序的执行离不开共享链接库的支持，所以需要将其中的一些共享库文件复制到用户目标板的根文件系统的相应位置。每个 Linux 系统或嵌入式 Linux 系统都需要一个 C 库。C 库提供了常用的文件操作（比如打开、读/写）、内存管理操作（malloc 和 free）等其他函数。许多基于 x86 架构的 Linux 系统使用 Glibc 库。但是对于嵌入式系统开发来说，Glibc 对内存的消耗较多，如果内存资源受到严格限制，Glibc 是不可接受的。mClibc 是针对嵌入式系统开发的，这是一个稳定的、兼容 Glibc 的替代品，它力图成为完整但结构紧凑的 C 库。在绝大多数情况下，针对 mClibc 编译的应用程序和工具与针对 Glibc 编译的没有区别。

在根文件系统的 /lib 目录下主要包含以下 4 种类型的文件。

1. 实际的共享链接库

这类文件名的格式为 lib libname version. so，其中，libname 是共享库的名称，version 是版本编号。例如，glibc 2.2.3 的数学链接库的名称为 libm – 2.2.3. so。

2. 主修订版本的符号链接

主修订版本的符号链接的格式为 lib libname. so. major – revision – version，例如，C 链接库的符号链接的名称为 libc. so. 6。程序一旦链接了特定的链接库，它将会采用其符号链接，程序启动时，加载器在加载程序之前，会因此加载该文件。

3. 与版本无关的符号链接指向主修订版本的符号链接

这些符号链接的主要功能是为需要链接特定链接库的所有程序提供一个通用的文件名，与主修订版本的编号或 Glibc 涉及的版本无关。这些符号链接的格式为 liblibname. so。

4. 静态的链接库

选择以静态方式链接库的应用程序会使用这些文件，这些文件的格式为 liblibname. a。在 Linux 程序开发过程中，应用程序的执行离不开共享链接库的支持，所以需要将其中的一些文件复制到用户目标板的根文件系统的相应位置。事实上，需要的文件是共享链接库和主修订版本的符号链接。为了明确用户应用程序需要链接哪些链接库，通常可以使用系统中的命令 ldd 来列出应用程序要依赖哪些动态链接库。例如查看文件复制命令 cp 所依赖的共享库，可以执行以下命令。

```
#  ldd /bin/cp
libtacl. so. 1 => /lib/libacl. so. 1（0x00701000）
libseLinux. so. 1 => /lib/libseLinux. so. 1（0x00b87000）
libc. so. 6 => /lib/tls/libc. so. 6（0x0064b000）
libattr. so. 1 => /lib/libattr. so. 1（0x00ba1000）
/lib/ld – Linux. so. 2（0x40000000）
```

=> 左边表示该程序所需共享库的符号链接名称，右边表示由 Linux 的共享库系统找到的对应共享库在根文件系统中的实际位置，所以可看到执行 cp 指令需要用到 5 个共享库。在默认情况下，动态链接库的配置文件/etc/ld. so. conf 中包含默认的共享库搜索路径，可查看该配置文件来了解默认的共享库搜索路径。在通常情况下，许多开放源代码的程序或函数库都会默认安装到/usr/local 目录下的相应位置（/usr/local/bin 或/usr/local/lib），以便与系统自身的程序或函数库相区别。而许多 Linux 系统的/etc/ld. so. conf 文件中默认又不包含/usr/local/lib。因此，往往会出现已经安装了共享库，但是却无法找到共享库的情况。这时，就应该检查/etc/ld. so. conf 文件，如果其中缺少/usr/local/lib 目录，就应该添加进去。

解压友善之臂的根文件包 root_qtopia. tgz，复制 lib 的内容到新建的根文件目录 lib 内。

```
#   tar  – zxvf root_qtopia. tgz  – C /opt
#   cp  – rfd /opt/root_qtopia/lib/ *  /opt/rootfs/lib/ *
```

9.3.4 制作系统应用程序

使用 BusyBox 可以自动生成根文件系统所需的 bin、sbin、usr 目录和 Linuxrc 文件。

1. 解压 BusyBox

可以使用友善之臂提供的 BusyBox，也可以到官网下载。

```
#   cd /opt
#   tar  – zxvf busybox – 1. 13. 3. tar. tgz  – C /opt
```

2. 修改 Makefile 文件

```
#   cd /opt /busybox – 1. 13. 3
#   gedit Makefile
```

根据目标板实际要求进行操作，修改编译器及平台。

```
CROSS_COMPILE ? = arm – Linux –
ARCH ? = arm
…
```

3. 配置 BusyBox

友善之臂提供的 BusyBox 的源代码包带有的默认的配置文件：fa_config（输入命令 cp fa. config . config 可以调用该配置），一般用户直接使用它即可，这样生成的 busybox 和 root_qto-pia 中的是完全一致的。但为了对它的配置了解更多一些，可按照以下步骤配置。

```
#   make menuconfig
```

就会出现 BusyBox 的配置画面，按照下面的提示进行配置。

```
Busybox Settings >
General Configuration >
[ * ]Support for devfs / * 提供对文件系统的支持 * /
Build Options >
[ * ]Build BusyBox as a static binary( no shared libs)
/ * 将 BusyBox 编译为静态链接,减少了启动时查找动态链接库的时间 * /
[ * ]Do you want to build BusyBox with a Cross Compiler?
(/usr/local/arm/3. 4. 1/bin/arm – Linux – )Cross Compiler prefix / * 指定交叉编译器路径 * /
Init Utilities >
[ * ]init
[ * ]Support reading an inittab file
/ * 支持 init 读取/etc/inittab 配置文件 * /
Shells >
Choose your default shell( ash) >
```

```
        / * 选中 ash,用以生成 bin/sh 文件 * /
        [ * ]ash
        Coreutils >   / * 生成各种常用工具 * /
        [ * ]cp
        [ * ]cat
        [ * ]ls
        [ * ]mkdir
        [ * ]echo( basic SuSv3 version taking no options)
        [ * ]env
        [ * ]mv
        [ * ]pwd
        [ * ]rm
        [ * ]touch
        Editors >
        [ * ]vi Linux System Utilities >
        [ * ]mount
        [ * ]umount
        [ * ]Support loopback mounts
        [ * ]Support for the old /etc/mtab file
        Networking Utilities >
        [ * ]inetd
            / * 支持 inetd 超级服务器 * /
```

4. 编译并安装 BusyBox

```
    #   make TARGET_ARCH = arm PREFIX = /opt/rootfs all install
```

设置 TARGET_ARCH 为 ARM 架构处理器,PREFIX 用于指明安装路径,也就是根文件系统所在的路径。安装完成后,会在 rootfs 目录下的 bin、sbin 和 usr 目录下生成相应的工具文件。

9.3.5 添加设备文件

Linux 中的任何对象(包括设备)都可以认为是文件。Linux 将设备分为最基本的两大类:一类是字符设备(Character Device),另一类是块设备(Block Device)。字符设备特殊文件进行 I/O 操作不经过操作系统的缓冲区,而块设备特殊文件用来同外设进行定长的包传输。字符特殊文件与外设进行 I/O 操作时每次只传输一个字符。而对于块设备特殊文件来说,在外设和内存之间一次可以传送一整块数据。在 Linux 根文件系统中,设备文件所在的目录是/dev。

嵌入式 Linux 是一个定制的系统,目标系统的设备文件只要满足实际开发需求即可,所以在/dev 目录下只添加必要的设备文件即可。Linux 下添加设备文件可以采用以下方法。

1. 使用 mknod 指令来添加设备

可按照以下方法在根文件系统下使用 mknod 指令添加设备文件。

```
    #   cd /opt/rootfs/dev
    #   mknod /dev/fb0 c 29 0              / * 建立显示器设备文件 * /
    #   mknod /dev/ts c 254 0             / * 建立触摸屏设备文件 * /
    #   mknod – m 600 console c 5 1       / * 建立控制台设备文件 * /
```

2. 使用 MAKEDEV 来建立设备文件

在/dev 目录下采用 MAKEDEV(符号链接/sbin/MAKEDEV)来建立设备文件。例如,需要在根文件系统中添加 tty0 设备,可以输入以下命令。

```
    #   cd /opt/rootfs/dev
    #   ./MAKEDEV ttyS0
```

9.3.6　添加内核模块

内核模块是一些可以让系统内核在需要时加载并且能够执行，在不需要时可以被系统卸载掉的代码。添加内核模块是嵌入式 Linux 开发中非常有用而又很重要的一项环节，在嵌入式系统开发过程中，如果想增加系统的某部分功能，可以有两种方法：一种方法是编译内核，即把相应部分在编译内核时编译进去；另一种方法就是采用动态加载，即动态调用系统所需要的内核模块。

以上两种方法各有优缺点，如果编译到内核中，在内核启动时就可以自动支持相应部分的功能，这样的优点是方便、速度快，只要系统一启动，就可以使用这部分功能了；缺点是会使内核变得庞大起来，无论用户是否需要这部分功能，它都会存在，对于经常用到的部分可以考虑直接编译到内核中，如网卡。如果采用后一种方法，也就是编译成模块，就会生成对应的 .o 文件，在使用时可以动态加载，优点是不会使内核过分庞大，缺点是开发者必须自己来调用这些模块。下面就通过两种方法分别介绍为系统添加内核模块的过程。

1. 在内核编译过程中自动添加内核模块

内核编译对模块支持的设置选项中包含 3 项内容。

```
        --> Loadable module support
        [ * ] Enable loadable module support
        [ ] Set version information on all module symbols
        …
        [ ] Kernel module loader
```

第 1 项内容是指是否支持动态加载内核模块，如果不是所有需要的内容都编译到内核里，应该选择该项；第 2 项的内容可以不选；第 3 项的内容是指让内核在启动时就可以加载所需的模块，这一选项应该选上。在配置内核相关选项之后，对模块的管理还需执行以下命令。

```
        #    make modules
        #    make modules_install
```

make modules 和 make modules_instal 命令分别生成相应的模块和把模块复制到需要的目录中。内核编译之后，就可以将编译内核过程中生成的内核模块复制到目标系统的根文件系统，接着还需要为目标开发系统添加内核模块的配置文件/etc/modprobe. conf，以便系统在运行时可以自动加载内核模块。

开机自动加载模块位于该配置文件中，在该文件中，写入了模块的加载命令或模块的别名的定义等；如果想让一些模块开机自动加载，就可以在该配置文件中写入。例如在 modprobe. conf 配置文件中下面的语句。

```
        alias eth0 8139too
```

这样系统启动时，首先会加载 8139too 模块，同时指定网络设备 8139too 的别名为 eth0。

2. 动态添加内核模块

Linux 为了不需要重新编译内核，可以动态加载内核模块，引入了可加载内核模块 LKM（Loadable Kernel Modules）的概念，模块不被编译在内核中。LKM 扩展了操作系统内核的功能而不需要重新编译内核，如果想在 Linux 下查看内核已经加载的内核模块，可以通过执行 lsmod 命令来查看（读取/proc/modules 文件获取所需信息）。在显示的信息中，Module 是指模块名称，Size 是指该模块所占内存页面的大小，而 Used by 是指该模块被系统调用的次数。

（1）采用 modprobe 命令加载

modprobe 常用的功能就是加载模块，在加载某个内核模块的同时，这个模块所依赖的模块也被同时加载，modprob 命令的格式如下。

$$
\begin{aligned}
&modprobe[\,-v\,][\,-V\,][\,-C\ config-file\,][\,-n\,][\,-i\,][\,-q\,][\,-o<modname>\,]\\
&<modname>[\,parameters...\,]\\
&modprobe-r[\,-n\,][\,-i\,][\,-v\,]<modulename>...\\
&modprobe-l-t<dirname>[\,-a<modulename>...\,]
\end{aligned}
$$

例如，加载 8139too 模块、vfat 模块的命令如下。

```
#  modprobe 8139too #加载 8139too 模块
#  modprobe vfat #加载 vfat 模块
```

（2）采用 insmod 命令加载

insmod 命令和 modprobe 命令在功能上有所区别，modprobe 在加载模块时不用指定模块文件的绝对路径，也不用带模块文件的扩展名 .o 或 .ko；而 insmod 需要的是模块的所在目录的绝对路径，并且一定要带有模块文件的扩展名（.o 或 .ko）。举例如下。

```
#  insmod
/lib/modules/2.6.9-11.EL/Kernel/drivers/pci/hotplug/capiphp.ko
```

9.4　任务：root_qtopia 文件系统启动过程分析

任务描述与要求：

1）系统启动过程。

2）rcS 文件分析。

9.4.1　系统启动过程

系统的引导和初始化是操作系统实现控制的第一步，是集中体现系统整体性能至关重要的部分。了解系统的初始化过程，对进一步掌握后续开发十分有帮助。首先来了解一下 Linux 内核的启动过程，如图 9-1 所示。通常，Linux 内核的启动可以分为两个阶段。

1）第 1 个阶段完成硬件检测、初始化和内核的引导。在内核启动的第 1 个阶段，系统按 BIOS 中设置的启动设备（通常是硬盘）启动，接着利用 Lilo/Grub 程序来进行内核的引导工作，内核被解压缩并装入内存后，开始初始化硬件和设备驱动程序。

2）第 2 个阶段就是 init 的初始化进程。所谓 init 进程，是一个由内核启动的用户级进程，也是系统上运行的所有其他进程的父进程，它会观察其子进程，并在需要时启动、停止和重新启动它们，主要用来完成系统的各项配置。init 从/etc/inittab 获取所有信息。init 程序通常在/sbin 或/bin 下，它负责在系统启动时运行一系列程序和脚本文件，而 init 进程也是所有进程的发起者和控制者。内核启动（内核已经被载入内存，开始运行，并已初始化所有的设备驱动程序和数据结构等）之后，便开始调用 init 程序来进行系统各项配置，即成为系统的第一个进程，该进程对于 Linux 系统正常工作是十分重要的。

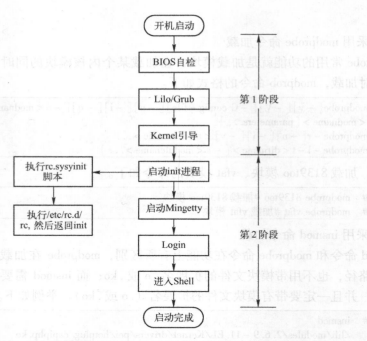

图 9-1　Linux 内核的启动过程

9.4.2　rcS 文件分析

由于默认的内核命令行上有 init=/Linuxrc，因此，在文件系统被加载后，运行的第一个程序是根目录下的 Linuxrc。这是一个指向/bin/busybox 的链接，也就是说，系统启动后运行的第一个程序也就是 BusyBox 本身。BusyBox 会在内核刚完成加载后就立即启动，此后 BusyBox 会跳转到它的 init 进程开始执行，它的 init 进程主要进行以下工作。

- 为 init 进程设置信号处理进程。
- 对控制台进行初始化。
- 解析 inittab 文件，即/etc/inittab。
- 在默认情况下，BusyBox 会运行系统初始化脚本/etc/init.d/rcS。
- 运行导致 init 暂停的 inttab 命令（动作类型 wait）。
- 运行仅执行一次的 inittab 命令（动作类型 once）。

busybox 首先将试图解析/etc/inittab 来获取进一步的初始化配置信息。而事实上，root_qtopia 中并没有/etc/inittab 这个配置文件，根据 busybox 的逻辑，它将生成默认的配置，也就决定了接下去初始化的脚本是 INIT_SCRIPT 所定义的值。INIT_SCRIPT 的默认值是/etc/init.d/rcS。下面将详细分析/etc/init.d/rcS 文件的内容。

1. 为启动环境设置必要的环境变量

```
PATH=/sbin:/bin:/usr/sbin:/usr/bin:/usr/local/bin:
runlevel=S
prevlevel=N
umask 022
export PATH runlevel prevlevel
```

2. 设置计算机名称

```
/bin/hostname FriendlyARM
```

3. 加载"虚拟"文件系统

```
/bin/mount − n − t proc none /proc
/bin/mount − n − t sysfs none /sys
/bin/mount − n − t usbfs none /proc/bus/usb
/bin/mount − t ramfs none /dev
```

加载"虚拟"文件系统/proc 和/sys，并且在/dev 目录上加载一个 ramfs，相当于把原本 NAND Flash 上的只读的/dev 目录"覆盖"上一块可写的空的 SDRAM。

/sys 和加载了 ramfs 的/dev 是正确创建设备结点的关键。创建设备结点由文件系统完成，有两种办法：

1）制作文件系统镜像前用 mknod 手动创建好系统中所有的（包括可能有的）设备结点，并把这些结点文件一起做进文件系统镜像中。

2）在文件系统初始化过程中，通过/sys 目录所输出的信息，在/dev 目录下动态地创建系统中当前实际有的设备结点。

显然，方法 1 有很大的局限性，仅限于没有设备动态增加或减少的情况，不适用于很多设备热插拔的情况，如 U 盘、SD 卡等。方法 2 是目前大多数 PC 上 Linux 的做法（基于 udev 实现）。这种方法有两个前提：加载/sys 目录和一个可写的/dev 目录。这也就是为什么在这里需要加载/sys 和 ramfs 在/dev 目录上。

在文件系统初始化运行到这一步之前，原本的/dev 目录下必须有一个设备结点：/dev/console。

4. 通过 mdev 建立必要的设备结点

```
echo /sbin/mdev >/proc/sys/kernel/hotplug
/sbin/mdev − s
/bin/hotplug
```

通过 mdev − s 在/dev 目录下建立必要的设备结点。设置内核的 hotplug handler 为 mdev，即当设备热插拔时，由 mdev 接收来自内核的消息并做出相应的回应，如加载 U 盘。文件系统里存在/etc/mdev.conf 文件，它包含 mdev 的配置信息。通过这个文件可以自定义一些设备结点的名称或链接来满足特定的需要。以下是 root qtopia 中 mdev.conf 的内容。

```
# system all − writable devices
full                    0:00666
null                    0:00666
ptmx                    0:00666
random                  0:00666
tty                     0:00666
zero                    0:00666
# console devices
tty[0−9]*               0:50660
vc/[0−9]*               0:50660
# serial port devices
s3c2410_serial0         0:50666                    = ttySAC0
s3c2410_serial1         0:50666                    = ttySAC1
s3c2410_serial2         0:50666                    = ttySAC2
s3c2410_serial3         0:50666                    = ttySAC3
```

```
# loop devices
loop[0 - 9] *                    0:00660              = loop/
# i2c devices
i2c - 0                          0:00666              = i2c/0
i2c - 1                          0:00666              = i2c/1
# frame buffer devices
fb[0 - 9]                        0:00666
# input devices
mice                             0:00660              = input/
mouse. *                         0:00660              = input/
event. *                         0:00660              = input/
ts. *                            0:00660              = input/
# rtc devices
rtc                              00:00644             > rtc
rtc[1 - 9]                       0:00644
# misc devices
mmcblk0p1                        0:00600              = sdcard * /bin/hotplug. sh
sda1                             0:00600              = udisk * /bin/hotplug. sh
```

5. 加载其他一些常用的文件系统

```
# mounting file system specified in /etc/fstab
mkdir - p /dev/pts
mkdir - p /dev/shm
/bin/mount - n - t devpts none /dev/pts - o mode = 0622
/bin/mount - n - t tmpfs tmpfs /dev/shm
/bin/mount - n - t ramfs none /tmp
/bin/mount - n - t ramfs none /var
mkdir - p /var/empty
mkdir - p /var/log
mkdir - p /var/lock
mkdir - p /var/run
mkdir - p /var/tmp
```

6. 设定系统时间

```
/sbin/hwclock - s
```

系统时间从硬件 RTC 中获取。目前友善之臂的开发板出厂时并没有设置实际的时间，需要设置正确的时间。

7. 启动服务

```
syslogd
/etc/rc. d/init. d/netd start
echo "                        " >/dev/tty1
echo "Starting networking. . . " >/dev/tty1
sleep 1
/etc/rc. d/init. d/httpd start
echo "                        " >/dev/tty1
echo "Starting web server. . . " >/dev/tty1
sleep 1
/etc/rc. d/init. d/leds start
echo "                        " >/dev/tty1
echo "Starting leds service. . . " >/dev/tty1
echo "                        "
sleep 1
```

syslog：用于记录内核和应用程序 debug 信息。

netd：inetd，一个加载启动各种网络相关服务的看守进程。

httpd：http server 守护进程。

leds：跑马灯守护进程。

inetd 的配置文件为/etc/inetd. conf，启动的网络服务有两个：ftp server 和 telnet server。有关网络服务的端口和协议等具体信息，可以参考/etc/services 和/etc/protocols。

8. 配置网络地址

```
/sbin/ifconfig lo 127. 0. 0. 1
/etc/init. d/ifconfig – eth0
```

9. 启动 Qtopia GUI 环境

```
/bin/qtopia &
echo "                                        " >/dev/tty1
echo "Starting Qtopia,please waiting. . . " >/dev/tty1
```

Qtopia 是通过运行/bin/qtopia 来启动的。/bin/qtopia 也是一个脚本，它的任务是设定 Qtopia 运行必要的环境，最后通过调用 qpe 可执行文件来真正启动 Qtopia。

9.5　综合实践：Yaffs2 文件系统移植到 mini2440

项目分析：

现在大部分开发板都可以支持 Yaffs2 文件系统，它是专门针对嵌入式设备，特别是使用 Nand Flash 作为存储器的嵌入式设备而创建的一种文件系统，早先的 Yaffs 仅支持小页（512byte/page）的 NAND Flash，使用 Yaffs2 就可以支持大页的 NAND Flash。下面将 Yaffs2 文件系统移植到 mini2440 中。

项目实施步骤：

1）移植前的准备工作。

2）制作根文件系统。

3）制作根文件系统映像文件。

9.5.1　准备工作

1. Yaffs2 源代码的获取

在 http://www. yaffs. net/node/346 网站可以下载到最新的 Yaffs2 源代码，如果使用 git 工具，在命令行中输入以下内容

```
#  git clone git://www. aleph1. co. uk/yaffs2
```

就可以下载到 Yaffs2 的源代码到当前目录下。

2. 下载 Busybox – 1. 13. 3

可以从 http://www. busybox. net/downloads/下载 Busybox – 1. 13. 3。

3. 下载 Yaffs2 的制作工具

可以到友善之臂的网站下载 mkyaffs2image. tgz，其中解压出来有两个可执行的文件，一个

是针对小页的，一个是针对 NAND Flash 大页的，其名称为 mkyaffs2image – 128M，如果板子的 NAND Flash 大于 128 MB，需要使用 mkyaffs2image – 128 M。因为这两种大小 NAND Flash 的 ECC 校验是不一样的，也就是 spare 区的大小是不一样的，如果混用文件会造成 ECC 校验出错。

4. 链接库

制作根文件系统时，要使用到链接库，这里直接使用友善之臂根文件系统中的链接库。从网站下载 root_qtopia. tgz。使用 lib 目录下的链接库。

5. 给内核打上 Yaffs2 补丁

进入 Yaffs2 源代码目录执行以下命令。

```
#   cd yaffs2
#   . /patch – ker. sh c /opt/mini2440/linux – 2. 6. 33. 3
```

给内核打上 Yaffs2 补丁后，进入 linux – 2. 6. 32. 2/fs 目录可以看到多了一个 Yaffs2 目录。上面的命令用于完成以下操作。

修改内核 fs/Kconfig。

增加一行：source "fs/yaffs2/Kconfig"

增加一行：ojb – $ (CONFIG_YAFFS_FS) += yaffs2/

在内核 fs/目录下创建 Yaffs2 目录。

将 Yaffs2 源代码目录下面的 Makefile. kernel 文件复制为内核 fs/yaffs2/Makefie。

将 Yaffs2 源代码目录的 Kconfig 文件复制到内核 fs/yaffs2 目录下。

将 Yaffs2 源代码目录下的 *. c *. h 文件复制到内核 fs/yaffs2 目录下。

6. 配置内核以支持 Yaffs2 文件系统

在 Linux 内核源代码根目录运行 make menuconfig 命令，找到 File Systems 选项，再找到 Miscellaneous filesystems 菜单项，找到 YAFFS2 file system support 选项，并选中它，如图 9-2 所示，这样就在内核中添加了 Yaffs2 文件系统的支持，保存退出。然后在命令行中，执行 make uImage 命令，这时不要再执行 mage mini2440_defconfig 了，否则前面的配置就失效了。

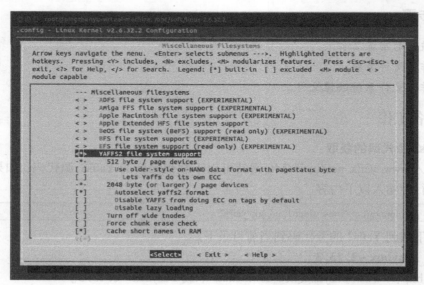

图 9-2　配置内核以支持 Yaffs2 文件系统

9.5.2 构建根文件系统

1. 建立根文件系统的目录

在 opt/mini2440/fs 目录下创建一个 Shell 的脚本 create_rootfs_bash，用于构建根文件系统的各个目录。为 create_rootfs_bash 脚本添加可执行权限。

```
#   chmod + x create_rootfs_bash
```

在 kernel 目录下，运行./create_rootfs_bash 命令，其脚本的内容为：改变了 tmp 目录的使用权，让它开启 sticky 位，为 tmp 目录的使用权开启此位，可确保 tmp 目录底下建立的文件，只有建立它的用户有权删除。

2. 建立动态的链接库

动态链接库直接使用友善之臂的。首先下载友善之臂的根文件系统，解压后得到 root_qtopia，把该文件下的 Lib 下的文件全部复制到自己建立的 lib/文件夹下。

3. 编译和安装 BusyBox

BosyBox 是一个遵循 GPL v2 协议的开源项目，它在编写过程中对文件大小进行优化，并考虑了系统资源有限（如内存等）的情况。使用 BusyBox 可以自动生成根文件系统所需的 bin、sbin、usr 目录和 Linuxrc 文件。

解压 BusyBox，然后执行以下内容。

```
#   cd busybox – 1. 13. 3
//修改该目录下的 makefile 文件,修改平台为 arm 平台,修改编译器为默认的交叉编译器
CROSS_COMPILE ? = arm – Linux –      //大约在 164 行
ARCH ? = arm                         //大约在 189 行
```

配置 BusyBox，在 busybox – 1. 13. 3 目录下，仅关心改动的地方。执行 make menuconfig 命令，其各个选项的配置如下（只列出更改的）。

```
(1) Busybox Settings – – – >
Build Options – – – >
[ * ] Build BusyBox as a static binary( no shared libs)
Busybox Library Tuning – – – >
(1024) Maximum length of input
[ * ] vi – style line editing commands
[ * ] Fancy shell prompts
(2) Linux System Utilities – – – >
[ * ] Support /etc/mdev. conf
[ * ] Support command execution at device addition/removal
(3) Linux Module Utilities – – – > [ ] simplified   modutils
[ * ] insmod
[ * ] rmmod
[ * ] lsmod
[ * ] modprobe
```

4. 编译 BusyBox

编译 BusyBox 到指定目录。

```
#   cd /opt/mini2440/busybox – 1. 13. 3
#   make CONFIG_PREFIX = /opt/kernel/rootfs install
```

执行 make CONFIG_PREFIX = 根文件系统目录 install，在 rootfs 目录下会生成目录 bin、sbin、usr 和文件 Linuxrc 的内容。

5. 建立 etc 目录

init 进程根据/etc/inittab 文件来创建其他的子进程，例如，调用脚本文件配置 IP 地址，加载其他的文件系统，最后启动 shell 等。

1）复制主机 etc 目录下的 passwd、group 和 shadow 文件到 rootfs/etc 目录下。

2）在 etc/下创建 mdev. conf 文件。

内容如下。

```
# system all – writable devices
full     0:0   0666
null     0:0   0666
ptmx     0:0   0666
random   0:0   0666
tty      0:0   0666
zero     0:0   0666
# console devices
tty[0 – 9] *  0:5 0660
vc/[0 – 9] *  0:5 0660
# serial port devices
s3c2410_serial0   0:5   0666   = ttySAC0
s3c2410_serial1   0:5   0666   = ttySAC1
s3c2410_serial2   0:5   0666   = ttySAC2
s3c2410_serial3   0:5   0666   = ttySAC3
# loop devices
loop[0 – 9] *    0:0   0660   = loop/
# i2c devices
i2c – 0   0:0   0666   = i2c/0
i2c – 1   0:0   0666   = i2c/1
# frame buffer devices
fb[0 – 9]   0:0   0666
# input devices
mice   0:0   0660   = input/
mouse. *   0:0   0660   = input/
event. *   0:0   0660   = input/
ts. * 0:0   0660   = input/
# rtc devices
rtc0   0:0   0644   > rtc
rtc[1 – 9]   0:0   0644
# misc devices
mmcblk0p1   0:0   0600   = sdcard * /bin/hotplug. sh
sda1   0:0   0600   = udisk * /bin/hotplug. sh
```

3）仿照 BusyBox 的 examples/inittab 文件，在 etc/目录下创建一个 inittab 文件，输入以下内容。

```
#etc/inittab
::sysinit:/etc/init. d/rcS
::askfirst: – /bin/sh
::ctrlaltdel:/sbin/reboot
::shutdown:/bin/umount – a – r
```

4）创建 etc/init. d/rcS 文件：这是一个脚本文件，可以在里面添加自动执行的命令。

```
#! /bin/sh
PATH =/sbin:/bin:/usr/sbin:/usr/bin
runlevel = S          //运行的级别
```

```
prevlevel = N
umask 022        //目录的掩码
export PATH runlevel prevlevel
echo" - - - - - - - - - munt all - - - - - - - - "
mount - a        //加载/etc/fstab/文件指定的所有的文件系统
echo /sbin/mdev >/proc/sys/kernel/hotplug
mdev - s
echo " * * * * * * * * * * * * * * * * * * * * * * "
echo " * * * * * * * * * * * * * * * * * * yuyang ARM * * * * * * * * * * * * * * "
echo "Kernel version:Linux - 2.33.3"
echo "Author:yuyang"
echo "Data:2010,05,08"
echo " * * * * * * * * * * * * * * * * * * * * * * "
/bin/hostname - F /etc/sysconfig/HOSTNAME    //主机的名称
```

最后，执行下列命令，使它能够运行：

```
#   sudo chmod + x etc/init.d/rcS
```

5）etc/sysconfig 目录下新建文件 HOSTNAME，内容为 mini2440。

6）创建 etc/fstab 文件：内容如下，表示执行完 mount - a 命令后，将加载 proc、tmpfs 等包含在该文件中的所有的文件系统。

```
#   device mount - point type option dump fsck order
proc /proc proc defaults 0 0
tmpfs /tmp tmpfs defaults 0 0
none /tmp ramfs defaults 0 0
sysfs /sys sysfs defaults 0 0
mdev /dev ramfs defaults 0 0
```

7）创建 etc/profile 文件，内容如下。

```
#Ash profile
#vim:syntax = sh
#No core file by defaults
#ulimit - S - c 0 >/dev/null 2 >&1
USER = "id - un"
LOGNAME = $ USER
PS1 ='[ \u@ \h\W]#
PATH = $ PATH
HOSTNAME ='/bin/hostname'
export USER LOGNAME PS1 PATH
```

9.5.3 制作根文件系统映像文件

如果使用的 NAND Flash 是 128 MB，要使用友善之臂的 mkyaffs2image - 128 这个可执行的文件生成映像文件，使用命令 mkyaffs2image - 128M rootfs rootfs.img 生成根文件系统映像文件。

```
#   mkyaffs2image - 128M rootfs rootfs.img
```

把生成的 rootsfs.img 文件下载到 NAND Flash 中的根文件系统区。然后从 NAND Flash 启动可以看到启动信息。不过现在只是一个最基本的 Linux 系统，里面的还没有驱动程序（网上驱动、LCD 驱动等），所以还有很多的东西要移植，这也是下一步的任务。

第10章 嵌入式应用开发与移植

学习目标：

- 掌握 Qt
- Qtopia 移植
- 搭建 Qt/Embedded 开发环境
- Qt 相关技术

10.1 Qt 介绍

Qt 是一个跨平台应用程序和 UI 开发框架。使用 Qt 只需一次性开发应用程序，无需重新编写源代码，便可跨不同桌面和嵌入式操作系统，部署这些应用程序。

1991 年 Haavard Nord 开始开发 Qt，Qt 第一个版本由 Trolltech（奇趣科技）发布。1998 年 Linux 桌面两大标准之一 KDE 选择了 Qt 作为自己的底层开发库。2008 年 Nokia 斥资 1.5 亿美元收购 TrollTech，2012 Nokia 将 Qt 以 400 万欧元的价格出售给了 Digia。

10.1.1 Qt Creator

Qt Creator 是全新的跨平台 Qt IDE，包括项目生成向导、高级 C++ 代码编辑器、浏览文件及类的工具、集成了 Qt Designer、Qt Assistant、Qt Linguist、图形化的 GDB 调试前端，集成 qmake 构建工具等。Qt Creator 功能和特性如下。

（1）复杂代码编辑器

Qt Creator 的高级代码编辑器支持编辑 C++ 和 QML（JavaScript）、上下文相关帮助、代码完成功能、本机代码转化及其他功能。

（2）版本控制

Qt Creator 汇集了最流行的版本控制系统，包括 Git、Subversion、Perforce、CVS 和 Mercurial。

（3）集成用户界面设计器

Qt Creator 提供了两个集成的可视化编辑器：用于通过 Qt widget 生成用户界面的 Qt Designer，以及 Qt Quick Designer。

（4）项目和编译管理

无论是导入现有项目还是创建一个全新项目，Qt Creator 都能生成所有必要的文件。包括对 cross – qmake 和 Cmake 的支持。

（5）桌面和移动平台

Qt Creator 支持在桌面系统和移动设备中编译和运行 Qt 应用程序。通过编译设置，可以在目标平台之间快速切换。

从 Dash 中找到 Qt Creator，打开后可以看到主界面如图 10-1 所示，它主要包括主窗口区、菜单栏、模式选择器、构建套件选择器、定位器和输出窗格等部分。

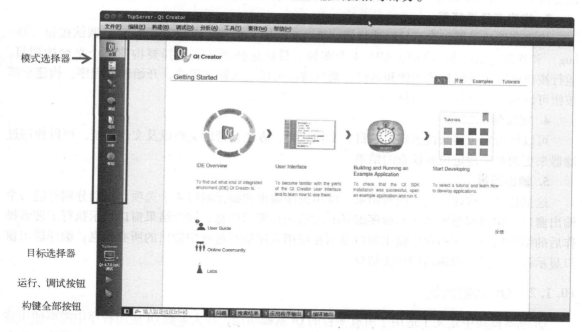

图 10-1 Qt Creator 主界面

1. 菜单栏

共包括 8 个菜单，包含了常用的功能菜单。文件菜单包含了新建、打开、关闭项目和文件、打印文件和退出等基本功能菜单。编辑菜单有撤销、剪切、复制和查找等常用功能菜单。构建菜单包含构建和运行项目等相关的菜单。调试菜单包含调试程序等相关的功能菜单。

工具菜单包含了快速定位菜单、版本控制工具菜单和界面编辑器菜单等。选项菜单中包含了 Qt Creator 各方面的设置选项：环境设置、快捷键设置、编辑器设置、帮助设置、Qt 版本设置、Qt 设计师设置和版本控制设置等。窗体菜单包含了设置窗口布局的一些菜单，如全屏显示和隐藏侧边栏等。帮助菜单包含了 Qt 的帮助、Qt Creator 版本信息和插件管理等菜单。

2. 模式选择器

Qt Creator 包含欢迎、编辑、设计、调试、项目和帮助 6 个模式，各个模式完成不同的功能，这 6 种模式对应于快捷键〈Ctrl + 数字 1 ~ 6〉。

欢迎模式主要提供一些功能的快捷入口，如打开帮助教程、打开示例程序、打开项目、新建项目、快速打开以前的项目等。

编辑模式主要用来查看和编辑程序代码，管理项目文件。Qt Creator 中的编辑器具有关键字特殊颜色显示、代码自动补全、声明定义间快捷切换、函数原型提示、F1 键快速打开相关帮助和全项目中进行查找等功能。也可以在"工具"→"选项"菜单栏中对编辑器进行设置。

设计模式可以设计图形界面，进行部件属性设置、信号和槽设置、布局设置等操作。

调试模式支持设置断点、单步调试和远程调试等功能，包含局部变量和监视器、断点、线程以及快照等查看窗口。Qt Creator 默认使用 Gdb 进行调试。

项目模式包含对特定项目的构建设置、运行设置、编辑器设置和依赖关系等页面。

在帮助模式中将 Qt 助手整合了进来，包含目录、索引、查找和书签等几个导航模式，可以在帮助中查看 Qt 和 Qt Creator 的各方面信息。

3. 构建套件选择器

构建套件选择器包含了目标选择器（Target Selector）、运行按钮（Run）、调试按钮（Debug）和构建全部按钮（Build All）4 个图标。目标选择器用来选择要构建哪个平台的项目。运行按钮可以实现项目的构建和运行。调试按钮可以进入调试模式，开始调试程序。构建全部按钮可以构建所有打开的项目。

4. 定位器

可以使用定位器来快速定位项目、文件、类、方法、帮助文档以及文件系统。可以使用过滤器来更加准确地定位要检查的结果。

5. 输出面板

这里包含了构建问题、搜索结果、应用程序输出和编译输出 4 个选项，它们分别对应一个输出窗口。构建问题窗口显示程序编译时的错误和警示信息；搜索结果窗口显示执行了搜索操作后的结果信息；应用程序输出窗口显示在应用程序运行过程中输出的所有信息；编译输出窗口显示程序编译过程输出的相关信息。

10.1.2 Qt 基础模块

Qt 基本模块中定义了适用于所有平台的 Qt 基础功能，在大多数 Qt 应用程序中需要使用该模块中提供的功能。Qt 基本模块的底层是 Qt Core 模块，其他所有模块都依赖于该模块。整个基本模块的框架如图 10-2 所示。

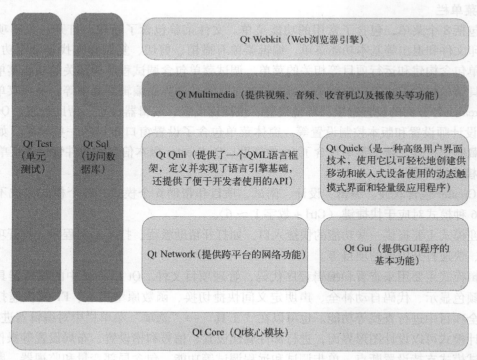

图 10-2　Qt 基本模块框架

最底层的是 Qt Core，提供核心的非 GUI 功能，所有模块都需要这个模块。它提供了元对象系统、对象树、信号槽、线程、输入输出、资源系统、容器、动画框架、JSON 支持、状态机框架、插件系统、事件系统等所有基础功能。

在其之上直接依赖于 Qt Core 的是 Qt Test、Qt Sql、Qt Network 和 Qt Gui 四个模块，其中测试模块 Qt Test 和数据库模块 Qt Sql 是相对独立的，而更加重要的是网络模块 Qt Network 和图形模块 Qt Gui，在它们两个之上便是 Qt 5 的重要更新部分 Qt Qml 和 Qt Quick。

Qt Test 提供 Qt 程序的单元测试功能。Qt Sql 提供了通用的数据库访问接口。Qt Network 提供跨平台的网络功能。Qt Gui 提供 GUI 程序的基本功能，包括与窗口系统的集成、事件处理、OpenGL 和 OpenGL ES 集成、2D 图像、字体、拖放等。这些类一般由 Qt 用户界面类内部使用，当然也可以用于访问底层的 OpenGL ES 图像 API。Qt Gui 模块提供的是所有图形用户界面程序都需要的通用功能。

Qt Quick 是一种高级用户界面技术，使用它可以轻松地创建供移动和嵌入式设备使用的动态触摸式界面和轻量级应用程序。Qt Quick 用户界面创建工具包括一个改进的 Qt Creator IDE、一种新增的简便易学的语言（QML）和一个新加入 Qt 库中名为 QtDeclarative 的模块，这些使得 Qt 更加便于不熟悉 C++ 的开发人员和设计人员使用。

Qt Qml 提供了一个 QML 语言框架，定义并实现了语言引擎基础，还提供了便于开发者使用的 API，实现使用自定义类型来扩展 QML 语言以及将 JavaScript 和 C++ 集成到 QML 代码中。

而最上层的是新添加的 Qt MultiMedia 多媒体模块，和在其之上的 Qt WebKit 模块。

10.1.3 Qt/Embedded

Qt/Embedded 是一个完整的包含 GUI 和基于 Linux 嵌入式平台的开发工具。Qt/Embedded 以 Qt 为基础，并做了许多调整以适用于嵌入式环境。嵌入式 GUI 要求简单、直观、可靠、占用资源小且反应快速，以适应系统硬件资源有限的条件。另外，由于嵌入式系统硬件本身的特殊性，嵌入式 GUI 应具备高度可移植性与可裁减性，以适应不同的硬件条件和使用需求。

Qt/Embedded 的一些优缺点如表 10-1 所示。

表 10-1　Qt/Embedded 的优缺点

Qt/Embedded 分析		
优点	以开发包形式提供	包括图形设计器、Makefile 制作工具、字体国际化工具和 Qt 的 C++ 类库等
	跨平台	支持 Microsoft Windows 95/98/2000、Microsoft Windows NT、MacOS X、Linux、Solaris、HP-UX、Tru64（Digital UNIX）、Irix、FreeBSD、BSD/OS、SCO 和 AIX 等众多平台
	类库支持跨平台	Qt 类库封装了适应不同操作系统的访问细节
	模块化	可以任意裁剪
缺点	结构复杂臃肿，很难进行底层的扩充、定制和移植	例如： • 尽管 Qt/Embedded 声称它最小可以裁剪到几百 KB，但这时的 Qt/Embedded 库已经基本失去了使用价值 • 它提供的控件集沿用了 PC 风格，并不太适合于许多手持设备的操作要求 • Qt/Embedded 的底层图形引擎只能采用 framebuffer，只是针对高端嵌入式图形领域的应用而设计的 • 由于该库的代码追求面面俱到，以增加它对多种硬件设备的支持，造成了其底层代码比较凌乱、各种补丁较多的问题

10.2　任务：Qtopia 移植

Qtopia 是为采用嵌入式 Linux 操作系统的消费电子设备而开发的综合应用平台，Qtopia 包含完整的应用层、灵活的用户界面、窗口操作系统、应用程序启动程序以及开发框架。Qtopia实质上是一组关于 PDA 和智能电话的应用程序组合，如果需要开发这类产品可以在这组程序的基础上迅速构建出 PDA 或者智能电话的应用程序。

Qtopia 后来被重新命名为 Qt Extended。2009 年 Nokia 决定停止 Qt Extended 的后续开发，转而全心投入 Qt 的产品开发，并逐步会将一部分 QtExtended 的功能移植到 Qt 开发框架中。Qtopia 是 sourceforge. net 上的一个开源项目，功能简单，易于移植，适合用于学习。下面是移植 Qtopia 所需的源文件。

> 交叉编译工具：arm – linux – gcc – 4. 3. 2
> Qtopia 源代码：qt – everywhere – opensource – src – 4. 7. 0
> tslib 源代码：tslib – 1. 4. tar. gz

任务描述与要求：

1) 交叉编译 Qt 4. 7。

2) 在 mini2440 上部置 Qt 4. 7。

3) 运行 Qt 4. 7 的示例程序。

10. 2. 1 交叉编译 Qt 4. 7

执行以下命令，编译 Qt 4. 7. 0 前的配置如下。

> # /opt/mini2440/qt – everywhere – opensource – src – 4. 7. 0
> # echo yes │ ./configure – prefix /opt/Qt4. 7 – opensource – embedded arm – xplatform
> qws/Linux – arm – g ++ – no – webkit – qt – libtiff – qt – libmng – qt – mouse – tslib
> – qt – mouse – pc – no – mouse – Linuxtp – no – neon

主要参数含义说明如下。

– embedded arm：表示将编译针对 arm 平台的 embedded 版本。

– xplatform qws/Linux – arm – g ++：表示使用 arm – Linux 交叉编译器进行编译。

– qt – mouse – tslib：表示将使用 tslib 来驱动触摸屏。

– prefix /opt/Qt 4. 7：表示 Qt 4. 7 最终的安装路径是 /opt/Qt 4. 7 ，注意，部置到 mini2440 开发板时，也需要把 Qt 4. 7 放在这个路径上。

执行以下命令，编译并安装 Qt 4. 7。

> # make && make install

上面命令中出现的 && 符号表示只有左边的 make 命令执行成功时（返回 0），才会执行右边的 make install 命令。

编译完成后，Qt 4. 7 被安装在 /opt/Qt 4. 7 目录下。

10. 2. 2 在 mini2440 上部置 Qt 4. 7

在 PC 上执行以下命令将 Qt 4. 7 打包。

> # cd /opt
> # tar cvzf qt4. 7. tgz Qt4. 7

打包完成后，将 qt4. 7. tgz 复制到 SD 卡，然后将 SD 卡插入 mini6410 开发板，执行以下命令将 qt4. 7. tgz 解压到开发板上的/opt 目录下。

```
@ # rm /usr/local/Trolltech/QtEmbedded – 4.7.0 – arm/ – rf
@ # cd /opt
@ # tar xvzf /sdcard/qt4.7.tgz
```

在上述命令中，为了保证有足够的空间存放自已编译的 Qt 4.7，先将友善之臂提供的 Qt 4.7 删除。

注意，一定要保持 Qt 4.7 的目录为/opt/Qt4.7，因为在配置 Qt 4.7 时，指定了 – prefix 参数为 /opt/Qt 4.7。

至此，Qt 4.7 在 mini6410 上部署完成了，接下来将运行一个示例程序来测试 Qt 4.7 是否能正常工作。

10.2.3 在 mini2440 上运行 Qt 4.7 的示例程序

在运行任何 Qt 4.7 程序之前，需要先退出 Qtopia 2.2.0 或者 Qt – Extended 4.4.3 等一切 Qt 程序，退出 Qtopia 2.2.0 的方法是：在 Qtopia 2.2.0 中单击"设置"中的"关机"按钮，可出现如图 10-3 所示的界面，单击 Terminate Server 按钮，即可关闭 Qtopia – 2.2.0 系统。

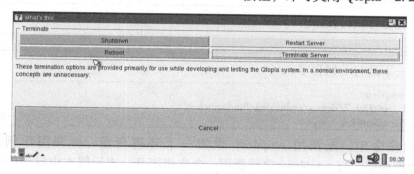

图 10-3　Qtopia – 2.2.0 系统

也可以使用其他方法，例如在启动脚本/etc/init.d/rcS 中注释掉 qtopia 启动项，再重启系统；或者使用 killall 命令杀死相关的进程（比较多）；甚至是直接删除/opt 目录中的所有内容并重启。

下面介绍如何运行 Qt 4.7 的示例程序。

在部署到 mini2440 开发板上的 Qt 4.7 的/opt/Qt4.7/examples/目录中就带有很多示例程序，并且已经编译为可执行文件。下面试着直接运行一个程序。

```
@ # /opt/Qt4.7/demos/embedded/fluidlauncher/fluidlauncher
```

程序无法运行，提示有错误；原因是 Qt 4.7 的环境没有设置好，为了更方便地运行 Qt 4 程序，先编写一个脚本 setqt4env，这个脚本用于设置 Qt 4.7 所需要的环境变量。

输入以下命令创建并编写脚本/bin/setqt4env。

```
@ # vi /bin/setqt4env
```

在 vi 编辑器中输入以下内容。

```
#! /bin/sh
if[ – e /etc/friendlyarm – ts – input.conf ];then
    . /etc/friendlyarm – ts – input.conf
fi
true    $ {TSLIB_TSDEVICE: =/dev/touchscreen}
```

```
        TSLIB_CONFFILE = /etc/ts. conf
        export TSLIB_TSDEVICE
        export TSLIB_CONFFILE
        export TSLIB_PLUGINDIR = /usr/lib/ts
        export TSLIB_CALIBFILE = /etc/pointercal
        export QWS_DISPLAY = :1
        export LD_LIBRARY_PATH = /usr/local/lib: $ LD_LIBRARY_PATH
        export PATH = /bin:/sbin:/usr/bin/:/usr/sbin:/usr/local/bin
        if[ - c /dev/touchscreen ] ;then
                export QWS_MOUSE_PROTO = "Tslib MouseMan:/dev/input/mice"
                if[ ! - s /etc/pointercal ] ;then
                        rm /etc/pointercal
                        /usr/bin/ts_calibrate
                fi
        else
                export QWS_MOUSE_PROTO = " MouseMan:/dev/input/mice"
        fi
        export QWS_KEYBOARD = TTY:/dev/tty1
        export HOME = /root
```

将脚本设置为可执行权限。

```
    #   chmod + x /bin/setqt4env
```

现在再试一下运行示例程序。

```
    #   . setqt4env
    #   cd /opt/Qt4. 7/demos/embedded/fluidlauncher/
    #   ./fluidlauncher - qws
```

在上面的命令中，先调用 setqt4env 设置一下环境变量，再调用示例程序，注意，setqt4env 命令前面的. 与 setqt4env 之间要用一个空格隔开，表示脚本中导出的环境变量将应用到当前 Shell 会话中。示例程序的运行结果如图 10-4 所示。

图 10-4   fluidlauncher 实例程序

10.3   任务：搭建 Qt/Embedded 开发环境

一般来说，用 Qt/Embedded 开发的应用程序最终会发布到安装有嵌入式 Linux 操作系统的小型设备上，所以使用装有 Linux 操作系统的 PC 来完成 Qt/Embedded 开发当然是最理想的环境。这里就以在 Linux 操作系统中安装为例进行介绍。

qmake 是一个协助简化跨平台开发的构建过程的程序，是 Qt 附带的工具之一 。qmake 能够自动生成 Makefile、Microsoft Visual Studio 项目文件 和 xcode 项目文件。无论源代码是不是用 Qt 编写的，都能使用 qmake，因此 qmake 能用于很多软件的构建过程。

手写 Makefile 比较困难而且容易出错，尤其在进行跨平台开发时必须针对不同平台分别编写 Makefile，会增加跨平台开发的复杂性与困难度。qmake 会根据项目文件（. pro）里面的信息自动生成适合平台的 Makefile。开发者能够自行编写项目文件或是由 qmake 本身产生。qmake 包含额外的功能来方便 Qt 开发，如自动包含 moc 和 uic 的编译规则。

任务描述与要求：

1）使用 qmake 工具。
2）配置 Qt Creator。

10.3.1　qmake

当 Qt 被编译时，默认情况下 qmake 也会被编译。qmake 位于 qt – everywhere – opensource – src – 4. 7. 0 编译配置的安装目录/opt/Qt4. 7/bin 中。可以使用 export 将该路径加入环境变量中 export PATH = /opt/Qt4. 7/bin：$PATH。

```
#  ls/opt/Qt4. 7/bin
lrelease  moc  qmake  rcc  uic
#  qmake – v
QMake version 2. 01a
Using Qt version 4. 7. 3 in /opt/Qt4. 7/lib
```

1. 创建一个项目文件

qmake 使用储存在项目（. pro）文件中的信息来决定 Makefile 文件中该生成什么。

一个基本的项目文件包含关于应用程序的信息，比如，编译应用程序需要哪些文件，并且使用哪些配置设置。下面是一个简单的示例项目文件。

```
SOURCES = hello. cpp
HEADERS = hello. h
CONFIG += qt warn_on release
SOURCES = hello. cpp
```

这一行指定了实现应用程序的源程序文件。在这个例子中，恰好只有一个文件：hello. cpp。大部分应用程序需要多个文件，这种情况下可以把文件列在一行中，用空格分隔，格式如下。

```
SOURCES = hello. cpp main. cpp
```

另一种方式是，每一个文件可以被列在一个分开的行里面，通过反斜线另起一行，格式如下。

```
SOURCES = hello. cpp \
main. cpp
```

一个更冗长的方法是单独地列出每一个文件，格式如下。

```
SOURCES += hello. cpp
SOURCES += main. cpp
```

这种方法中使用 += 比 = 更安全，因为它只是向已有的列表中添加新的文件，而不是替换整个列表。

HEADERS 这一行中通常用来指定为这个应用程序创建的头文件，举例如下。

> HEADERS + = hello. h

列出源文件的任何一个方法对头文件也都适用。

CONFIG 这一行是用来告诉 qmake 关于应用程序的配置信息。

> CONFIG + = qt warn_on release

在这里使用 + = ，是因为添加配置选项到任何一个已经存在的程序中。这样做比使用 = 那样替换已经指定的所有选项更安全。

CONFIG 一行中的 qt 部分告诉 qmake 这个应用程序是使用 Qt 来编译的。也就是说 qmake 在链接和为编译添加所需的包含路径时会考虑到 Qt 库。

CONFIG 一行中的 warn_on 部分告诉 qmake 要把编译器设置为输出警告信息。

CONFIG 一行中的 release 部分告诉 qmake 应用程序必须被编译为一个发布的应用程序。在开发过程中，程序员也可以使用 debug 来替换 release。

项目文件就是纯文本，可以使用 vim 和 gedit 这些编辑器编辑，并且必须以 . pro 为扩展名。应用程序的执行文件的名称必须和项目文件的名称一样，但是扩展名是随平台而改变的。举例来说，一个名为 hello. pro 的项目文件将会在 Windows 下生成 hello. exe，而在 Linux 下生成 hello。

2. 生成 Makefile

当已经创建好项目文件，Makefile 可以由 ". pro" 文件生成，在所生成的项目文件所在的目录输入：

> qmake – o Makefile hello. pro

对于 Visual Studio 的用户，qmake 也可以生成 . dsp 文件，举例如下。

> qmake – t vcapp – o hello. dsp hello. pro

10. 3. 2　Qt Creator 的配置

在前面编译了 ARM 平台的 Qt 库，Qt Creator 必须与 Qt 库进行关联后才能够进行应用程序的编译与调试。现在将 Qt Creator 与 Qt 库进行关联，在主界面的菜单栏中选择 "工具 选项" 命令，在左侧单击 "构建和运行" 界面如图 10-5 所示。

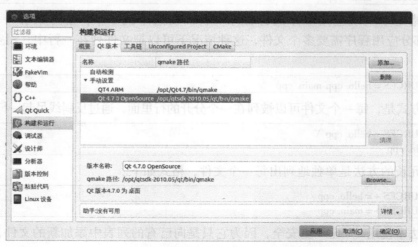

图 10-5　配置界面

Qt Creator 没有自动识别安装的 Qt，这是因为 Qt Creator 在缺乏系统环境变量的情况下，不知道程序安装到了什么地方，所以这里需要手动设置。单击"添加"按钮，分别添加编译的两个版本的 Qt 安装文件中的 qmake 文件即可。Linux 桌面版本选择 qtsdk 目录中的 qmake，ARM 版本是选择 Qt 4.7 目录中的 qmake，具体路径如图 10-6 所示。现在已经为 Qt Creator 设置了 Qt 的安装目录，接下来还需要指定编译器，选择"工具链"选项卡，如图 10-6 所示。

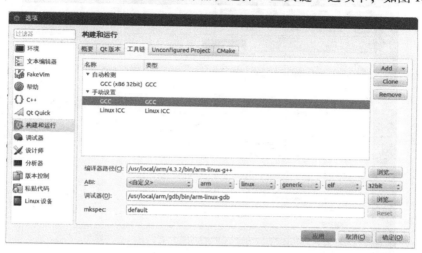

图 10-6　工具链配置界面

　　Qt Creator 已经检测到 x86 的 GCC，若需要 ARM 平台开发则需要指定用于 ARM 平台的交叉工具链，交叉工具链安装路径为 /usr/local/arm/4.3.2/bin/，需要指定 g++ 文件，如图 10-7 所示。配置完成后单击"应用"按钮。

　　Qt 和编译器指定完成后就需要进行下一步配置，对这些工具进行组合，在左侧单击"项目"选项卡，如图 10-7 所示。

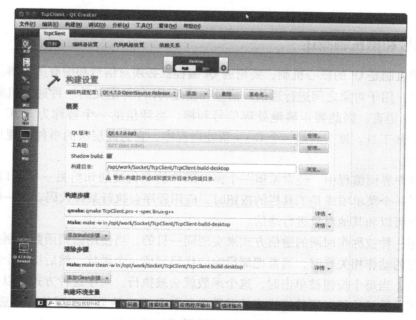

图 10-7　桌面构建设置

这里所做的设置也很简单，相当于设定几种方案，指定设备类型、所用的编译器版本以及 Qt 版本，这里配置桌面和 ARM 两项，分别对应于 PC 和 ARM 两个平台。

单击"+"按钮，构建 ARM 平台的编译选项，选择 ARM 平台的 Qt 版本与工具链，如图 10-8 所示。

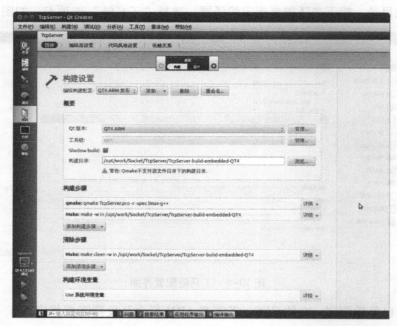

图 10-8　ARM 平台构建设置

10.4　Qt 信号和槽机制

10.4.1　信号和槽机制概述

信号和槽机制是 Qt 的核心机制，要精通 Qt 编程就必须对信号和槽有所了解。信号和槽是一种高级接口，用于对象之间进行通信。信号和槽是 Qt 自行定义的一种通信机制，它独立于标准的 C/C++语言，因此要正确地处理信号和槽，必须借助一个被称为 MOC（Meta Object Compiler）的 Qt 工具。该工具是一个 C++预处理程序，它为高层次的事件处理自动生成所需要的附加代码。

在图形用户界面编程中，经常希望一个窗口部件的变化被通知给另一个窗口部件。例如，当用户单击了一个菜单项或是工具栏的按钮时，应用程序会执行某些代码。更一般地，希望任何一类的对象可以和其他对象进行通信。

以前使用一种被称作回调的通信方式来实现同一目的。当使用回调函数机制把某段响应代码和一个按钮的动作相关联时，通常把那段响应代码写成一个函数，然后把这个函数的地址指针传递给按钮，当那个按钮被单击时，这个函数就会被执行。对于这种方式，以前的开发包不能够确保回调函数被执行时所传递进来的函数参数就是正确的类型，因此容易造成进程崩溃。另外一个问题是，回调这种方式紧紧地绑定了图形用户接口的功能元素，因而很难进行独立的

276

开发。

信号与槽机制是不同的。它是一种强有力的对象间通信机制，完全可以取代原始的回调和消息映射机制。在 Qt 中，信号和槽取代了上述这些凌乱的函数指针，使得用户编写这些通信程序更为简洁明了。

所有从 QObject 或其子类（如 Qwidget）派生的类都能够包含信号和槽。当对象改变状态时，信号就由该对象发射（Emit）出去了，这就是对象所要做的全部工作，它不知道另一端是谁在接收这个信号。这就是真正的信息封装，它确保对象被当作一个真正的软件组件来使用。槽用于接收信号，但它们是普通的对象成员函数。一个槽并不知道是否有任何信号与自己相连接。而且，对象并不了解具体的通信机制。

用户可以将很多信号与单个槽进行连接，也可以将单个信号与很多槽进行连接，甚至将一个信号与另外一个信号连接，这时无论第一个信号什么时候发射，系统都将立刻发射第二个信号。总之，信号与槽构造了一个强大的部件编程机制。图 10-9 所示为对象间信号与槽的关系。

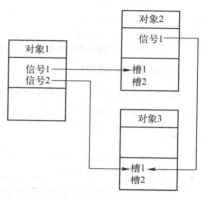

图 10-9　对象间信号与槽的关系

10.4.2　信号与槽实现实例

1. 信号

当某个信号对其客户或所有者的内部状态发生改变时，信号就被一个对象发射。只有定义了这个信号的类及其派生类才能够发射这个信号。当一个信号被发射时，与其相关联的槽将被立刻执行，就像一个正常的函数调用一样。信号 – 槽机制完全独立于任何 GUI 事件循环。只有当所有的槽返回以后发射函数（Emit）才返回。如果存在多个槽与某个信号相关联，那么当这个信号被发射时，这些槽将会一个接一个地执行，但是它们执行的顺序将会是随机的、不确定的，用户不能人为地指定哪个先执行，哪个后执行。

Qt 的 signals 关键字指出进入了信号声明区，随后即可声明自己的信号。例如，下面定义了 3 个信号：

```
signals：
void mySignal()；
void mySignal(int x)；
void mySignalParam(int x,int y)；
```

在上面的定义中，signals 是 Qt 的关键字，而非 C/C++ 的。接下来的一行 void mySignal() 定义了信号 mySignal，这个信号没有携带参数；接下来的一行 void mySignal(int x) 定义了重名信号 mySignal，但是它携带一个整形参数，这有点类似于 C++ 中的虚函数。从形式上讲，信号的声明与普通的 C++ 函数是一样的，但是信号却没有函数体定义。另外，信号的返回类型都是 void。信号由 MOC 自动产生，它们不应该在 .cpp 文件中实现。

2. 槽

槽是普通的 C++ 成员函数，可以被正常调用，它们唯一的特殊性就是很多信号可以与其相关联。当与其关联的信号被发射时，这个槽就会被调用。槽可以有参数，但槽的参数不能有默认值。

槽与其他函数一样也有存取权限。槽的存取权限决定了谁能够与其相关联。同普通的 C++
成员函数一样，槽函数也分为 3 种类型，即 public slots、private slots 和 protected slots。

public slots 区域内声明的槽意味着任何对象都可以将信号与之相连接。这对于组件编程非
常有用，用户可以创建彼此互不了解的对象，将它们的信号与槽进行连接以便信息能够正确地
传递。protected slots 区域内声明的槽意味着当前类及其子类可以将信号与之相连接。private
slots 区域内声明的槽意味着只有类自己可以将信号与之相连接。

槽也能够被声明为虚函数，这也是非常有用的。槽的声明是在头文件中进行的。例如，下
面声明了 3 个槽。

```
public slots：
void mySlot()；
void mySlot(int x)；
void mySignalParam(int x,int y)；
```

3. 信号与槽关联

通过调用 QObject 对象的 connect() 函数可以将某个对象的信号与另外一个对象的槽函数
或信号相关联，当发射者发射信号时，接收者的槽函数或信号将被调用。

该函数的定义如下。

```
bool QObject::connect(const QObject * sender,const char * signal,const QObject * receiver,const char
* member)[static]
```

这个函数的作用就是将发射者 sender 中的信号 signal 与接收者 receiver 中的 member 槽函数联
系起来。当指定信号 signal 时必须使用 Qt 的宏 SIGNAL()，当指定槽函数时必须使用宏 SLOT()。
如果发射者与接收者属于同一个对象，那么在 connect() 调用中接收者参数可以省略。

（1）信号与槽相关联

下面的实例定义了两个对象：标签对象 label 和滚动条对象 scroll，并将 valueChanged() 信
号与标签对象的 setNum() 槽函数相关联，另外信号还携带了一个整型参数，这样标签总是显
示滚动条所处位置的值。

```
QLabel * label = new QLabel；
QScrollBar * scroll = new QScrollBar；
QObject::connect(scroll,SIGNAL(valueChanged(int)),label,SLOT(setNum(int)))；
```

（2）信号与信号相关联

在下面的构造函数中，MyWidget 创建了一个私有的按钮 aButton，按钮的单击事件产生的
信号 clicked() 与另外一个信号 aSignal() 进行关联。这样，当信号 clicked() 被发射时，信号
aSignal() 也接着被发射。如下所示。

```
class MyWidget : public QWidget
{
public：
MyWidget()；
…
signals：
void aSignal()；
…
private：
QPushButton * aButton；
```

```
    };
    MyWidget::MyWidget()
    {
        aButton = new QPushButton(this);
        connect(aButton,SIGNAL(clicked()),SIGNAL(aSignal()));
```

4. 解除信号与槽关联

当信号与槽没有必要继续保持关联时，用户可以使用 disconnect() 函数来断开连接。其定义如下。

```
bool QObject::disconnect(const QObject * sender,const char * signal,const Object * receiver,const char
* member) [static]
```

这个函数用于断开发射者中的信号与接收者中的槽函数之间的关联。

有 3 种情况必须使用 disconnect() 函数。

（1）断开与某个对象相关联的任何对象

当用户在某个对象中定义了一个或者多个信号，这些信号与另外若干个对象中的槽相关联，如果想要切断这些关联的话，就可以利用这个方法，非常简洁。如下所示。

```
disconnect(myObject,0,0,0)
或者
myObject -> disconnect()
```

（2）断开与某个特定信号的任何关联

这种情况很常见，其典型用法如下。

```
disconnect(myObject,SIGNAL(mySignal()),0,0)
或者
myObject -> disconnect(SIGNAL(mySignal()))
```

（3）断开两个对象之间的关联

这也是常见的情况，如下所示。

```
disconnect(myObject,0,myReceiver,0)
或者
myObject -> disconnect(myReceiver)
```

10.5 综合实践：实现简单计算器

项目分析：

计算器程序主要分为以下两部分工作：一是实现计算器的图形界面；二是实现按键事件和该事件对应的功能绑定，即信号和对应处理槽函数的绑定。

1. 计算器图形界面的实现

通过分析计算器的功能可知，需要 27 个按键和一个显示框，同时考虑到整体的排布，还需要水平布局器和垂直布局器。通过组织这些类可以实现一个带有数字 0 ～ 9，能进行简单四则运算且具有清屏功能的计算器。

2. 信号和对应槽函数的绑定

分析计算器的按键，可以把按键事件分为以下 3 类，一是简单的数字按键，主要进行数字的录入，这类按键包括按键 0 ～ 9；二是运算操作键，用于输入数学运算符号，进行数学运算和结果的显示，这类按键包括 +、−、*、/ 和 =；三是清屏操作键，用于显示框显示信息的清除。计算器界面如图 10-10 所示。

计算器项目将向大家展示如何使用信号和槽实现一个计算器的功能，以及如何使用栅格布局 QGridLayout。项目创建了 Calculator 和 Button 两个类，Button 继承于 QToolButton 类，用于实现计算器的按钮，Calculator 用于实现计算器的所有功能。

图 10-10　计算器界面

项目实施步骤：

1）实现 Button 类。
2）Calculator 类的构造函数。
3）基本功能模块。

10.5.1　Button 类

为了让计算器上的按钮更加美观，重新定义了 Button 类，Button 类继承自 QtoolButton 类。类的主要功能是定义按钮的类型、大小策略以及按钮的文本显示方式。定义如下。

```
class Button : public QToolButton
{
    Q_OBJECT

public:
    Button(const QString &text, QWidget * parent = 0);
    QSize sizeHint() const;
};
```

Button 类提供了一个方便的构造函数，输入参数是 QString &text 和父窗体，它重新实现了 QWidget::sizeHint()。

sizeHint() 属性所保存的 QSize 类型的值是一个被推荐给窗口或其他组件（下面统称为 widget）的尺寸，也就是说一个 widget 该有多大，它的一个参考来源就是这个 sizeHint 属性的值，而这个值由 sizeHint() 函数来确定。但是 widget 的大小的确定还有其他因素。那么这个尺寸的取值是怎样的呢？当它是一个无效值时（sizeHint().isValid() 返回 false，QSize 中 width 或者 height 有一个为负数就会无效），什么作用也没有；当它是一个有效值时，它就成了 widget 大小的一个参考。Qt 中对 sizeHint() 的默认实现是这样的：当 widget 没有布局（layout）时，返回无效值；否则返回其 layout 的首选尺寸（preferred size）。

Button 类的实现也很简单，代码如下。

```
Button::Button(const QString &text, QWidget * parent)
    : QToolButton(parent)
{
    setSizePolicy(QSizePolicy::Expanding, QSizePolicy::Preferred);
    setText(text);
}
```

构造函数中的 setSizePolicy 使得按钮可以水平扩展的方式填补界面的空缺。setSizePolicy 属性保存了该 widget 的默认布局属性，如果它有一个 layout 来布局其子 widgets，那么这个 layout 的 size policy 将被使用；如果该 widget 没有 layout 来布局其子 widgets，那么它的 size policy 将被使用。默认的 Policy 是 Preferred/Preferred。QSizePolicy：：Policy 枚举值见表 10-2。

表 10-2　QSizePolicy：：Policy 枚举值

参　　数	说　　明
QSizePolicy：：Fixed	widget 的实际尺寸只参考 sizeHint() 的返回值，不能伸展（grow）和收缩（shrink）
QSizePolicy：：Minimum	可以伸展和收缩，不过 sizeHint() 的返回值规定了 widget 能缩小到的最小尺寸
QSizePolicy：：Maximum	可以伸展和收缩，不过 sizeHint() 的返回值规定了 widget 能伸展到的最大尺寸
QSizePolicy：：Preferred	可以伸展和收缩，但没有优势去获取更大的额外空间使自己的尺寸比 sizeHint() 的返回值更大
QSizePolicy：：Expanding	可以伸展和收缩，它会尽可能多地去获取额外的空间，也就是比 Preferred 更具优势
QSizePolicy：：Minimum Expanding	可以伸展和收缩，不过 sizeHint() 的返回值规定了 widget 能缩小到的最小尺寸，同时它比 Preferred 更具优势去获取额外空间
QSizePolicy：：Ignored	忽略 sizeHint() 的作用

在构造函数中调用 setSizePolicy 函数，设置 Preferred 和 Expanding 属性以确保按钮将横向扩展，以填充所有可用空间。默认情况下，QToolButtons 不扩展以填充可用空间。如果没有这个调用，在同一列中的不同按钮会有不同的宽度。

在 sizeHint() 方法中把 height 设置为在默认 QToolButton 大小的基础上增加 20，设置 width 至少与 height 一样大。这样可以保证按钮按照 QGridLayout 布局整齐地分布在 Dialog 中。代码如下：

```
QSize Button::sizeHint() const
{
    QSize size = QToolButton::sizeHint();
    size. rheight() += 20;
    size. rwidth() = qMax( size. width(), size. height());
    return size;
}
```

10.5.2　Calculator 类的构造函数

Calculator 类的构造函数主要实现初始化工作及界面按钮的布局和信号/槽的处理。下面分析一下 Calculator 类的构造函数，代码如下。

```
Calculator Class Implementation
Calculator::Calculator( QWidget * parent)
    : QDialog( parent)
{
    sumInMemory = 0. 0;
    sumSoFar = 0. 0;
    factorSoFar = 0. 0;
    waitingForOperand = true;
```

在构造函数中前面几行是初始化计算器的状态。pendingAdditiveOperator 变量和 pendingMulti-plicativeOperator 变量不需要明确的显示初始化，因为 QString 构造函数已把它们初始化到空字符串中。

```
                    display = new QLineEdit("0");
                    display -> setReadOnly(true);
                    display -> setAlignment(Qt::AlignRight);
                    display -> setMaxLength(15);
                    QFont font = display -> font();
                    font.setPointSize(font.pointSize() + 8);
                    display -> setFont(font);
```

创建 QLineEdit 对象用于计算器的显示，并设置它的一些属性，将它设置为只读，显示的字体为 8 号。

```
            for(int i = 0; i < NumDigitButtons; ++i) {
                    digitButtons[i] = createButton(QString::number(i), SLOT(digitClicked()));
            }

            Button * pointButton = createButton(tr("."), SLOT(pointClicked()));
            Button * changeSignButton = createButton(tr("\261"), SLOT(changeSignClicked()));

            Button * backspaceButton = createButton(tr("Backspace"), SLOT(backspaceClicked()));
            Button * clearButton = createButton(tr("Clear"), SLOT(clear()));
            Button * clearAllButton = createButton(tr("Clear All"), SLOT(clearAll()));

            Button * clearMemoryButton = createButton(tr("MC"), SLOT(clearMemory()));
            Button * readMemoryButton = createButton(tr("MR"), SLOT(readMemory()));
            Button * setMemoryButton = createButton(tr("MS"), SLOT(setMemory()));
            Button * addToMemoryButton = createButton(tr("M +"), SLOT(addToMemory()));

            Button * divisionButton = createButton(tr("\367"), SLOT(multiplicativeOperatorClicked()));
            Button * timesButton = createButton(tr("\327"), SLOT(multiplicativeOperatorClicked()));
            Button * minusButton = createButton(tr(" - "), SLOT(additiveOperatorClicked()));
            Button * plusButton = createButton(tr(" + "), SLOT(additiveOperatorClicked()));

            Button * squareRootButton = createButton(tr("Sqrt"), SLOT(unaryOperatorClicked()));
            Button * powerButton = createButton(tr("x\262"), SLOT(unaryOperatorClicked()));
            Button * reciprocalButton = createButton(tr("1/x"), SLOT(unaryOperatorClicked()));
            Button * equalButton = createButton(tr(" = "), SLOT(equalClicked()));
```

通过调用 createButton() 函数创建计算器的按钮，设置按钮的显示字符串，并且连接对应的槽。首先为数字按钮设置相同的槽（digitClicked()）。一元运算符（sqrt，X^2，$1/x$），加法运算符（+，-）和乘法运算符（×，÷）依次通过 createButton 函数设置显示字符串和各自相应的槽。

```
            QGridLayout * mainLayout = new QGridLayout;
            mainLayout -> setSizeConstraint(QLayout::SetFixedSize);

            mainLayout -> addWidget(display, 0, 0, 1, 6);
            mainLayout -> addWidget(backspaceButton, 1, 0, 1, 2);
            mainLayout -> addWidget(clearButton, 1, 2, 1, 2);
            mainLayout -> addWidget(clearAllButton, 1, 4, 1, 2);

            mainLayout -> addWidget(clearMemoryButton, 2, 0);
            mainLayout -> addWidget(readMemoryButton, 3, 0);
            mainLayout -> addWidget(setMemoryButton, 4, 0);
            mainLayout -> addWidget(addToMemoryButton, 5, 0);

            for(int i = 1; i < NumDigitButtons; ++i) {
```

```
            int row = ((9 - i)/3) + 2;
            int column = ((i - 1)%3) + 1;
            mainLayout -> addWidget(digitButtons[i], row, column);
        }

        mainLayout -> addWidget(digitButtons[0], 5, 1);
        mainLayout -> addWidget(pointButton, 5, 2);
        mainLayout -> addWidget(changeSignButton, 5, 3);

        mainLayout -> addWidget(divisionButton, 2, 4);
        mainLayout -> addWidget(timesButton, 3, 4);
        mainLayout -> addWidget(minusButton, 4, 4);
        mainLayout -> addWidget(plusButton, 5, 4);

        mainLayout -> addWidget(squareRootButton, 2, 5);
        mainLayout -> addWidget(powerButton, 3, 5);
        mainLayout -> addWidget(reciprocalButton, 4, 5);
        mainLayout -> addWidget(equalButton, 5, 5);
        setLayout(mainLayout);

        setWindowTitle(tr("Calculator"));
    }
```

布局是由一个单一的 QGridLayout 处理的。QLayout::setSizeConstraint() 确保计算器 Widget 总是表现出最优大小。

大多数的子部件占用的网格布局中只有一个单元格，只需要通过一行和一列 QGridLayout::addWidget()。但是 backspaceButton、clearButton 和 clearAllButton 占据多列，必须设置 rowSpan 与 columnSpan 参数，rowSpan 是该窗口部件要占用的行数，而 columnSpan 是该窗口部件要占用的列数。

栅格布局将位于其中的窗口部件放入一个网状的栅格之中。QGridLayout 需要将提供给它的空间划分成行和列，并把每个窗口控件插入并管理到正确的单元格。

栅格布局是这样工作的：它计算了位于其中的空间，然后将它们合理地划分成若干个行（row）和列（column），并把每个由它管理的窗口部件放置在合适的单元之中，这里所指的单元（cell）是指由行和列交叉所划分出来的空间。在栅格布局中，行和列本质上是相同的。

在栅格布局中，每个列（及行）都有一个最小宽度（minimumwidth）以及一个伸缩因子（stretchfactor）。最小宽度是指位于该列中的窗口部件的最小的宽度，而伸缩因子决定了该列内的窗口部件能够获得多少空间。它们的值可以通过 setColumnMinimumWidth() 和 setColumn-Stretch() 方法来设置。

此外，一般情况下都是把某个窗口部件放进栅格布局的一个单元中，但窗口部件有时也需要占用多个单元。这时就要用到 addWidget() 方法的一个重载版本，它的原型如下。

```
void QGridLayout::addWidget(QWidget * widget, int fromRow, int fromColumn, int rowSpan, int columnS-
pan, Qt::Alignment alignment = 0)
```

这时这个单元将从 fromRow 和 fromColumn 开始，扩展到 rowSpan 和 columnSpan 指定的倍数的行和列。如果 rowSpan 或 columnSpan 的值为 -1，则窗口部件将扩展到布局的底部或者右边边缘处。

在栅格布局中每个列（以及行）都有一个最小宽度（Ninimumwidth）以及一个伸缩因子（Stretchfactor）。最小宽度指的是位于该列中的窗口部件的最小宽度，而伸缩因子决定了该列中的窗口部件能够获得多少空间。它们的值可以通过 setColumnMinimumWidth( ) 和 setColumn-Stretch( ) 方法来设置。

如果 QGridLayout 不是窗体的顶层布局（就是说它不能管理所有的区域和子窗口部件），那么当创建它的同时，就必须为它指定一个父布局，也就是把它加入到父布局中去，并且在此之前，不要对它做任何操作。使用 addLayout( ) 方法可以完成这一动作。

在创建栅格布局完成后，就可以使用 addWidget( )、addItem( ) 及 addLayout( ) 方法向其中加入窗口部件，以及其他的布局。

当界面元素较为复杂时，应该尽量使用栅格布局，而不是使用水平和垂直布局的组合或者嵌套的形式，因为在多数情况下，后者往往会使"局势"更加复杂而难以控制。栅格布局赋予界面设计器更大的自由度来排列组合界面元素，而仅仅带来微小的复杂度开销。

当要设计的界面是一种类似于两列和若干行组成的形式时，使用表单布局要比栅格布局更方便。

10.5.3　Calculator 类的基本功能

1. Calculator 类定义

Calculator 类实现了计算器的所有功能，它继承于 QDialog 类，有多个私有槽与计算器按钮关联。

```cpp
class Calculator : public QDialog
{
    Q_OBJECT

public:
    Calculator( QWidget * parent = 0 );

private slots:
    void digitClicked( );
    void unaryOperatorClicked( );
    void additiveOperatorClicked( );
    void multiplicativeOperatorClicked( );
    void equalClicked( );
    void pointClicked( );
    void changeSignClicked( );
    void backspaceClicked( );
    void clear( );
    void clearAll( );
    void clearMemory( );
    void readMemory( );
    void setMemory( );
    void addToMemory( );
private:
    Button * createButton( const QString &text, const char * member );
    void abortOperation( );
    bool calculate( double rightOperand, const QString &pendingOperator );
    double sumInMemory;
    double sumSoFar;
    double factorSoFar;
    QString pendingAdditiveOperator;
    QString pendingMultiplicativeOperator;
```

```
                bool waitingForOperand;
                QLineEdit * display;

                enum{ NumDigitButtons = 10};
                Button * digitButtons[ NumDigitButtons];
        };
```

QObject∷eventFilter( )用于重新实现计算器显示的处理鼠标事件。

createButton( )函数用于创建计算器按钮。abortOperation( )应用于每当被零除发生或当一个平方根运算应用于负数时。calculate( )应用二元运算符（ + 、 – 、 ×或÷）。

sumInMemory 包含存储在计算机的内存中的值（使用 MS、M + 或 MC）。

sumSoFar 存储值累计到目前为止的数值。当用户单击 = 按钮，sumSoFar 重新计算并显示在显示屏上，sumSoFar 重置为零。

factorSoFar 用于做乘法和除法时存储临时值。

pendingAdditiveOperator 存储用户单击的最后一个附加操作。

2. digitClicked( )

当按下一个计算器的按钮数字后，将发射按钮的 clicked( )信号，这将触发 digitClicked( )槽。

```
    void Calculator∷digitClicked( )
    {
        Button * clickedButton = qobject_cast < Button * > ( sender( ));
        int digitValue = clickedButton – > text( ). toInt( );
        if( display – > text( ) == "0" && digitValue == 0. 0)
            return;

        if( waitingForOperand) {
            display – > clear( );
            waitingForOperand = false;
        }
        display – > setText( display – > text( ) + QString∷number( digitValue));
    }
```

首先找出是哪个按钮使用 QObject∷sender( )发送的信号。这个函数功能返回发送者的 QObject 指针。因为已知发送者是 Button 对象，可以放心地用 Qobject 来操作，进行数据类型转换。但数据类型转换使用 qobject_cast( )被认为是最安全的，它的优点是如果对象有错误类型，则将返回空指针。

需要特别考虑两种特殊情况，如果显示内容包含 0 或用户单击 0 按钮，将会显示 00；如果计算器是在等待一个新的操作数，新的数字会成为新的操作数的第一位，在这种情况下，先前的任何计算结果必须首先清除。最后，将新的数字加在显示的有效值上。

3. unaryOperatorClicked( )

只要其中的一元运算符按钮被单击，unaryOperatorclicked( )槽就会响应进行相应的操作。同样通过 QObject∷sender( )来获取按钮的指针。这个操作从按钮的文本中提取并存储在 clickedOperator 中。

```
    void Calculator∷unaryOperatorClicked( )
    {
        Button * clickedButton = qobject_cast < Button * > ( sender( ));
        QString clickedOperator = clickedButton – > text( );
```

```
            double operand = display -> text( ). toDouble( );
            double result = 0. 0;

            if( clickedOperator == tr( "Sqrt" ) ) {
                if( operand < 0. 0) {
                    abortOperation( );
                    return;
                }
                result = sqrt( operand );
            } else if( clickedOperator == tr( "x\262" ) ) {
                result = pow( operand ,2. 0);
            } else if( clickedOperator == tr( "1/x" ) ) {
                if( operand == 0. 0) {
                    abortOperation( );
                    return;
                }
                result = 1. 0/operand;
            }
            display -> setText( QString::number( result ) );
            waitingForOperand = true;
        }
```

然后检查操作的正确性，如果 sqrt 应用于负数，或1/X 对应的操作数为零时，称之为 aborto-peration( )。如果一切顺利，操作结果将显示在显示框里，并设置 waitingForOperand 为正确的。

4. additiveOperatorClicked( )

用户单击 + 或 − 按钮时，会调用 additiveOperatorClicked( ) 槽。

```
        void Calculator::additiveOperatorClicked( )
        {
            Button * clickedButton = qobject_cast < Button * > (sender( ));
            QString clickedOperator = clickedButton -> text( );
            double operand = display -> text( ). toDouble( );
            if( ! pendingMultiplicativeOperator. isEmpty( ) ) {
                if( ! calculate( operand ,pendingMultiplicativeOperator) ) {
                    abortOperation( );
                    return;
                }
                display -> setText( QString::number( factorSoFar) );
                operand = factorSoFar;
                factorSoFar = 0. 0;
                pendingMultiplicativeOperator. clear( );
            }
            if( ! pendingAdditiveOperator. isEmpty( ) ) {
                if( ! calculate( operand ,pendingAdditiveOperator) ) {
                    abortOperation( );
                    return;
                }
                display -> setText( QString::number( sumSoFar) );
            } else {
                sumSoFar = operand;
            }
            pendingAdditiveOperator = clickedOperator;
            waitingForOperand = true;
        }
```

在开始加法操作之前，必须处理任何悬而未决的操作。首先处理乘法运算符，因为其优先

286

级比加法操作高。

如果×或÷被提前单击了，但是没有单击 = 按钮，在显示框中的当前数值是右操作数的×或÷算子，可最后进行操作并更新显示。

5. multiplicativeOperatorClicked( )

处理乘法操作的 MultiplicativeOperatorClicked( ) 槽类似于 additiveOperatorClicked( )。不需要担心这里的加法运算符，因为乘法运算符的优先级高于加法运算符。

```cpp
void Calculator::multiplicativeOperatorClicked( )
{
    Button * clickedButton = qobject_cast < Button * > (sender( ));
    QString clickedOperator = clickedButton -> text( );
    double operand = display -> text( ).toDouble( );

    if( ! pendingMultiplicativeOperator.isEmpty( )){
        if( ! calculate(operand, pendingMultiplicativeOperator)){
            abortOperation( );
            return;
        }
        display -> setText(QString::number(factorSoFar));
    } else {
        factorSoFar = operand;
    }

    pendingMultiplicativeOperator = clickedOperator;
    waitingForOperand = true;
}
```

由于乘法的优先级比加减法高，当进行混合运算时前面是加减法操作，后面是乘除法操作时，此时不用按 = 按钮，就会显示加减法运算的数值。

6. backspaceClicked( )

backspaceClicked( ) 用来实现退格功能，会删除显示框数值的最后一位。如果显示框中为空字符串，按下退格键将会显示 0，waitingForOperand 被设置为 0。

```cpp
void Calculator::backspaceClicked( )
{
    if( waitingForOperand)
        return;

    QString text = display -> text( );
    text.chop(1);
    if( text.isEmpty( )){
        text = "0";
        waitingForOperand = true;
    }
    display -> setText(text);
}
```

Clear( ) 槽的功能与 backspaceClicked( ) 类似，Clear( ) 函数用于清除显示框中的所有数据。clearAll( ) 函数则会实现计算器的初始化。

7. 记忆存储功能

记忆存储功能包括 clearMemory( )、readMemory( )、setMemory( ) 和 addToMemory( ) 共 4 个功能。

```
        void Calculator::clearMemory()
        {
            sumInMemory = 0.0;
        }

        void Calculator::readMemory()
        {
            display->setText(QString::number(sumInMemory));
            waitingForOperand = true;
        }

        void Calculator::setMemory()
        {
            equalClicked();
            sumInMemory = display->text().toDouble();
        }

        void Calculator::addToMemory()
        {
            equalClicked();
            sumInMemory += display->text().toDouble();
        }
```

　　clearMemory()可以清除存储的数值, readMemory()可显示存储的数值, setMemory()可以用当前显示的数值代替存储的数值, addToMemory()可以把已经存储的数值加上当前显示的数值并存储。

10.6　综合实践：使用 QTcpSocket 进行 TCP 编程

项目分析：

　　现在的应用程序很少有纯粹单机的, 大部分为了各种目的都需要联网操作。Qt 提供了自己的网络访问库, 方便对网络资源进行访问。本项目将介绍如何使用 Qt 进行最基本的网络编程。服务器端与客户端的运行结果如图 10-11 和图 10-12 所示。

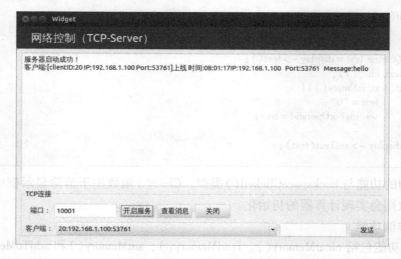

图 10-11　服务器端运行结果

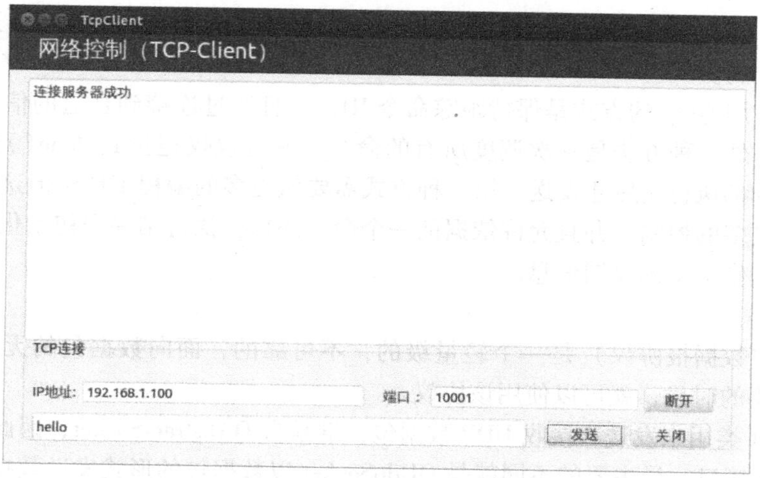

图 10–12　客服端运行结果

Qt 提供了 QtNetwork 模块来进行网络编程，如果要使用网络相关的类，需要在 pro 文件中添加 QT += network。Qt 提供了一层统一的套接字抽象用于编写不同层次的网络程序，避免了应用套接字进行网络编程的烦琐（因有时需引用底层操作系统的相关数据结构）。有较低层次的类如 QTcpSocket、QTcpServer 和 QUdpSocket 等来表示低层的网络概念；还有高层次的类如 QNetworkRequest、QNetworkReply 和 QNetworkAccessManager 使用相同的协议来执行网络操作；也提供了 QNetworkConfiguration、QNetworkConfigurationManager 和 QNetworkSession 等类来实现负载管理。

1. HTTP

在 Qt 的网络模块中提供了网络访问接口来实现 HTTP 编程。

网络请求是由 QNetworkRequest 类来表示的，也作为与请求有关的信息容器（如任何头部信息和使用的加密方式）。在一个请求对象被创建时，指定的 URL 就可以用来决定该请求所使用的协议。目前对于 HTTP、FTP 和本地文件的 URL 都支持下载和上传。

网络操作的协同工作是由 QNetworkAccessManagement 类实现的。一旦一个请求被创建，该类就用来分发请求和发送信号报告请求处理的进度。该类还协调 cookies 的使用、身份验证请求及其代理的使用等。

网络请求的应答由 QNetworkReply 类来表示，当一个请求被分发后它就会由 QNetworkAccessManager 创建。QNetworkReply 提供的信号可以被用来单独检测每一个应答，或者开发者也可以选择使用 QNetworkAccessManager 的信号来达到这种目的，而放弃使用查询应答信息的方式。每一个应用程序或库文件都可以创建一个或者多个 QNetworkAccessManager 实例来处理网络通信。QNetworkAccessManager 类允许应用程序发送网络请求以及接收服务器的响应。

2. FTP

FTP（文件传输协议）是一种通常被使用来浏览远程主机目录和文件传输的协议。FTP 使用两个网络连接，一个用于传输命令，另一个用于传输数据。FTP 协议有一个状态，需要客户端在传输数据之前发送几个命令。FTP 客户端建立一个连接，并且通过会话保持该连接一直被打开。在每一路会话中可以发生多个传输操作。

编写 FTP 应用可以使用 QNetworkAccessManager 类和 QNetworkReply 类，它们提供了简单

而强大的功能。Qt 还提供了 QFtp 类，这个类对 FTP 提供了一个直接的接口，运行在网络请求上进行更多的控制。

最常用的使用 QFtp 的方式是保持跟踪命令 ID，并且通过连接到合适的信号获知每个命令的执行情况。另外一种方法是一次调度所有的命令，并且仅仅连接到 done( ) 信号，该信号在所有调度的命令都执行完后才发送。第一种方式需要做更多的编程工作，但这样可以对每一个单独命令拥有更多的控制，并且允许依据前一个命令的执行执行结果来初始化后面的命令，并且可以为用户提供更多的反馈信息。

3. UDP

UDP（用户数据报协议）是一个轻量级的，不可靠的，面向数据包的无连接协议。当可靠性不是很重要的时候，就可以使用该协议。

QUdpSocket 类用来发送和接收 UDP 数据包，继承自 QAbstractSocket，因此它共享了 QTcp-Socket 的大多数接口。最主要的不同就是 QUdpSocket 以数据包的形式发送数据，而不像 QTcp-Socket 使用连续的数据流。

QUdpSocket 支持 IPv4 广播。广播通常是用于实现网络发现协议（如寻找网络上拥有最大空余磁盘空间的主机）。一个主机向网络中广播一个数据包，网络上的其他主机都可以接收到这个数据包。每一个主机都接收到一个请求，然后返回一个应答信息给发送者，表明当前可用磁盘空间。要广播一个数据包，只需要将该数据包发送给特殊的地址：QHostAddress::Broadcast（255.255.255.255），或者是本地网络的广播地址。

4. TCP

TCP（传输控制协议）是一个用于数据传输的底层协议，多个互联网协议（如 HTTP 和 FTP）都是基于 TCP 的。TCP 是一个面向数据链、面向连接的可靠传输协议。

QTcpSocket 提供了一个 TCP 的接口，继承自 QAbstractSocket 类。可以使用 QTcpSocket 实现 POP3、SMTP 和 NNTP 等标准的网络协议。与 QUdpSocket 类传输的数据包不同，QTcpSocket 传输的是连续的数据流。在数据传输之前，必须建立一个到远程主机和端口的 TCP 连接。一旦该连接建立了，那么 IP 地址和端口号都可以通过 QTcpSocket::peerAddress( ) 和 QTcpSocket::peerPort( ) 获取。任何时候都可以关闭连接，并且数据传输也会立即停止。

QTcpSocket 以异步的方式工作，通过发送信号报告状态变化和错误。它依赖于事件循环检测到来的数据，并且自动刷新即将发出去的数据。可以通过 QTcpSocket::write( ) 将数据写入到套接字中，并且通过 QTcpSocket::read( ) 读取数据。QTcpSocket 代表了两个独立的数据流：一个是读数据流，另一个是写数据流。当从 QTcpSocket 中读取数据时，必须通过调用 QTcpSocket::bytesAvailable( ) 确保已经有足够的数据可用。

如果需要处理到来的 TCP 连接（如在一个服务器程序中），可以使用 QTcpServer 类。通过调用 QTcpServer::listen( ) 来建立服务器，并且连接到 QTcpServer::newConnection( ) 信号，该信号在每一个客户端连接后发送。程序员可以在自己的槽函数中，使用 QTcpServer::nextPending-Connection( ) 来接受该连接请求，并且返回 QTcpSocket 和客户端通信。

下面通过一个例子来介绍如何使用 QTcpSocket 和 QTcpServer 编写基于 TCP 客户端－服务器的应用程序。

项目实施步骤：

1）实现客户端功能。

2）实现服务器端功能。

10.6.1 客户端实现

客户端功能相对简单，在客户端程序中向服务器发送连接请求，当连接成功时接收服务器发送的数据。

1. 客户端界面设计

按照以下步骤设计客户端界面，如图 10-13 所示。

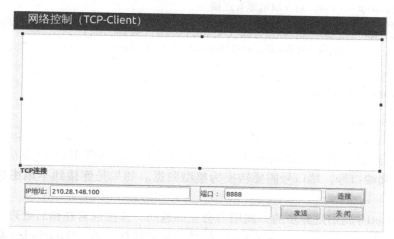

图 10-13　客户端界面设计

新建 Qt4 Gui Application，设置工程名为 tcpClient，选中 QtNetwork 模块，Base class 选择 QWidget。

在 widget. ui 中添加几个标签（Label）和 3 个 Line Edit，以及 3 个按钮（Push Button）。

其中，设置"IP 地址"后的 Line Edit 的 objectName 为 txtIP，"端口号"为 txtPortClient。

用于显示接收到的信息的 QtextBrowser 的 objectName 为 txtDataClient。QTextBrowser 也是继承 QTextEdit 的，提供了强大的单页面的多信息文本编辑器，它提供了比 QTextEdit 更多的功能，主要是增加了导航功能，如超链接功能等。

2. 客户端编码设计

TCP 是一个基于流的协议。对于应用程序，数据表现为一个长长的流，而不是一个大的平面文件。在 TCP 之上建立的高层协议通常是基于行或者基于块的。基于行的协议把数据作为一行文本进行传输，每一个数据行都以一个换行符结束。基于块的协议把数据作为二进制块进行传输。每个数据块都是由一个固定大小的字段和数据组成的。

QTcpSocket 的基本操作如下。

1）调用 connectToHost 连接服务器。

2）调用 waitForConnected 判断是否连接成功。

3）连接信号 readyRead 槽函数，异步读取数据。

4）调用 waitForReadyRead，阻塞读取数据。

TcpClient 构造函数中初始化了文本框中的 IP 地址及端口信息，并且创建一个 QTcpSocket 对象。把 readyRead( )、error(QAbstractSocket::SocketError) 信号与私有槽连接起来。

```cpp
TcpClient::TcpClient(QWidget * parent):
    QMainWindow(parent),
    ui(new Ui::TcpClient)
{
    ui->setupUi(this);
    ui->txtIP->setText("192.168.137.129");
    ui->txtPortClient->setText("60000");

    tcpClient = new QTcpSocket(this);
    tcpClient->abort();//取消原有连接
    connect(tcpClient,SIGNAL(readyRead()),this,SLOT(ReadData()));
    connect(tcpClient,SIGNAL(error(QAbstractSocket::SocketError)),
            this,SLOT(ReadError(QAbstractSocket::SocketError)));
}

TcpClient::~TcpClient()
{
    delete ui;
}
```

　　当用户单击连接按钮时，QTcpSocket 对象需要调用 connectToHost() 方法连接到服务器，参数是 IP 地址和端口号，端口号需要转换为整型数据。如果是连接到本地主机，主机名可以使用 LocalHost。

　　connectToHost() 调用是异步的，调用后会立刻返回，连接通常在稍后处理。当连接建立起来以后，QTcpSocket 对象会发送 connected() 信号，如果连接失败，QTcpSocket 对象会发送 error (QAbstractSocket::SocketError) 信号。

```cpp
void TcpClient::on_btnConnect_clicked()
{
    if(ui->btnConnect->text()=="连接")
    {
        tcpClient->connectToHost(ui->txtIP->text(),ui->txtPortClient->text().toInt());
        if(tcpClient->waitForConnected(1000))
        {
            ui->btnConnect->setText("断开");
            ui->txtDataClient->append("连接服务器成功");
            ui->pushButton_2->setEnabled(true);
        }
    }
    else
    {
        tcpClient->disconnectFromHost();
        if(tcpClient->state()==QAbstractSocket::UnconnectedState || tcpClient->waitForDis-
connected(1000))
        {
            ui->btnConnect->setText("连接");
            ui->txtDataClient->append("断开连接成功");
            ui->pushButton_2->setEnabled(true);
        }
    }
}
```

　　客户端收到服务器端的数据后，QTcpSocket 对象会发送 readyRead() 信号，ReadData() 槽函数将被调用，处理服务器端的数据。在这里只是把接收到的数据加上时间后显示在 txtData-

Client 中。当触发 readyRead 信号，但是缓冲区的长度小于另一端发送的数据时，就会触发多次 readyReady 信号。如果一次在槽函数里面读取缓冲区的长度，数据就会接受不全，进行数据处理肯定会出问题。通常都会在服务器与客户端之间制定协议，在发送数据的头部加上数据的长度。

如果通信过程中出现错误，QTcpSocket 对象会发送 error(QAbstractSocket::SocketError) 信号，ReadError() 槽函数将处理错误信息。

发送数据时调用 QTcpSocket 对象的 write() 方法，将数据发送到服务端。在发送数据时需要注意对方接收数据的情况，如果对方没有接收数据，数据会存入系统缓冲区，如果系统缓冲区满的话，以前的就会被覆盖。Qt 也存在缓冲区，如果一端发送数据，另一端并不从 Qt 缓冲区读取数据，那么 Qt 就会无限制地从系统缓冲区中读出数据放置到自己内部的缓冲区中，最后肯定会出现堆栈满的情况，系统异常退出。

```cpp
void TcpClient::ReadData()
{
    QByteArray buffer = tcpClient -> readAll();
    if(! buffer. isEmpty())
    {
        ui -> txtDataClient -> append(tr("接收数据:%1 时间:%2")
                                    . arg(QString(buffer)). arg(QTime::currentTime()
        . toString("hh:mm:ss")));
    }
}

void TcpClient::ReadError(QAbstractSocket::SocketError)
{
    tcpClient -> disconnectFromHost();
    ui -> btnConnect -> setText("连接");
    ui -> txtDataClient -> append(tr("连接服务器失败,原因:%1"). arg(tcpClient -> errorString
()));
}

void TcpClient::on_pushButton_2_clicked()
{
    QString data = ui -> txtSendClient -> text();

    if(data! = "")
    {

        tcpClient -> write(data. toAscii());

    }
}
```

10.6.2 服务端实现

1. 服务端界面设计
服务端界面与客户端界面类似，如图 10-14 所示。

2. TcpClientSocket 类设计
TcpClientSocket 重新实现了 QTcpSocket，用于处理一个单独的连接。服务端需要管理所有连接过来的客户端连接，在任何时候 TcpClientSocket 对象的数量与正在接受服务的客户端数量

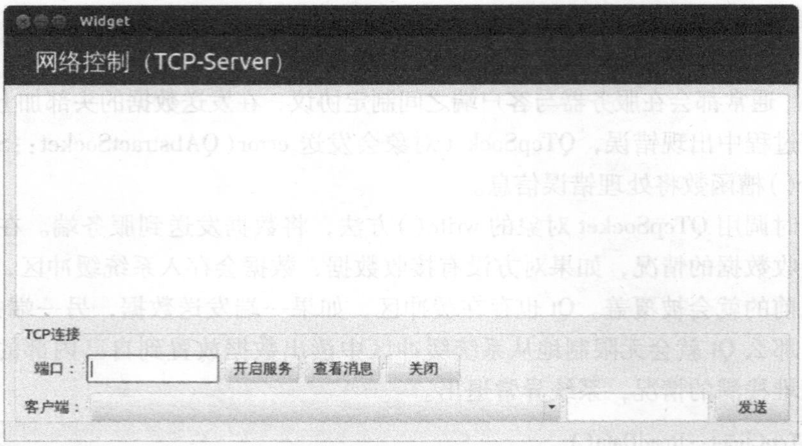

图 10-14　服务端界面设计

都是一样多的。

```cpp
class TcpClientSocket : public QTcpSocket
{
    Q_OBJECT

public :
    TcpClientSocket( QObject * parent = 0) ;

signals :
    void updateClients( QString , int, QTcpSocket * ) ;
    void disconnected( int) ;

protected slots :
    void dataReceived() ;
    void slotDisconnected() ;
};
```

在构造函数中也建立了必要的信号 - 槽连接，用于处理 readyRead( ) 和 disconnected( ) 信号。disconnected( ) 信号连接到 slotDisconnected( )，当关闭连接时需要删除对象。

```cpp
TcpClientSocket : : TcpClientSocket( QObject * parent)
{
    connect( this, SIGNAL( readyRead( )),
            this, SLOT( dataReceived( ))) ;

    connect( this, SIGNAL( disconnected( )),
            this, SLOT( slotDisconnected( ))) ;
}

void TcpClientSocket : : dataReceived()
{
    while( bytesAvailable( ) > 0)
    {
        int length = bytesAvailable( ) ;
        char buf[ 1024] ;
        read( buf, length) ;
        emit updateClients( buf, length, this) ;
    }
```

```
    }

    void TcpClientSocket::slotDisconnected()
    {
        emit disconnected(this -> socketDescriptor());
    }
```

dataReceived()槽处理接收到的数据，并发送信号 updateClients()。

3. Server 类设计

Server 类继承于 QtcpServer，重新实现了 incomingConnection()函数。只要有一个客户端试图连接到服务器正在监听的端口，这个函数就会被调用。incomingConnection()函数中创建了一个 TcpClientSocket 的子对象，并且将它的套接字描述符设置成 socketDescriptor，把它存储在 tcpClientSocketList 列表中，用于 Server 管理客户端连接。

```
    Server::Server(QObject * parent, int port):QTcpServer(parent)
    {
        listen(QHostAddress::Any, port);
    }

    void Server::incomingConnection(int socketDescriptor)
    {
        TcpClientSocket * tcpClientSocket = new TcpClientSocket(this);

        connect(tcpClientSocket, SIGNAL(updateClients(QString, int, QTcpSocket *)),
                this, SLOT(updateClients(QString, int, QTcpSocket *)));
        connect(tcpClientSocket, SIGNAL(disconnected(int)),
                this, SLOT(slotDisconnected(int)));


        tcpClientSocket -> setSocketDescriptor(socketDescriptor);
        tcpClientSocketList.append(tcpClientSocket);
        ClientID.append(socketDescriptor);
        clientCount ++;
        emit ClientConnect(socketDescriptor, tcpClientSocket -> peerAddress().toString(), tcpClientSocket
    -> peerPort());
    }

    void Server::updateClients(QString msg, int length, QTcpSocket * sock)
    {
        emit updateServer(msg, length, sock);
    }

    void Server::slotDisconnected(int descriptor)
    {
        for(int i = 0; i < tcpClientSocketList.count(); i ++)
        {
            QTcpSocket * item = tcpClientSocketList.at(i);
            if(item -> socketDescriptor() == descriptor)
            {
                tcpClientSocketList.removeAt(i);
                return;
            }
        }
        return;
    }
```

```
        void Server::SendData( int clientID, QByteArray data)
        {
            for( int i = 0; i < clientCount; i ++ )
            {
                if( ClientID[ i ] == clientID )
                {
                    tcpClientSocketList[ i ] −> write( data) ;
                    break ;
                }
            }
        }
```

4. 服务端主程序设计

Widget 构造函数中调用了 createConnection( )，开启服务器端监听。

```
        Widget::Widget( QWidget * parent) :
            QWidget( parent) ,
            ui( new Ui::Widget)
        {
            ui −> setupUi( this) ;
            bool create = QFile::exists( " test. dat" ) ;
            createConnection( ) ;
        }
```

当有客户端连接过来时，ClientConnect( )槽将客户端 IP 地址与端口显示在 txtMsg 中，并且将客户端信息加入到 cboxClient 中。当有客户端发送数据到服务端时，updateServer( )槽获取了客户端 IP 地址与端口，加上客户端发送的消息并将它显示在 txtMsg 中。

```
        void Widget::updateServer( QString msg, int length, QTcpSocket * sock)
        {
            QString RevMsg = msg. left( length). trimmed( ) ;
            QString address =      sock −> peerAddress( ). toString( ) ;
            quint16 Port =         sock −> peerPort( ) ;

            QString DispMsg = " IP:" + address + " Port:" + QString( " % 1" ). arg( Port) + " Message:" +
        RevMsg + " \n\r" ;
            ui −> txtMsg −> insertPlainText( DispMsg) ;
        }

        void Widget::ClientConnect( int clientID, QString IP, int Port)
        {
            ui −> txtMsg −> append( tr( " 客户端:[ clientID:% 1 IP:% 2 Port:% 3]上线 时间:% 4"
                                        . arg( clientID). arg( IP). arg( Port). arg( QTime::currentTime( )
        . toString( " hh:mm:ss" ) ) ) ) ;
            ui −> cboxClient −> addItem( tr( " % 1:% 2:% 3" ). arg( clientID). arg( IP). arg( Port) ) ;
        }

        void Widget::ClientDisConnect( int clientID, QString IP, int Port)
        {
            ui −> txtMsg −> append( tr( " 客户端:[ clientID:% 1 IP:% 2 Port:% 3]下线 时间:% 4"
                                        . arg( clientID). arg( IP). arg( Port). arg( QTime::currentTime( )
        . toString( " hh:mm:ss" ) ) ) ) ;
            ui −> cboxClient −> removeItem( ui −> cboxClient −> findText( tr( " % 1:% 2:% 3" ). arg( clientID)
        . arg( IP). arg( Port) ) ) ;
        }
```

当用户单击开启服务按钮后，创建 Server 类并设置了必要的信号 – 槽连接。单击发送按钮后，调用 Server 类的 SendData 方法发送数据到相应的客户端。

```cpp
void Widget::on_pushButton_clicked()
{
    if(TCP_server)
    {
        TCP_server->close();
        TCP_server->deleteLater();
    }
    TCP_port = ui->txtPort->text().toInt();
    TCP_server = newServer(this, TCP_port);
    connect(TCP_server, SIGNAL(updateServer(QString, int, QTcpSocket*)),
            this, SLOT(updateServer(QString, int, QTcpSocket*)));
    connect(TCP_server, SIGNAL(ClientConnect(int, QString, int)),
            this, SLOT(ClientConnect(int, QString, int)));
    connect(TCP_server, SIGNAL(ClientDisConnect(int, QString, int)),
            this, SLOT(ClientDisConnect(int, QString, int)));
    ui->txtMsg->append("服务器启动成功!");
    return;
}
void Widget::on_pushButton_4_clicked()
{
    QString txt = ui->txtSendServer->text();
    if(txt == "") { return; }
    QString str = ui->cboxClient->currentText();
    int clientID = str.split(":")[0].toInt();
    QByteArray tempData;
    tempData = txt.toAscii();
    TCP_server->SendData(clientID, tempData);
}
```

参 考 文 献

[1] 韩超，等. 嵌入式 Linux 系统开发全过程解析[M]. 北京：电子工业出版社，2014.

[2] 弓雷，等. ARM 嵌入式 Linux 系统开发详解[M]. 北京：清华大学出版社，2014.

[3] 韦东山. 嵌入式 LINUX 应用开发完全手册[M]. 北京：人民邮电出版社，2008.

[4] 申华. 嵌入式 LINUX 系统软硬件开发与应用[M]. 北京：北京航空航天大学出版社，2013.

[5] 汪明虎，欧文盛. ARM 嵌入式 Linux 应用开发入门[M]. 北京：中国电力出版社，2007.

[6] 林晓飞，刘彬，张辉. 基于 ARM 嵌入式 Linux 应用开发与实例教程[M]. 北京：清华大学出版社，2007.

[7] 布兰切特，萨默菲尔德. C++GUI Qt 4 编程[M]. 2 版. 北京：电子工业出版社，2013.

[8] 霍亚飞，程梁. Qt 5 编程入门[M]. 北京：北京航空航天大学出版社，2015.